魚類
觀察入門
The Ultimate Guide to Fishes

邵廣昭、陳麗淑◆著

黃崑謀、賴百賢◆繪　台灣館◆製作

遠流出版公司

目錄

圖錄

以下八頁，展列觀察篇所介紹的台灣五十六科魚類代表種之圖繪，只要按照頁碼查索，詳讀內文，即可大致掌握該科魚類的特色，以及其中最具代表的五十六種魚類的重要特徵與習性。

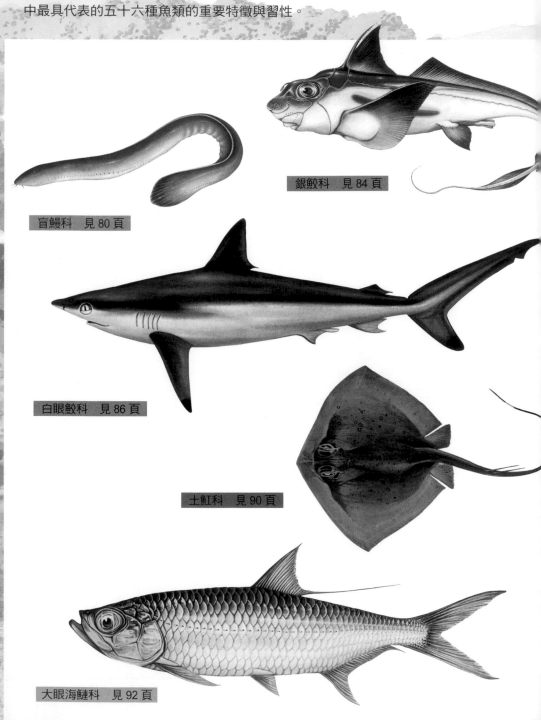

盲鰻科　見 80 頁

銀鮫科　見 84 頁

白眼鮫科　見 86 頁

土魟科　見 90 頁

大眼海鰱科　見 92 頁

海鱔科　見 94 頁

鯡科　見 96 頁

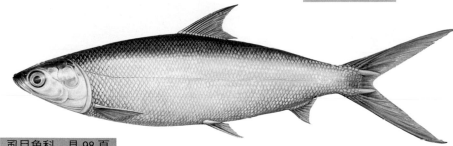

虱目魚科　見 98 頁

鯉科　見 100 頁

爬鰍科　見 104 頁

鬚鯰科　見 106 頁

鮭科　見 108 頁

巨口魚科　見 112 頁

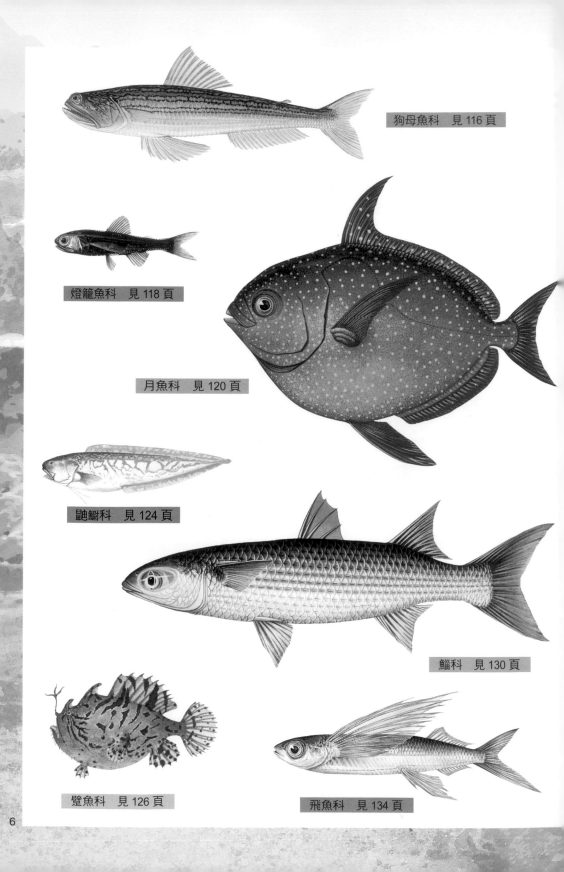

狗母魚科　見 116 頁

燈籠魚科　見 118 頁

月魚科　見 120 頁

魟鯯科　見 124 頁

鯔科　見 130 頁

躄魚科　見 126 頁

飛魚科　見 134 頁

鶴鱵科　見 136 頁

金鱗魚科　見 138 頁

海馬亞科　見 142 頁

鮋科　見 146 頁

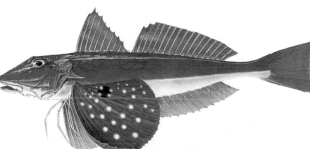

角魚科　見 150 頁

鯒科　見 152 頁

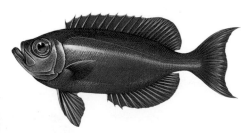

大眼鯛科　見 158 頁

鮨科　見 154 頁

天竺鯛科　見 160 頁

沙鮻科　見 162 頁

海鱺科　見 164 頁

鰺科　見 166 頁

笛鯛科　見 170 頁

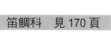

仿石鱸科　見 174 頁

鯛科　見 176 頁

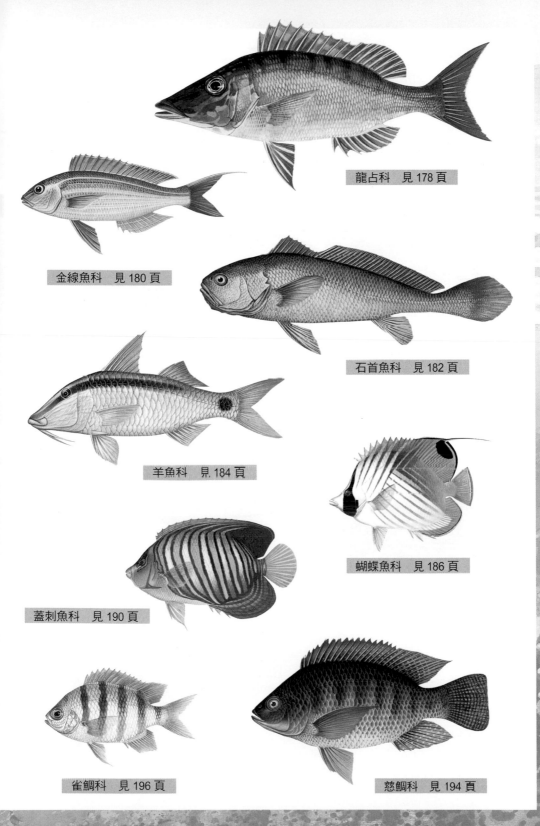

龍占科　見 178 頁

金線魚科　見 180 頁

石首魚科　見 182 頁

羊魚科　見 184 頁

蝴蝶魚科　見 186 頁

蓋刺魚科　見 190 頁

雀鯛科　見 196 頁

慈鯛科　見 194 頁

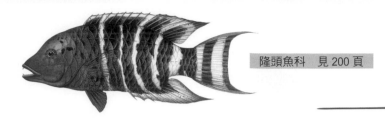

隆頭魚科　見 200 頁

鳚科　見 208 頁

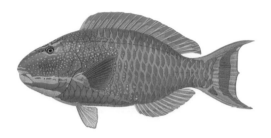

鸚哥魚科　見 204 頁

鰕虎科　見 212 頁

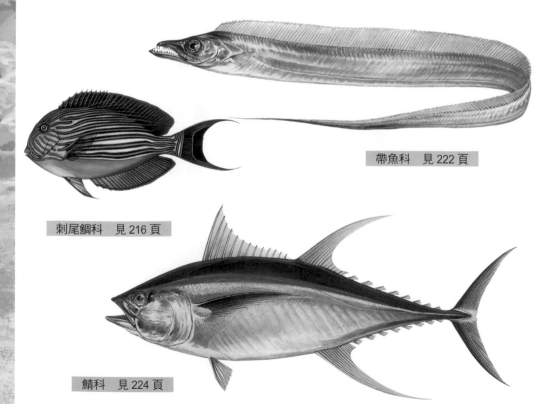

帶魚科　見 222 頁

刺尾鯛科　見 216 頁

鯖科　見 224 頁

劍旗魚科　見 228 頁

臭肚魚科　見 220 頁

鮃科　見 232 頁

鱗魨科　見 236 頁

翻車魨科　見 244 頁

四齒魨科　見 240 頁

如何使用本書

　　《魚類觀察入門》是一本認識魚類的圖解入門書。全書主要分成認識篇、環境篇、觀察篇與附錄四部分：認識篇綜論魚類的基本概念；「環境篇」探討魚類的棲地與分布，並分析台灣魚類的多樣性特色；本書的重點是「觀察篇」，以深入淺出的圖解手法呈現五十六科魚類的辨識要訣、生態習性、演化奧祕及和人類的關聯；「附錄」則提供到魚市場、水族館，或下海潛水進行魚類觀察的行動指南，並有製作、保存魚類標本的基本步驟。

　　讀者可以先閱讀認識篇與環境篇，對魚類有初步的認識後，再進入觀察篇各章，此時如能配合現場對照與圖鑑的使用，當更能對台灣現生各科魚類的特色有進一步的瞭解。

1 閱讀認識篇與環境篇，瞭解魚類相關背景，並熟悉專有名詞。

2 從圖錄查索最有興趣認識的科別，至觀察篇詳閱完整介紹。

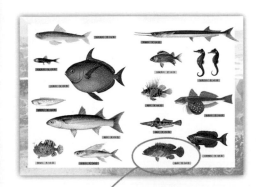

● 科描述：選擇該目具有代表性的科，描述其外觀與生態特色，並介紹最具代表性之魚種。

● 延伸知識：歸納整理該科各種有趣的背景知識，依質分成「演化舞台」、「生態視窗」、「識別錦囊」、「魚類與人」四類。

● 目前言，該目主要特徵與生態習性之概述。

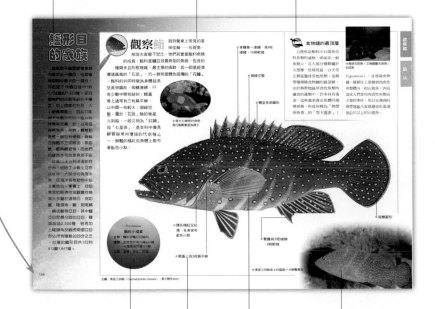

● 科檔案：歸納整理該科要點，包括分類、種類數、棲地、生殖與食。

● 代表種類生態照

● 主圖註記：拉線提示觀察重點，並視需要搭配局部特徵照或線圖輔助說明。

● 代表種主圖：以精密細緻之手繪圖，呈現該科與種之典型特徵。

認識篇

什麼是魚？

魚如何呼吸、攝食與運動？

魚的體型與體色有什麼奧祕？

你好奇魚的兩性進行曲如何演奏，

又如何為生存奮戰嗎？

魚的一生有什麼故事？

整個家族的演化傳奇

要從哪一章開始撰寫呢？

本篇溯古通今

全方位透視魚類。

什麼是魚？

中文中有不少動物的名字裡帶有「魚」字，這是因為中國人喜歡把水裡游的動物都稱為魚的緣故，例如：章魚、墨魚、鮑魚、魷魚、鱟、星魚、山椒魚、鱷魚、鯨魚、文昌魚等，但事實上牠們都不是魚類。那麼，究竟什麼是魚呢？

魚的特徵

魚類屬於脊椎動物，而且是其中種類最多的一群，其種數比兩棲類、爬蟲類、鳥類和哺乳類的總和還要來的多，目前全世界已記錄有32,000種以上。要區別魚類和其他的脊椎動物，大致可依下面六個特徵來判斷。

特徵1 均需生活在水中。因此身體變得較流線，以減少游泳時的阻力。

特徵2 利用鰭在水裡運動。鰭兼具槳和舵的功能，可控制魚體前進、後退、上昇或下潛。

特徵3 以鰓在水中進行呼吸作用。須張口引入海水，經過頭兩側的鰓交換氣體後，再由鰓孔排出。

特徵4 大多表面具有鱗片來保護身體。魚的鱗片呈覆瓦狀整齊排列，其大小亦即鱗列數或側線孔鱗數是分類的重要依據。

特徵5 多數硬骨魚可以利用鰾來調節在水中的浮力。有時可兼具發聲、呼吸或聽覺的功能。另外，鰾的形狀也是分類的特徵之一。

牠們不是魚！

章魚、墨魚、鮑魚、魷魚屬於軟體動物；鱟是節肢動物；而星魚就是棘皮動物的海星，牠們身上都沒有脊椎骨，屬於無脊椎動物。而山椒魚是兩棲類，鱷魚是爬蟲類，牠們都以肺進行呼吸作用。鯨魚和海豚一樣是哺乳動物，牠們也是用肺呼吸，且屬於恆溫動物，和人類的親緣關係比魚類更密切。文昌魚看起來頗像魚，但是卻不是脊椎動物，而是脊索動物中的頭索動物。這些徒具魚名的生物，與魚的特徵不符，自然通通不是魚類。

◆山椒魚（左）、墨魚（中）、鱟（右）都不是魚類。

特徵6 絕大多數屬於**變溫或冷血動物**。魚的體溫和水溫相近，只有少數大洋魚類體內溫度較體外高。

當然，其中有一些例外存在，這主要是魚類對不同環境適應的結果，譬如：肺魚、鯰、彈塗魚等可週期地利用肺或其他呼吸輔助器官而離水生活；許多體型呈鰻形的魚類的鰭和鱗片則已經退化而不明顯；鮪或鼠鯊為了適應大洋長距離的洄游，體內可維持恆溫等。

◆他們都是魚。由上而下，依最大體長之大小順序為：海鱺、沙拉白眼鮫、大眼海鰱、長吻龍占、單帶海緋鯉、台灣鱵、青星九刺鮨、白鰭飛魚、金線魚、條紋豆娘魚。

外型與體色

魚類具有各式各樣、多采多姿的體型與體色，這是為了適應不同光線、水流與底質的棲息環境，以及為了增加捕食和避免被捕食的機會，長期演化下的結果。有些同種魚類的外觀甚至在不同的成長時期及雌雄性別上都表現得大異其趣，不僅讓一般人眼花撩亂，有時甚至連分類學者也倍感頭痛哩！

魚的外型

魚的外型變化多端，但一般而言，大體上是朝向減少水阻力、適應特殊棲地以及加強保護作用等方面發展。以身體的橫斷面來看，魚類的體型可以分為以下幾類。

側扁型：體高大於體寬，多數魚類都屬這一型。無法長時間快速游泳，但方便在水草或珊瑚叢間穿梭，也可以短距離加速，如刺尾鯛、蝴蝶魚、蓋刺魚、隆頭魚、雀鯛等。而像蝦魚的體型則屬極端側扁，當遇到危險時甚至可以倒插入珊瑚叢中。

◆蓋刺魚身體呈側扁型，方便在珊瑚叢間穿梭。

管口魚的體型是圓柱型，宛如一根長棍。

裸胸鯙具有乍看下像蛇一般的長條型身材。

◆烏尾冬具有十分典型的紡錘狀體型。

平扁型：亦稱縱扁型。身體扁平如盤狀，方便平貼在底部，以魟、鱝、牛尾魚等為代表，通常蟄伏在沙底上。其他緊貼或吸附在溪底的爬岩鰍、老鼠魚等，腹部亦呈平扁狀。

紡錘型：又稱流線型。體高與體寬相當，且兩端明顯較中央細小。這是水流阻力最小，且泳速最快且持久的體型。烏尾冬與虱目魚是相當典型的紡錘型，而大洋性的魚類，如鯖、鮪、旗魚、鬼頭刀等，也都屬於這一型。

圓柱型：又稱槍型。體型似長棍，以金梭魚、鶴鱵、馬鞭魚、管口魚等為代表，遇到危險時，可以迅速加速，但身體的柔軟度比紡錘型的魚類好。

長條型：身體細長柔軟。橫剖面較圓者，接近蛇型，通常體表有黏液保護，便於鑽洞或藏身在岩洞、水草間，如鰻魚、鱔魚、泥鰍、海鱔。橫剖面較側扁者，接近帶狀，保有一定的游泳速度，如粗鰭魚、白帶魚等。

球型或箱型：游泳速度慢，因為身體有毒或具其他防衛機制，如全身被骨板，所以活動雖不靈活，但是卻可以有效的保護魚體，其他生物都不敢吃牠們。典型的球型有河魨、蟾魚等；箱型則是球型的變體，如箱魨，主要靠附肢運動。

仔稚魚為了方便隨流漂送和避免被掠食，因此在外型上與游泳能力強或底棲環境庇護場所多的成魚大不相同。如鰻鱺目透明的柳葉幼生，刺尾鯛、鮨科等延長的鰭棘，深海黝鯡的外腸仔魚，蝴蝶魚或翻車魚頭上的棘刺等。

◆長相可愛、體型略呈正立方體的箱魨。

◆魟平扁狀的身體蟄伏沙地上時，使人幾乎忘了牠的存在

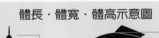

體長‧體寬‧體高示意圖

體高	體高
體寬	體長
（正面觀）	全長
	（側面觀）

魚的體色

魚類的身體具有三種色素細胞：黑色素細胞、黃色素細胞與紅色素細胞。另有呈淡或銀白色反光，能產生鏡子作用的彩虹細胞。魚的體色主要即是色素細胞和彩虹細胞綜合呈現的結果，與所處環境的光線大大相關，並直接和魚的視覺有關聯。

◆生活在沙泥地的牛尾魚體色單調

在沙泥地上或渾濁海域（如河口區）底部活動的魚類，不僅形態簡單，且顏色通常偏單調，如比目魚、牛尾魚、黃魚、魟、狗母魚等。相反的，在光線明亮的珊瑚礁區，魚的體色就變得鮮豔且紋路複雜，如蝴蝶魚、

◆生活在珊瑚礁區的花鱸具有鮮豔的體色

◆一身紅衣的珊瑚礁夜行客黑背鰭棘鱗魚

蓋刺魚、雀鯛、鸚哥魚、隆頭魚等。一般夜行性的魚類體色比日行性的魚類單純，像是珊瑚礁區的夜行客——天竺鯛、擬金眼鯛和大眼鯛等。夜行性和深海弱光區的魚類，有許多魚體呈紅色，這主要是因為紅光在水中很快會被吸收，所以不論是在

◆鱚的體背黑藍，腹部銀白，具有隱蔽的效應。

夜晚或深海生物在水底所看到的其實是灰色而不是紅色。棲息在更深、沒有光線的深海中的魚類則以黑色、銀灰色甚至無色為主。而生活在溪流中的魚類，由於溪底石床顏色單調，所以一般體色都不鮮豔。在熱帶河流如亞馬遜河流域等，因光線充足加上水草叢生，所以造就許多鮮豔奪目的熱帶魚。

◆角蝶的黑眼帶有欺敵的作用

魚類還會因年齡、性別、環境、健康狀態和生理衝動而改變體色。有些魚類的體色隨著成長改變，這是屬於永久變色，如珊瑚礁魚類中

◆隆頭魚的幼魚（下）與成魚（上）體色不同

◆藻海龍模仿海藻功夫一流

在繁殖期會出現婚姻色，繁殖期後即變得較黯淡。比目魚會隨週遭環境的顏色迅速改變體色來達到隱身的效果。成群混游但不同種類的小鸚哥魚則會少數服從多數，改變成同樣的體色。而鬥魚在打鬥過程中體色會變得非

◆獅子魚囂張的外觀明顯帶著警戒意涵

斑斕體色勇冠群雄的蓋刺魚，其小魚和成魚階段即大不相同。隆頭魚和鸚哥魚除了幼魚和成魚體色不同外，甚至雄魚與雌魚的顏色也不一樣。也有些魚類是屬於暫時性的體色改變，如半頜鱲，

常的亮麗顯眼，是屬於生理衝動所影響的體色改變。

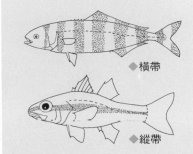

體色的妙用

魚類的體色豐富多樣，而且妙用無窮，歸納起來，有以下幾種功能。

識別：不同的體色，是魚類辨識同類的重要依據。如不同種的鸚哥魚身體色彩及花紋即明顯不同。而在繁殖季節魚的體色通常會格外的鮮豔，這是為了避免雜交，得靠身上色彩來辨識。體色同時也是幼魚辨認父母的依據。

欺敵：有些魚類，特別是防禦力弱的幼魚，常會在尾柄或背鰭後方出現假眼點，如蝴蝶魚、雀鯛和隆頭魚幼魚；或是在眼睛的位置出現黑色條紋，如七彩神仙魚、蝦魚都具有通過眼睛的黑色眼帶，目的都是為了混淆獵食者的視覺，使敵

人不容易攻擊到脆弱的眼睛而可趁機逃走。

警告：有毒的魚常具有鮮明的體色，這是為了警告其他生物不要隨便靠近。例如獅子魚就是最佳代表。

擬態：為了方便掠食或躲避掠食者的攻擊，不少魚類的體色能融入背景以達到隱蔽與自我保護的效果。大洋上層洄游性魚類，如鯖、鰹、鮪、鰆、旗魚、鬼頭刀等，體色背部為藍黑色，腹部呈銀白色，和背景色相同的配置不僅使海面上的掠食者向下看不到牠們，下層的掠食者抬頭望時也無法發現牠們的行蹤，特稱為「隱蔽效應」。而許多底棲性的魚由、鰈魚、比目魚、牛尾魚，更是環境的擬態高手，當牠們棲身在礁岩間或潛身在沙地時，看

起來與礁石、海藻或沙地殊無二致，幾乎讓其他生物感覺不到牠們的存在。

模仿：有一些魚類則整個模仿其他魚的樣子，以增加覓食的機會，如鰺科的假魚醫生模仿魚醫生的體色來靠近沒有防備的魚類，以伺機偷咬。

防紫外光：身體的色素可以保護淺水魚的內臟不受過度紫外光的破壞，尤其仔魚的頭頂通常都有色素出現以便保護腦部。

橫帶・縱帶示意圖

◆橫帶

◆縱帶

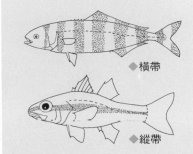

近看鰭與鱗

魚雖是人們生活中相當熟悉的生物，但許多人對魚的認識卻仍很籠統。其實不管是分辨種類、瞭解習性，乃至確認牠們的血緣關係，最好都從細察魚身體各主要器官的構造和功能開始。像是魚為了適應水中的生活，發展出陸域動物所沒有的鰭與鱗，其中便有很大的學問呢！

看魚鰭

鰭主要是魚類維持平衡和協助運動的器官，由內骨骼的支鰭骨和鰭條組成，成分與骨骼一樣。從外表可以直接看到鰭條，但看不到支鰭骨，因為被肌肉所包圍著。鰭條又可分為兩種形式：一種是軟骨魚類所特有的、不分支不分節的角質鰭條；另一種則是硬骨魚所專有、由鱗片衍生而來的鱗質鰭條。鱗質鰭條再細分為兩類：軟鰭條（簡稱軟條）的質地柔軟，可分成多節，末端分支或不分支；而硬鰭棘（簡稱硬棘）則質地堅硬，不分節、末端不分支。

鰭除了有平衡和協助運動的作用外，為了適應棲地和不同的生活方式，鰭也會有不同形狀、構造的特化，以協助魚類進行攝食、呼吸、生殖、爬行、飛翔、跳躍、吸附、發聲和防禦等作用。

鰭的名稱以生長的位置來命名，左右成對的偶鰭，有胸鰭和腹鰭；單一的奇鰭則包括背鰭、尾鰭和臀鰭。

背鰭：一般都位於背部，是魚類用來維持平衡的器官。身體延長，靠背鰭協助運動的魚，背鰭通常比較長，如鰻鱺、月魚。

臀鰭：臀鰭的的形態、作用和背鰭相似。以臀鰭為主要運動器官的魚，像鰻鱺、電鰻等，臀鰭通常比較長；而只利用臀鰭維持平衡的魚類，臀鰭則較短。

胸鰭：位置較固定，一般都位於頭部後方，緊接著鰓孔或鰓蓋孔附近。軟骨魚類，如鯊魚的胸鰭通常都很大，與體軸成水平位置，是重要的平衡器官，而鰩和魟則發展為主要的運動器官。硬骨魚類的胸鰭一般都比較小，與體軸成垂直位置，行動緩慢的魚，胸鰭呈寬闊或舌片狀，如獅子魚；而行動快速的鮪和旗魚，胸鰭則為長條狀或鐮刀狀。部分鰻鱺科魚類的胸鰭則消失不見。

尾鰭：和魚類的推進、轉向有關，完全由分節的鰭條構成。除了海馬和黃鱔等少數魚類，多數魚類都有尾鰭。硬骨魚的尾鰭外觀上大致

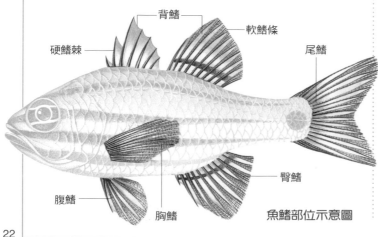

背鰭　　軟鰭條　　尾鰭　　硬鰭棘　　臀鰭　　腹鰭　　胸鰭

魚鰭部位示意圖

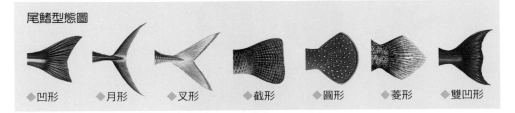

尾鰭型態圖

◆凹形　　◆月形　　◆叉形　　◆截形　　◆圓形　　◆菱形　　◆雙凹形

對稱，但外形略有不同，約可分為七種基本型：凹形，如鯉魚；月形和叉形常見於游速快而進行長距離運動的魚類，如鮪、旗魚；平直的截形或圓形的尾鰭則多為游速不快的魚類，如四齒鮋、鰈等；其他還有菱形、雙凹形等。

腹鰭：作用是維持身體的平衡，而它的位置在魚類分類學和演化上亦具有重要的意義。一些較原始的魚類，腹鰭位於腹部，稱為腹鰭腹位，如鯡魚和鯉魚；腹鰭位於胸鰭前後，稱為腹鰭胸位，如海鱺、鱸魚；腹鰭位於胸鰭前方、喉部下方，為腹

◆單棘魨的第一背鰭特化成強棘

◆飛角魚的胸鰭特化呈翼狀

鰭喉位，如鯒亞目。腹鰭胸位或喉位一般而言屬於較進化的魚類。

 看鱗片

鱗片是魚類皮膚最常見的衍生物，它可以保護魚體，常見的有盾鱗、骨鱗兩大類。盾鱗是軟骨魚類特有的鱗片，骨鱗只出現在硬骨魚類。還有一種硬鱗則只出現在一小部分的硬骨魚。一般真骨魚身體的兩側，各有一條由鱗片上小孔排列而成的線

狀構造，稱為側線，是魚類的感覺器官。

盾鱗：構造像牙齒，形成過程也與一般的牙齒沒有兩樣，所以又稱皮齒。每個盾鱗可分為基板和鱗棘兩部分：基板可視為底座，埋在皮膚內，大多呈菱形；鱗棘著生在基板上，露出體表，尖端朝後。鱗棘使得軟骨魚類的皮膚，如鯊魚，摸起來像砂紙一樣粗糙。盾鱗一但形成，就沒有辦法橫向增長體積，但它會隨著魚體的生長而增加數目。老的盾鱗脫落時，新的盾鱗會不斷的補上。盾鱗的形狀、分布密度變化很大，從電子顯微鏡觀察，排列成一張整齊的格子圖案，可使流經表面的水流平順，減少渦旋，加快游泳速度。

硬鱗：完全由真皮發展出來。很堅實，成行排列，不作覆瓦狀排列，鱗片間以關節突相連接。全身完整的硬鱗就像披甲上陣，對行動的靈活性有很大的妨礙，所以

腹鰭位置圖

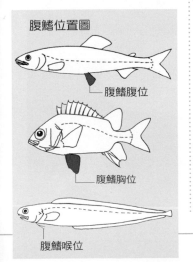

腹鰭腹位

腹鰭胸位

腹鰭喉位

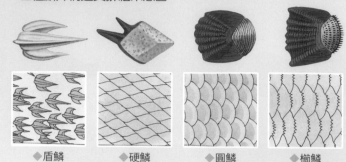

四種鱗片構造與排組示意圖

◆盾鱗　　◆硬鱗　　◆圓鱗　　◆櫛鱗

從化石證據可以看出硬鱗往骨鱗發展的趨勢。

骨鱗：骨鱗表面上會出現鱗紋，可以用來作年齡鑑定，且質地柔韌扁薄，富有彈性，作覆瓦狀排列，有利於身體的活動。骨鱗分櫛鱗和圓鱗兩種，本質上兩者並沒有差異，但是從演化的規律來看，具有櫛鱗比具有圓鱗的真骨魚類在演化發展上更

進一步。櫛鱗後區具櫛齒狀突出，摸起來很粗糙，出現在鱸形目和魴鮄魚類；圓鱗後區邊緣光滑，沒有櫛齒突出，出現在鯉形目和鯡形目。但實際上，許多魚同時擁

有這兩種鱗片，例如鰈類在有眼側為櫛鱗，無眼側為圓鱗；雞魚在櫛鱗中也混雜有圓鱗。

骨鱗因為斜向植入皮膚而且是覆瓦狀排列的結果，使得鱗片後部露出一塊扇形區域，但是此區域仍然被真皮和表皮包覆著，只是包覆的皮膚太薄，所以一般看不出來。一旦皮膚受到破壞，鱗片就直接暴露在外面，而每個鱗片都屬於一個鱗袋，鱗袋必須與水隔絕，如果擦破皮膚、碰落鱗片，就會成為病菌侵入魚體組織的門戶。

◆鱘除了體被硬鱗外，體側還有幾列大的骨板。

特殊的鱗片

為了適應環境，鱗片和其他構造一樣，也出現許多變異。有些真骨魚類的胸鰭或腹鰭基底前緣外角，特化成一個變形大鱗片，稱為腋鱗或輔助鱗，但功能目前仍不清楚。鯨腹部中線上的鱗和鰶類側線後部的鱗呈尖銳的稜線，稱為稜鱗。躄魚和有些魚占類，身上的鱗片退化成皮狀突起。鬚鰯和舌鰯唇上和鰓蓋邊緣的鱗片變為短鬚，以負責感覺

。而行動緩慢的海馬、海龍、蝦魚和箱魨尖硬的身體外表就是由鱗片變形而成，具有加強

保護的功能。四齒魨體表的尖刺、或是刺尾鯛尾柄上的骨質盾板也是由鱗片演化而來。

◆刺尾鯛尾柄上具有由鱗片演化來的骨質盾板

◆二齒魨體表的尖刺也是鱗片變異的結果

魚的感覺世界

魚有感覺嗎？你曾好奇魚是如何看、聽、聞，甚至品嚐味道嗎？生活在水中，魚要如何保持平衡？如何體察週遭各種訊息的所在，譬如天敵、同伴、異性或食物？經過了數億年的演化與天擇壓力，魚類其實已經發展出許多特有的感覺系統來適應不同的環境，包括光的感覺，如視覺；機械感覺，如聽覺、平衡、側線感覺；化學感覺，如嗅覺、味覺；以及電磁感覺等。下面就一起來體驗魚類奇妙的感覺世界吧！

魚怎麼看？——視覺

魚類眼球的結構與其他陸生脊椎生物相似，但是魚類的眼球在聚焦成像時，是經由水晶體的前後移動，將影像投影於視網膜上，陸生脊椎動物則是改變水晶體的曲度來聚焦成像。大多數魚類的水晶體接近圓球狀，軟骨

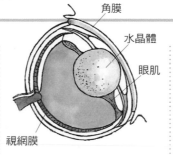

角膜
水晶體
眼肌
視網膜

一般魚眼構造示意圖

魚類的水晶體則較為扁平。

魚類視網膜上的光感受細胞分成柱狀及錐狀細胞兩類。柱狀細胞的主要功能在於解析低光度時的影像，好比高感度的底片；而錐狀細胞則主要是吸收光波長短的刺激，具有感受色彩的功用。

許多在清晨或黃昏時較活躍的魚種，例如石斑魚，視網膜上柱狀細胞的比例遠比錐狀細胞多，深海魚類及夜行性魚類的視網膜上甚至只有柱狀細胞，而沒有錐狀細胞。反之，日行性魚類的視網膜上，每單位面積有較高數目的錐狀細胞，例如雀鯛。

◆常暴露在水面上的彈塗魚，不僅眼球特化，眼柄還可伸縮。

四眼魚平常均停棲在水表面

有些魚類為了適應特殊棲所，演化出獨特的眼球構造。例如：深海的褶胸魚科、巨尾魚科、珠目魚科及後肛鮭科的魚類，演化出長管狀的眼柄，將眼球置放在眼柄的極端，增加眼球的焦長，而達到「望遠鏡」的效用，可在低光度下察覺到微小的獵物。

在台灣西南沿岸泥地上分布廣泛的彈塗魚，由於經常暴露於水面上，為了適應空氣中的視覺，眼角膜的曲度變大而晶球則較扁平，使露出水外的物體仍可在視網膜上成像，此特化的眼球還被置放在可伸縮的眼柄上，更有利於在泥地及紅樹林下的活動。分布於南美的四眼魚（Anablepidae，四眼鱂科）每一個眼球甚至有兩個瞳孔，好像把眼球對分成上下兩半，可同時分析水中及空氣中的影像。

魚怎麼聽？——聽覺

從人類的角度，很難想像魚類有聽覺，因為我們看不到魚有任何的外耳構造。事實上，魚類有和人類很相似的內耳構造來負責聽覺。由於魚類生活於水中，而其主要組成與週遭的水體相近，也就是說，魚類身體的「導音指數」與包圍於魚體的水體近似，使得水中的聲音可直接穿透過魚體。就好像魚體對水中的音波是「透明」似的，水中的聲音可直接傳導到魚的內耳，因此也就無須倚賴外耳的構造。

魚的內耳是由左右對稱的三對感受器組成，包括橢圓囊、球囊及瓶狀囊。在橢圓囊的前、後及側壁各連接一條半規管，共三條，且相互垂直。三個感受器之內都有一塊耳石，當水中聲音穿過

魚內耳時，耳石的震動使得與其緊密接觸的髮細胞產生「動作電位」，而將水中音波的訊號傳到腦部。以此種方式達成聽覺的魚類，聽到的音壓至少在100分貝以上，而「音頻範圍」很少高於一千週波以上，大多數魚類都是如此，例如鯛類、鰹類、鱸類等。另外有些魚類，如鯉科及鯰科的魚類，則演化出一種獨特的方式來增進聽覺。牠們脊椎骨的前四節特化成「魏氏小骨」，又稱為「韋伯氏器」，其中第一小骨直接插入內耳的球囊，第四小骨則直接與體腔內的鰾相接觸。由於鰾的密度遠較魚體其他部位低，因而能量較低的高頻度聲音也會刺激內耳的髮細胞，所以鯉科及鯰科魚類的聽覺非常靈敏，頻度範圍大約四至五千週波，可聽到的最小音壓值低到60～80分貝。

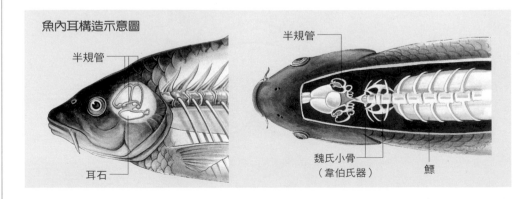

魚內耳構造示意圖

半規管

半規管

耳石

魏氏小骨
（韋伯氏器）

鰾

魚怎麼聞？——嗅覺

大多數魚類的嗅覺主要是依靠頭部前方的一對嗅囊，嗅囊內分布著數以千計的嗅覺細胞。魚體週遭的水可由前鼻孔進入嗅囊，使嗅覺細胞產生化學作用，再由後鼻孔排出。不同於陸生動物，魚類的嗅囊是獨立的嗅覺器官，不與食道或呼吸道相聯結。從嗅覺細胞分布的密度，可知嗅覺的敏感程度。譬如，鰻魚嗅覺相當好，牠的嗅覺細胞比鱸魚多出5倍。魚類的嗅覺細胞對某些特定的化學物質相當的敏感，譬

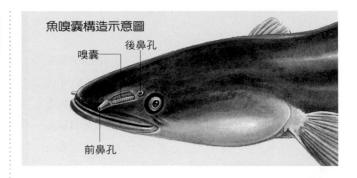

魚嗅囊構造示意圖

嗅囊　後鼻孔　前鼻孔

如說對胺基酸的靈敏度可達10^{-10}摩爾／公升，而對性類固醇的靈敏度可達10^{-12}摩爾／公升。

◆鱘的鼻管突出，嗅覺十分靈敏。

大抵而言，魚類的嗅覺細胞主要用來探知水中的各種化學物質，但也可來判定異性在水中的位置。某些魚類會分泌性費洛蒙來吸引異性，例如生活於深海的角鮟鱇（*Ceratioidei*），母魚會分泌性費洛蒙吸引公魚前往附著在牠身上，行寄生生活，並達到繁殖的目的。

魚怎麼嚐？——味覺

魚類的味蕾大致分布於嘴部及咽喉部位。有些硬骨魚類在鰓弓或鰓緣上也有味蕾，鯰科的魚類則在全身的各部位都有味蕾，尤其是頜鬚

◆具頜鬚的羊魚味覺靈敏

上。味蕾的基礎構造與一般的表皮性感受細胞很相似。每一味蕾由若干基體細胞、支持細胞以及5～60個味覺感受細胞所組成。味覺感受細胞的主要功能在於感受水體中的毒物、胺基酸，以及其他化學物質。

魚如何保持平衡？——平衡感覺

魚類的平衡感覺主要由內耳的半規管以及橢圓囊來負責，囊內有一塊耳石與平衡

感受細胞（髮細胞）有極密切的接觸，魚體在游動時所感受的重力，可經由耳石（密度比骨骼高）傳達給感受細胞。橢圓囊在左右耳各有一個，經由兩個橢圓囊傳達到大腦的綜合訊息，魚體即可在三度空間維持平衡。

此外，魚類也可綜合來自橢圓囊以及視網膜的訊號，維持「背光反應」的平衡行為。「背光反應」是指魚體對來自背部的光線能一直保持垂直的角度，這種行為的好處，在於魚體能與來自背

部的光差保持最大的對比，使得魚體上方的掠食者不易偵測到魚體。由於這種行為涉及光線因子，因而在中層或深層水域的魚類就沒有「背光反應」的行為。

魚如何偵測震動？ ——側線感覺

對於水中低頻度的震動（一般而言低於200週波）魚類是透過側線感覺系統來感覺。外觀上，側線是在鱗片上排成一列的小孔，事實上這些小孔只是一條小管在體表上的開口，小管之內有許多「管感丘細胞」可以感受內外水壓的差異。大多數的魚類透過側線感覺，測知其他生物在水中所造成的震動，進而判定可能的掠食者（如其他魚類、水生生物等）

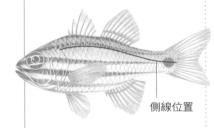

側線位置

側線構造示意圖

及食物的所在位置。側線感覺在維持魚群的群游行為上扮演非常重要的角色。因為在夜晚無光照的狀況下，側線系統是魚群個體之間判別及保持固定距離的唯一感覺系統。

此外，在魚體的大多數鱗片上，還分布著數以萬計的「表層感受細胞」，用來感受水流速度的差異。

魚如何感電、放電？ ——電磁感覺

許多淡水及海水魚類演化出感應生物電場的能力。最出名的例子是，鯊魚可用前吻數以百計的勞侖氏壺腹（Ampullae of Lorenzini）感受潛藏在沙中的魚體所產生的微電場，進而偵測出魚體的位置。所有的鯰魚在頭部都有弱電感受細胞，可以感受其他動物因肌肉運動而產生的電場。鯰科魚類也因具有此種特化的弱電感受能力，即使在漆黑的水域，牠們仍可精確的定出活體食物的位置。

弱電魚類的放電頻度具有種的特異性，可供區分種別之用。同種之間又有性別上

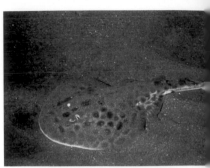

◆丁氏木鏟電鱝腹面具壺腹狀電覺器官，身體可發電。

的差異區分，這種放電頻率的「雌雄雙型」特徵，在弱電魚求偶時扮演很重要的角色。雄魚在生殖季節時會護衛特定的領域範圍，當另一雄魚入侵時，原住雄魚會提高放電強度，顯示其「戰鬥能力」，使入侵者知難而退，以避免不必要的肢體接觸而受傷。求偶時，雄魚則依賴放電的強度及頻度向母魚表達其「品質」，以供母魚作擇偶的判斷。

弱電魚類從孵化後一生都能持續的放電，但牠們也能暫時停止放電，這種行為多半發生在被掠食者追逐時。曾有野外的資料顯示，南美水域的弱電魚在被鯰魚追捕時，若能暫時停止放電行為，可以減少被偵測到的機率。可是此行為也會使得牠自己無法利用電場被干擾的程度，來判斷本身與掠食者之間的相關位置。

側線構造示意圖

頭部　　鱗片　　尾部
側線孔

管感丘細胞
側線管　　　　側線管
側線神經
神經信號傳導方向

魚如何呼吸？

魚類和其他生物一樣需要呼吸氧氣來存活，但牠們生活在密度較空氣高800倍，黏度高50倍的水體中，且氧氣量在水中比空氣中稀薄和不穩定，氧在空氣中佔21％，但在水中只有1％。因此魚類在水域中要爭一口氣顯然比陸上動物辛苦得多。魚類究竟是如何辦到的？牠們隨著不同的棲息環境，不同的種類和生活習性會有不同的呼吸方式嗎？又為何有些魚類可以離水而活呢？

呼吸的方式

不同生活方式或游泳行為的魚類，牠們的呼吸方式可能不同。一般底棲或泳速慢的魚類多半靠口咽腔和鰓腔前後規律地交互開闔，來泵進水流，由口進入經過鰓，再由鰓孔排出，這種方法稱為「幫浦法」。所以只要觀察魚鰓蓋開闔的次數就可以知道牠的呼吸頻率，如果太快則可能是水中缺氧、環境緊迫，或遭受威脅。

有些魚的鰓孔小，在停止進水時，鰓腔可以保有相當多的水分，因此也可以暫時停止呼吸一陣子，如鰻、魨。而鰩或魟等平扁的魚，牠們的口和鰓裂部都在體盤的腹面，在水層中游泳時還能以普通正常方式呼吸，但停棲在海底時則改由背面的噴水孔來吸水，以避免用口吸水帶入泥沙而損傷鰓器官。

泳速快的中表層巡游　魚類，如鮪、鰹、鯖等魚類，則多半是在向前游泳時，張開口部，使水流強制地或被動地不斷經口部流入鰓部，再由鰓孔流出來達到呼吸的目的。所以牠們的呼吸不是靠鼓　鰓腔的肌肉，而是靠體側泳肌來達成的，這種方式稱「引流法」。當然這些魚類也必須不停地游泳或維持一定的泳速，以滿足最基本呼吸量的需求。

無頜綱的盲鰻和八目鰻，其鰓的構造和呼吸方式則頗為不同。盲鰻的水流是由單鼻孔進入，通過總鰓管（孔）進入五對以上的鰓囊，行氣體交換後，再由各鰓囊或少數幾個鰓囊對外的鰓孔，排出體外。當盲鰻埋首在魚屍體內時，則通常由最後一對的鰓孔排出體外。八目鰻由於是寄生，口部在咬住寄主魚類後，已無法同時吸水，因此水的進出是經由七對鰓囊壁肌肉的泵動，而直接由體側的七個鰓孔進出。

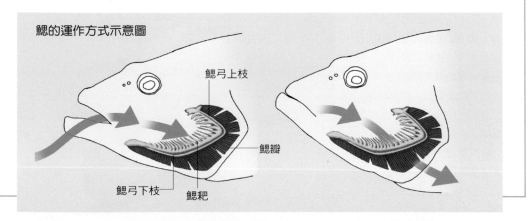

鰓的運作方式示意圖

鰓弓上枝

鰓瓣

鰓弓下枝　鰓耙

魚的呼吸器官

魚類的主要呼吸器官是鰓，但也有約13個目40個屬以上的硬骨魚類具有其他的輔助器官，如皮膚、鰾、腸道等，可直接呼吸空氣。這些魚類大多數分布在南美洲、非洲或亞熱帶的淡水或沼澤地區，因為高溫使水中溶氧降低，新陳代謝速率加快，所以演化出特殊的呼吸構造。

鰓：位在口咽腔的兩側，對稱排列，好像是梳子一樣。硬骨魚類通常有五對，而軟骨魚類有少數是六至七對，七鰓鰻（八目鰻）也是七對鰓。軟骨魚類只用鰓呼吸，沒有其他輔助器官。由於牠們的鰓隔膜發達，甚至延長到外鰓孔的邊緣，使前後排鰓瓣完全分開，所以又稱為「片鰓」，而鰓在體表的開口即稱「鰓裂」。硬骨魚類的鰓沒有鰓隔膜的分隔，所以稱為「全鰓」。全鰓有鰓蓋骨保護，對外只有一個開口，又稱「鰓孔」。

鰓的形狀呈弓形，又分成上枝及下枝，在鰓弓的內側是「鰓耙」可以濾食水中的浮游生物，它的疏密和數目和食性有關，細密者為濾食性，粗疏者為肉食性。鰓耙的數目和形狀也是分類的重要特徵之一。鰓弓的外側是鰓瓣，呈血紅色，充滿著微血管，是交換水中氧氣和二氧化碳的主要場所。

鰓上器官：鯰、鱧、帶鱧、彈塗魚等出水後不易死亡，是

◆泥鰍在水中溶氧不足時，會吞入空氣泡進行腸壁呼吸。

因為具有發達的鰓上器官，只要保持濕潤即可呼吸空氣。鰓上器官是由第一個鰓弓上鰓骨變形成凹凸的浮雕結構，有如木耳，上面布滿微血管的上皮，所以顏色鮮紅，打開鰓蓋骨即可見到。

鰾或氣囊：一些古代魚類，可能在泥盆紀或志留紀時水中缺氧，所以肺魚、弓鰭魚、多鰭魚或骨舌魚就發展出可以靠鰾或氣囊上密布的微血管來進行呼吸空氣的作用，這些魚在缺氧或乾涸的環境時會由口吞入空氣，再由食道中一個特殊的管道通入鰾中進行呼吸。美洲和非洲的肺魚即使在水體溶氧良好時也要到水面呼吸空氣，否則會「淹死」，而在旱季鑽入泥地裡時則完全靠鰾而不靠鰓，所以，這時的鰾就相當於「肺」的功能。鯰科中的囊

鰓類則有一對鰓腔往體後延長的管狀長囊，來協助呼吸，稱為「氣囊」。

腸道：泥鰍、花鰍等在夏天溶氧低時會竄到水面吞入空氣，然後壓入腸內，靠腸壁微血管交換氣體，再把二氧化碳由肛門放出。

口咽腔黏膜：黃鱔（合鰓鰻）、電鰻的口咽腔內壁布滿微血管可協助進行呼吸。

◆七星鱧可以發達的鰓上器官直接呼吸空氣，離水甚久都不會死亡。

皮膚：淡水的鰻鱺在夜間常游上陸地再移棲到別處水中，在離水期間牠們可以用濕潤的皮膚來呼吸，此時約有66%的氧氣可以透過皮膚來交換，即使在水裡也可以協助交換10%的氧氣。其他如彈塗魚、鰩魚、黃鱔、鰍和肺魚的皮膚也有類似的功能。

◆淡水的黃鱔能吞入空氣，以口腔皮褶輔助呼吸作用。

魚如何攝食？

所謂「民以食為天」，魚當然也不例外。魚兒從卵孵化，將卵黃囊的營養吸收完後，若要繼續存活生長，就必須攝食。而從演化的角度看，魚類為了能相安共存，充分利用水中形形色色不同的食物，其實已發展出各式各樣不同的食性。要了解魚類攝食這件民生大事，不妨從牠們吃什麼、怎麼吃兩方面來著手。

魚吃什麼？

魚類在自然環境中的菜單可說是五花八門，從活的浮游植物、浮游動物、海藻、海綿、小蝦蟹、多毛類、貝類、棘皮物、碎屑、魚類，乃至鱗片或死屍，可說是無所不吃。魚類選定食物的考量，除了食物數量的多寡、營養是否豐富、是否容易消化，也要衡量付出的能量代價是否划算。不過，魚兒本身是否具備適當的覓食器官去捕食和消化，才是最關鍵的考量。

吃藻類或水草類：即所謂草食性。藻類、水草或海草雖然容易取食，卻不容易消化，它們都有細胞壁，藻類為了防止魚類的攝食，甚至還發展出毒素，結果草食性魚類也演化出特殊的消化機制來應付，如雀鯛的胃酸；刺尾鯛直腸前膨大的盲腸，內有共生菌協助消化藻類；烏魚的肌胃、鸚哥魚和鯉形目的咽頭齒，都可以協助磨碎食物，以便消化吸收藻類。海洋中草食魚類並不多，大約不及15%。

吃肉：即所謂肉食性。食物內容包括甲殼類、頭足類、腹足類、多毛類、端足類、等足類、介形類、橈足類等，水中的各式動物幾乎無

草食 菜單

綠藻

褐藻

褐藻

紅藻

綠藻

紅藻

綠藻

紅藻

所不包。依食物的大小和種類，還可再細分為魚食性、昆蟲食性、珊瑚蟲食性、底棲小型動物食性。深海魚全都屬於肉食性，淺海魚大多也是肉食性，特別是體型中等的魚類及鯊等。

吃浮游生物：包括水中的浮游動物和植物。浮游生物雖然質量小、壽命短，但繁殖極快，所以浮游生物是海洋中生產力和現存量最高的，這也是為什麼海洋中以浮

游生物為食的魚類數量最多的原因，如近沿海鯡、鯷等，或是珊瑚礁的雀鯛等。連體型龐大的鯨鯊、象鯊或蝠魟也得靠吃不完的浮游生物為食，牠們如要追魚吃可能早已餓斃了。

吃有機碎屑：不少小型底棲魚，特別是河口灘地的魚，如俗稱豆仔魚的大鱗梭會以底泥中的有機碎屑為食。

雜食或特殊食性：有些魚

類的食物內容混雜著植物性和動物性餌料，如黑鰕虎的腸中除了藻類以外，偶爾有槍蝦出現。有些魚類吃的東西很特別，比如固定會吃其他魚類鱗片的魚類，稱為「魚鱗食性」，有些魚吃鱗片則是季節性食物不夠的變通方法。有一種搖蚊喜歡在潮間帶交配產卵，所以不少潮間帶魚類都會吃蚊子的幼蟲。而裂唇魚（魚醫生）則是以其他魚類身上的寄生蟲為

肉食 菜單

蝦　海樽　二枚貝　寄居蟹　馬糞海膽　九孔　蟹　水母　多毛類　貝類　章魚　多毛類

浮游 菜單

大眼端足類　橈足類　橈足類　橈足類　渦鞭　橈足類　矢蟲　矽藻　烏賊幼生　矽藻

食物。在亞馬遜河流域的魚，甚至會吃掉在水中的水果。射水魚則可射落葉片上的昆蟲來吃。

魚類的食性不一定永遠不變，很多魚類會隨著成長而調整食性，如刺尾鯛、臭肚魚、鸚哥魚等，在浮游仔魚期是以浮游動物維生，但是當沉降仕到礁區後，牠們很快會改變為草食。

魚怎麼吃？

魚類的菜單形形色色，論起吃的方法也令人大開眼界。

咬食與啃食：一般草食性魚類可分為兩大類，一類是咬食較大的藻類，就是魚只把藻體咬斷，腸胃中只會出現藻類的碎片，如瓜子鱲、臭肚魚等；另一類則是啃食礁石表面上纖細的藻類，腸胃中除藻類片段外，還會發現泥沙碎片，如鸚哥魚、刺尾鯛、鯽。

值得注意的是，魚類是機會取食者，也就是會取食週遭方便取得的食物，所以草食性的魚類也常會不小心吃到或故意去吃動物性的餌料，因為其養分的確比植物性

◆臭肚魚成群在礁石上咬食藻類

◆刺尾鯛正在啃食礁石表面的藻類

食物容易消化吸收。草食性魚類只是因受限於牠們的覓食構造，所以在一般狀況下通常吃藻類。也因此釣友在東北角的冬季時，可以用南極蝦來釣獲靠岸覓食藻類的瓜子鱲（黑毛），但在自然狀況下黑毛並沒有機會吃到南極蝦。同理，鸚哥魚也可用蝦肉釣獲。

濾食與啄食：魚類為了攝取水中的浮游生物，常常成群結隊，張開大口迎著水流，讓浮游生物直接流入口腔中，此稱為濾食法。為了填飽肚子，濾食性的魚類常跟著浮游生物做每日的垂直洄

游，如鰶、鰺類；或是隨著季節，到浮游生物出現的地方聚集，也就是季節性湧升流的地方，像蝠魟、鯨鯊、象鯊。有些小型的珊瑚礁魚類，如雀鯛等，因口小眼尖，則以個別啄食的方式攝取漂來的浮游動物。

捕食或獵食：肉食性魚類捕捉獵物的方式很多，有的

◆雀鯛張開小口啄食浮游動物

◆鯨鯊以濾食浮游生物維生

魚類採取守株待兔的策略，等沒有戒心的小生物通過的一剎那，再一躍而起加以捕捉，如狗母魚、鷹斑鯛。石斑魚喜歡單獨行筀，而白帶魚、金梭魚、鰺、四線雞魚等則常成群在礁區尋找獵物。一旦選定對象，可以非常快速捕捉，石斑魚、白帶魚

◆鰺進行捕獵時常成群行

◆石斑性兇猛，獵食時常單獨出擊

從器官看食性

想知道這隻魚靠什麼維生、吃東西的方法，甚至吃相如何，觀察牠的口位與口型、消化道的特色，以及鰓耙的疏與密，便可略知一二。

看口與齒：大部分魚的口都位於前端，稱為「端位」或「前位口」，多屬於善游泳的中上層魚類，如鮪、鯖等，一般營捕獵生活。

開口向上，或上頜短於下頜，稱為「上位口」，如水鯴、

◆口上位的大眼鯛

◆口下位的燕魟

比目魚、牛尾魚、瞻星魚等，多半潛伏泥沙或水草中，等待時機，再向上躍起吞食游經的小魚或無脊椎動物。

開口在下方，或上頜長於下頜，稱為「下位口」，如老鼠魚、馬鮫魚等，有些還有鬚可偵測獵物；而如魟、鱘之吻部長，可方便攪動泥土以覓取食物；生活在湍急的上游溪流中的爬鰍等，其口部甚至呈吸盤狀，藉以吸附岩石以免被沖走；鯛魚等口下位但呈橫裂者，則以刮食底藻維生。

牙齒是魚類的捕食工具，用來抓住獵物，但一般不用來咀嚼食物。軟骨魚的牙齒是由盾鱗演變而來，包括一列垂直排列的正式齒，用來捕捉及咬斷獵物；內側有幾列齒尖朝內部的補充齒。所以當正式齒脫落或受損時，補充齒會取代成為正式齒。

硬骨魚類的牙齒不只長在上、下頜，也可能出現在口腔周圍的骨頭上，而這些牙齒亦依其著生位置稱呼，如頜齒、犁齒、舌齒等。以頜齒言，具有犬齒的魚通常為凶猛的肉食鱸魚類，如石斑魚、白帶魚、食

◆肉食性的金梭魚牙齒尖利

甚至具有倒伏的牙齒，防止食物再次脫逃。通常吃甲殼類、腹足類的肉食魚類都有強而堅硬的牙齒，用來嚼碎貝介或海膽的硬殼，如扳機魨、四齒魨、刺河魨等。秋姑魚可以用頜鬚來翻動沙泥中的小生物，而扳機魨則會利用噴水的方式去翻動躲在沙泥下的小生物來吃。射水魚和骨舌魚（紅龍），可以

◆ 塘鱧一口口地挖食底土，吃食其中的小生物或有機物。

吃在水面上方的昆蟲，前者靠射水柱攻擊目標物入水，而骨舌魚則可以躍出水面，直接捕食。

挖食：碎屑食性的魚類大多忙碌地一口口挖食海底的底泥等碎屑，再經由口或鰓蓋把沙泥等非有機物質吐出來或排出來，如鰕虎或豆仔魚等。

◆扳機魨的牙齒適合吃具有硬殼的食物

人魚；具有臼齒的魚以螺、蚌及其他堅硬食物為食，如青魚、鯉魚、真鯛；具有梳狀門齒的魚，通常為刮食或咬食藻類的草食性魚類，如刺尾鯛、臭肚魚；板狀牙齒最強勁有力，擁有此種牙齒的魚主要吃貝殼、海膽等具有硬殼的食物，如河魨、扳機魨，或是像鸚哥魚刮食礁石上的藻類。牙齒退化的魚，則以濾食浮游生物為主，如花鰭屬（*Rastrelliger*）、鯡、鰶等。除了具有齒板的魚是持續不斷的長出外，其他類的牙齒通常會定期更換。

看消化道：肉食性的魚，胃特別發達，腸子較短，如白帶

魚、石斑魚。草食性的魚則剛好顛倒，腸子特別長，有些甚至沒有胃，如鸚哥魚。草食性的魚因為腸子別長，所以在體腔內的排列方式會隨種類而異，如臭肚魚即盤成圓盤狀。同一種魚，腸子的長度也會因為食物的差異而有不同，例如在人工飼養環境下，長期投餵草食性飼料者即比投餵動物性飼料者來的長。烏魚雖然沒有咽頭齒，但有一個肌胃，其作用像雞的嗉囊，可以磨碎食物。而軟骨魚的小腸內則有螺旋瓣可以增加吸收的面積。

◆草食性的刺尾鯛腸子很長

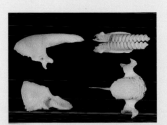

◆鸚哥魚的咽頭齒（右排）是由第六對鰓弓特化而來，左排為頜齒。

看鰓：鰓除了呼吸作用外，也有不同的變異來協助覓食。如鰓弓上的鰓耙，可以輔助牙齒來覓食，其作用就像濾網一樣，所以濾食魚類的鰓耙多而密，如鯡科；肉食性魚類的鰓耙則少而疏，如石斑魚，有些甚至沒有鰓耙，如海鰻及鮟鱇。鯉、鸚哥魚、隆頭魚、慈鯛等科魚類，第六對鰓弓甚至特化為咽頭齒幫助磨碎食物。另外，多數魚類在鰓耙前端或鰓弧前緣有許多味蕾，所以鰓耙還兼具味覺的功能。

魚如何運動？

魚類沒有手腳，你是否好奇牠是如何運動的呢？在水中運動的阻力是空氣中的800倍，所以魚類比陸上動物更需要良好的運動系統，包括減少阻力的流線外形和有效率的游泳方式。魚類使身體動起來的方式主要分為三種：體側肌肉的收縮運動、鰭的擺動、從鰓孔噴水，這三種方法可以混合或單獨使用。不同的魚類運用鰭和身體的方式不一，因此魚的泳姿也大異其趣喔！

體側肌肉收縮法

魚類最重要的運動肌肉是位於體側的大側肌，當這些排列整齊的肌節，交替產生規律的收縮運動時，便能使魚的身體左右擺動，推擠週遭的流水，進而產生反作用力將魚體向前推進。

體側肌肉依性質與功能可分為紅肌和白肌兩類，運動時通常只有其中一類發生作用，另一類則處於不活動的狀態。紅肌顏色暗紅，位於身體表面，脂肪和肌紅元（myoglobin）含量高，血液供應充足，所以又稱血合肌。紅肌因為含脂肪，所以必須行有氧代謝。其收縮緩慢，但持續性較久，所以像鮪、馬鮫、鯡等耐力強、持續不斷游動的種類，紅肌就特別發達。而生活在底層，行動遲鈍，不做長距離持續游性的魚類，則紅肌較少

◆蛇鰻靠身體肌肉呈蛇形向前挺進

，甚至沒有。要注意的是，鮭魚的肌肉雖然全部呈橘紅色，但主要是因為食物中的甲殼類的蝦青素（astaxanthin）轉移到魚肉中的關係，並不是真正的紅肌。

白肌則是大側肌最大的成分，不含脂肪和肌紅元，顏色較淺白，位於肌肉底部。白肌收縮快，是產生級數運動的能量基礎，所以多數魚類利用白肌所產生的爆發力來捕捉食物或逃避敵害。但白肌行厭氧代謝，當激烈運動時，會產生氧債，累積代謝廢物，等平靜下來獲得充足的氧，才能清除廢物和氧債，因此白肌缺乏耐久力。魚類在對抗激流和巨浪時會容易疲勞，溯河時常須停下來休息喘氣也是這個

肌肉收縮運動法示意圖

緣故，所以人們在設計魚道時，必須考量提供魚類休息的場所。

◆扳機魨主要靠背鰭和臀鰭運動

魚鰭交互作用法

鰭在魚的游泳過程中扮演多重角色，各種鰭的交互運用，使得魚類在水中世界更靈活自如。多數的魚類除了靠體側肌肉的收縮外，也藉由擺動尾鰭產生前進的推力，有些魚類則是背鰭和尾鰭癒合在一起做波浪運動，如比目魚和白帶魚。鮪、旗魚在高速游動時會把背鰭收起來，以減少阻力；當速度減慢時再把背鰭豎起來幫助平衡。魚類如果要煞車，只要將胸鰭一橫就可以停止前進；如果要轉變游向，則將一側的胸鰭伸直，另一側照常運動，就可以順利轉

彎；要倒退則反向划水即可。腹鰭雖然比較小，但它就像走單槓所需的平衡木，可以協助臀鰭和背鰭維持魚類身體的平衡，防止不必要的上下振動。

魚的游泳速度與尾鰭高度成正比，但與尾鰭面積成反比，從尾鰭的形狀可大致推測其運動特性。如，尾鰭呈叉型或新月型、尾柄窄而硬者，通常身體呈流線形、

◆魟靠胸鰭和體盤呈波浪般向前游動

高速游動的魚，如旗魚、鮪等。尾鰭呈半圓形或平直型，且較寬而柔軟者，雖然推進力不如前者，但卻方便轉彎，如石斑魚、烏魚等。尾鰭的上葉較下葉大者稱「上歪尾」，適合向上游動，以補償因無鰾而易下沉的問題，如鯊魚、鱘；而尾鰭下葉比上葉大的「下歪尾」，則有利於躍出水面飛翔，如飛魚或鱵。

◆鯊魚的上歪尾使其不易下沉

鰓孔噴水
前進法

　魚類呼吸時從鰓孔所排出的水流，也可以產生前進的推力，尤其在迅速前進時會使速度明顯遞增。另外，當魚開始游動時，強烈的噴水能提供原動力，箱魨之類的魚便是利用呼吸噴水來輔助上浮或前進，此時牠們的呼吸頻率特別高。當然此作用力也可以用來改變魚的運動方向，但魚類如果要停留在

◆箱魨靠呼吸噴水前進

同一定點，就必須靠胸鰭向前推水，以產生相反的作用力來抵消由呼吸作用所引起

的前進力。這是魚類即使不游動時，胸鰭仍不停搧動的原因之一。

鰾的妙用

　魚兒如果要長時間停留在同一水層，需靠鰾調整身體的比重，以得到不同的浮力。鰾位於胃腸的背方，腎臟的腹面，囊狀，中空。圓口類和軟骨魚類無鰾，硬骨魚類大多數種類都有鰾。鰾主要分為鰾體（前室）和氣道（後室和鰾管）兩部分。

　鰾的容積大小與所處水域的密度有很大的關係。淡水的密度小，所以淡水魚的鰾佔整個身體體積的比值比較大，約為7～11%；相反的，海水密度大，海水魚的鰾佔身體體積的比值較小，為4～6%。

　靠鰾來調節浮力雖然節省能量，但無法

快速調整，這是為什麼深海魚被釣上來時，鰾內空氣壓力來不及釋出而過度膨脹擠到口中的原因。

　此外，鰾還具有聽覺、呼吸、發音的功能。鯉形目的鰾，藉由第一至四脊椎骨變化而成

鰾的大小伸縮
與浮力
關係示意圖

的魏氏小骨（Weberian ossicles）與內耳相聯繫，使聽覺變得更靈敏，所以有魏氏小骨的這群淡水魚統稱為「骨鰾類」。較原始的硬骨魚類如肺魚、多鰭魚、弓鰭魚、雀鱔的鰾演變成呼吸器官，構造與一般魚類的鰾不同。澳洲肺魚的鰾分隔成許多對稱成卵圓形的氣室，也稱為「肺泡」，每個小氣室又分割為若干的肺小泡。而非洲肺魚的鰾又比前者發達，幾乎與四足類的肺相似。石首魚中的大、小黃魚，鰾的外面附有兩塊深色肌肉，稱為「鼓肌」，以韌帶和鰾相連，收縮時會使鰾發出聲音，漁民就根據此特性來找尋魚群。鱗魨科魚類匙骨和後匙骨相互摩擦也可以發出聲音，並透過鰾的共鳴作用而加強。

兩性進行曲

交配生殖、傳宗接代，幾乎是所有生物的本能，但魚類繁殖方式的多樣化，卻是其他類別動物所望塵莫及的。為了使牠們的基因或種族不致滅絕，魚類不論在兩性系統、交配求偶、生殖類型、產卵時間地點、產卵的質和量，以及護幼行為等各方面，都已演化出各種不同的形式或策略，來確保牠們的種族可以繼續不斷地繁衍下去。

雌雄分辨

行有性生殖的魚類，當然也有雌雄之分。一般魚類都是「雌雄異體」（gonochorism），少部分屬於「雌雄同體」（hemaphroditism）。雌雄外形不易分辨的魚，通常都是靠解剖後觀察生殖腺（或稱性腺）來判定性別，其中精巢較細白，而卵巢較粗黃或有卵粒。有時還需要在顯微鏡下觀察組織切片，特別是「雌雄同體」或是會性轉變的魚類，牠們究竟是處於雄魚、雌魚或兩者兼具的時期，也得要切片觀察生殖腺內是精巢或卵巢才會知道。

雌雄異體：有些雌雄異體的魚類可以藉由外表形態的第二性徵來判斷性別。首先是體型的大小，如鰻、海龍、鱧、鱘、孔雀魚等的雌魚較大，以求較高的繁殖率；但鯛或石斑等則以雄魚的體

◆鯊魚雄魚有交接腳，是顯著的性徵。

型較大；許多深海鮟鱇的雄魚體型甚小，其內臟退化到只剩下精巢，並以口部寄生在雌魚體表，靠雌魚維生。

其次，形狀也是判別的依據，如鬼頭刀雄魚的頭部會逐漸隆起；隆頭魚中少數種類雄魚額頂會突出；鮭魚在溯河產卵時，雄魚吻部會變形呈鉤狀彎曲；金花鱸雄魚背鰭棘延長為絲狀；大肚魚、孔雀魚、銀鮫、鯊、魟的雄魚有交接腳；平頜鱲及粗首鱲的臀鰭前軟條顯著延長等。

再之是婚姻色。珊瑚礁魚類中的鸚哥魚、蓋刺魚或隆頭魚的成魚，雌雄體色明顯不同。而淡水的孔雀魚、石

◆鈍頭葉鯛為雌雄同體，先雌（上）後雄（下）。

鮒、雀鯛、鮭、鱒等則在生殖期會出現美麗的婚姻色。

最後，有些得靠一些特殊構造來分辨，像鯉科魚類雄魚在生殖期時，鰓蓋頭頂或鰭上會出現一些角質突出物，稱為「追星」；海龍科的海馬雄魚腹部有孵卵囊，海蛾則是雌魚才有，而剃刀魚雌魚也具有由腹部擴大變形成的可閉合之孵卵袋。上面提到的體型大小、形狀與顏色的差異，尤其是雄魚所表現的，應和鳥類一樣，具有「性擇」或吸引異性、促進排卵的作用。

雌雄同體：「雌雄同體」只在真骨魚類中出現，即在同一個體內偶爾會有雌雄生殖腺同時存在，只有少數鮨科鮨屬（*Serranus*）魚類或是狹鱈（*Theragra chalcoframma*）可以是永久的雌雄同體，且能自體受精，但為了避免近親交配，牠們大多會以配對方式，即輪流改變性別去受精對方所產的卵粒。

大多數的雌雄同體的魚類是屬於循序作用的類型，也就是隨著成長而有性轉變的現象。有些魚是先雌後雄（protogyneus），如石斑、鸚哥魚、隆頭魚等，有些魚則是先雄後雌（protandrous），如

◆屬石斑類的尾紋九刺鮨為雌雄同體，但具先雌後雄的性轉變。

小丑魚、鯛類等。此外，也有可以雙向變性的魚類，譬如生活在珊瑚枝枒中的高身鰕虎，當兩尾鰕虎相遇時，即使原本是雙雌或雙雄魚，但因具有雙向變性的功能，所以最後有一方會變性來達到配對的目的。

愛情物語

許多魚類在交配以前，其實也要經過談情說愛的求偶過程，如果兩情相悅，就很快送入洞房；如果求愛遭拒，雄魚便會另尋新歡。

魚類的交配方式隨魚種而異。有些行「群體生殖」，即成百上千或是三、五成群，同時排精排卵，譬如魛魟等群游性魚通常會洄游到某一定的產卵場內，雄魚及雌魚同時排精、排卵來達到受精的目的，牠們在兩性個體間互動的方式不明顯，所產的卵也多是隨波逐流的浮動卵，沒有任何親魚的護幼行為。

而在較複雜的生存環境中，多數的魚類則會以「配對生殖」的方式來繁殖下一代。在繁殖期間，雄魚所顯示的婚姻色、爭奪領域或產卵場、築巢、展現獨特求偶泳姿的行為等，其實都是為了吸引雌魚來達到配對交配的目的。牠們交配的時間、場所和求偶方式也有不少變化，且因為這些種的特異性，可以減少種間彼此雜交的機會。譬如：體型較長的鰻或海龍交配時會互相纏繞或是

◆行群體生殖的紫胸鯛

◆行配對生殖的石狗公（左）與海龍（右）

S型擁抱；鯊魚的雄魚會捲在雌魚身上行體內授精；在沙灘上繁殖的銀魚雄魚會環繞在半埋於沙中的雌魚身上進行交配；珊瑚礁的蝴蝶魚、蓋刺魚或是石斑魚等，多半由雄魚以口部去頂雌魚的腹部，兩情相悅後，再成對游到水層上方同時排精、排卵。

「配對生殖」的模式又分成一夫多妻或一妻多夫的不同制度，先雄後雌的魚類通常是一妻多夫；反之，先雌後雄，雄魚數目少的是一夫多妻，如金花鱸，在雄魚死亡後，體型最大的雌魚可以在一週左右迅速變性為雄魚來彌補空缺。而生活在茫茫大海中，數量又較稀有的魚種，為了避免找尋同類或異性的困難，可能在未成熟前即已有配對行為，如蝴蝶魚，或是像深海鮟鱇的雄魚乾脆直接寄生在雌魚的身上。

傳宗接代

魚類的生殖形式分成卵生、卵胎生和胎生三種方式。

絕大多數的硬骨魚類都以卵生（oviparity）為主，即由雌魚產卵，在體外受精和孵化、成長。產浮性卵而沒有護幼行為的魚類，通常產卵徑小而大量的卵粒，如鱈魚可產九百萬顆卵，而翻車魚可以產下三億粒卵，這是採取重量不重質的卵海戰術，來確保後代的存活機會。反之，產卵數目少或是產沉底性、黏著性的卵，甚或口孵的魚類，則有護卵或護幼的行為，這些卵的卵徑較大、卵數較少，如雀鯛、慈鯛、鰕虎、鰍、鮭等。另外某些板鰓類，如虎鯊、貓鯊、真鯊、扁鯊、鱝，也是卵生的，但是卵是在雌魚的生殖道內進行體內受精，而後再排卵到水中，不須要再行第二次受精即可完成發育。

卵胎生（ovoviviparity）的特點是卵不但在體內受精，而且還是在雌魚的生殖道內發育，只是牠發育時所需的胚胎營養是靠本身的卵黃，而不靠母體，僅有胚胎的呼吸是倚賴母體而已，譬如古老的鯊魚（皺鰓鯊、六鰓鯊、七鰓鯊）、真鯊、鼠鯊、

◆短吻角鯊行卵胎生，圖為可見卵黃囊的幼魚。

41

魚可以馬上自行游泳，像腔棘魚、灰星鮫等。有些鯊，如後鰭錐齒鯊，仔鯊甚至會吃產卵管中其他的卵或仔鯊來維生，所以這種「食卵性」的鯊通常一次只會產出一至二尾體型較大的幼魚。

◆斑竹狗鮫行卵生，圖為其幼魚及有卵鞘保護的卵（上）。

電鱝、魟、鱝、蝠魟等，硬骨魚類中如鱂形目的食蚊魚、海鯽、劍尾魚等也屬於這類。

胎生（viviparity）的魚，胎體在營養上也是靠卵黃不靠母體來供應，只是在產出前已發育完全，且產下的幼

◆活化石腔棘魚行胎生，圖為其幼魚。

魚類是好父母嗎？

產浮性卵的魚類通常沒有護幼的行為，生活在河川的一些淡水魚，有些卵及仔魚都在河川內孵化成長，有些則會順流到河口或沿岸孵化成長，再溯回河川，如日本禿頭鯊、大吻鰕虎或溯河型香魚。海洋魚類中的變異較大，有些只要幾天即可孵化，有些則需長達半年。這些仔魚在漂浮期均如浮游動物般漂流，以小型浮游動物為食，因為缺少親魚的保護，存活率較低。不過這些漂流期較長的魚，擴散和分布的能力也較大。至於產底棲或沉著性魚卵的魚，則常有各種不同的護卵或護幼的行為，諸如：天竺鯛、慈鯛、後頜鱚的公魚或母魚會以口孵護兒；海馬、海龍、海蛾則有育兒囊或孵卵袋

◆小丑魚親魚有護卵的行為

來確保卵的孵化和小魚的存活；小丑魚把卵產在海葵基座的底部；䲁鮍把卵產在圓蚌中；

羅漢魚或雀鯛把卵產在礁床上，由親魚守衛；鰕虎或肺魚在沙泥地上堀孔道產卵；弓鰭魚及棘魚會用水草作成魚巢；有種鯰的魚卵有卵柄可以黏在親魚腹面，靠親魚血液輸送養分來發育，甚至還會把卵放在腸內哺育；雀鯛等魚在守護卵粒時，有追逐、搧卵、啄壞死的卵等行為來護幼。

◆配對口孵的天竺鯛

生存大作戰

海底的世界看起來和諧安樂，但實際上卻危機四伏，到處充滿了虎視耽耽的掠食者。身處其中，魚兒要如何保護自己、甚至制敵成功呢？在這場永無止境的生存競賽中，魚類所演化出的應對之道除了消極的躲藏外，還有共生、擬態、發光、發電、用毒、共游和群游等各種策略，其中所蘊含出神入化的生存智慧，有不少還頗值得人類好好學習哩！

策略① 躲藏

遭遇天敵時，「三十六計走為上策」幾乎是所有生物尋求活命的第一招，魚兒當然也不例外。一般遇到危險時，底棲的魚類多半會迅速躲入礁洞、隙縫或潛入沙泥地中。有些小型或稱為「隱密種」的魚類更是小心翼翼，甚至足不出戶，以求自保。大洋性的魚類顯然無處可躲，一般都仰賴群游及背暗腹白的保護色，但是也有一些鰺、鯖的幼魚或白點扳機鮑會躲在海面上的浮木或海藻下避敵。人工浮魚礁可形

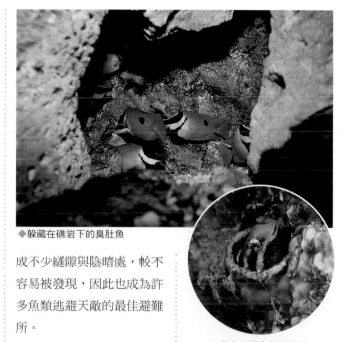

◆躲藏在礁岩下的臭肚魚

成不少縫隙與陰暗處，較不容易被發現，因此也成為許多魚類逃避天敵的最佳避難所。

◆躲在礁洞內的鈍頭鸚

◆花斑擬鱗鮑藏身於礁縫凹陷處

策略② 共生

海洋生物種類繁多，尤其在珊瑚礁區，生物更是相當多樣性，為了能夠增加生存機會，許多生物與他種生物生活在一起時便發展出共生關係。但要注意的是，共生關係可不見得一定雙方都受

益喔！

創造雙贏時稱為「互利共生」，如小丑魚和海葵、鰕虎和槍蝦、魚醫生和有寄生蟲的魚等。一方受益，一方不受影響時，稱為「片利共生」，如姥姥魚躲在海膽或海百合的棘叢中；圓鰺和幼鰺躲在遠洋水母的觸手中；隱魚白天躲在海參、二枚貝

或饅頭海星的身體裡，晚上再出來覓食，但找不到食物時，牠會吃掉海參的內臟，還好海參具有內臟再生的能力；還有許多鰕虎等小魚住在海鞭、海綿，或是珊瑚叢中，牠們的體色上因長期演化的結果，已很難和房東區別分辨。

有些魚喜歡與大魚共游，藉機獲得庇護或掩蔽。前者如六帶鰺（又稱領航魚），喜歡游在鯨鯊、蝠魟前面或旁邊；無齒鰺的幼魚會躲在大型河魨的身旁，除了得到保護，也可撿食大魚吃剩的食物。後者如管口魚之類積

◆無齒鰺與線紋河魨共游，藉機獲得庇護。

極的珊瑚礁魚類，趁機靠近沒有防備的魚，進行獵捕行動。至於印魚則靠著頭上特化的吸盤，搭乘鯨鯊、燕魟、旗魚、海龜的便車到達海洋各處，牠們也會撿食宿主吃剩的食物。

策略 ③ 擬態與模仿

擬態與模仿是最有用的生存策略之一。而同一種策略，不同魚類卻有不同的應用，有時不但可以用來躲過敵人的發現，也可以製造主動攻擊的機會。擬態通常指的是依環境背景作偽裝，就地掩護，讓其他生物不容易一眼看出，而模仿則是指仿效另一種生物的外形顏色。

擬態最直接的方法，就是天生便發展出與週遭環境相

◆俗稱比目魚的鰈是沙地環境的擬態高手

◆ 三棘高身魽擬態礁石維妙維肖

◆鮗（七夕魚）模仿鱔的頭

近的體色，如豆丁海馬的外形看起來就像是柳珊瑚、高身魽或絨魽則像一片海藻。有些還會藏身在背景中，如牛尾魚、狗母魚或土魟等，在沙地上常只露出頭部或眼睛來警戒，甚至藉此出其不意地掠食經過的小魚。擬態技術高超的好手

◆小丑魚與海葵共生

◆ 鞍斑單棘魨（右）模仿有毒的尖鼻魨（左）

，如比目魚，身上的花紋幾乎與週遭底質一模一樣，非常不易被發現。

至於魚類模仿其他的魚則有許多原因，有些模仿兇猛或有毒的魚以避免被天敵捕食，如七夕魚模仿兇猛的海鱔、單棘魨模仿有毒的尖鼻魨。而鸚哥魚小魚群游時會模仿同一群中，尾數較多的那種小魚的體色，以免太過招搖醒目。還有一種刺尾鯛的幼魚，因為尾柄的尖刺尚未發育完全，所以體色模仿蓋刺魚，以便混入其中一起活動，減少因落單而被捕食的機會。

策略④ 發光

魚是所有脊椎動物中，唯一具有發光和發電能力的動

物，而且出現在許多不同演化支系的類別中。深海魚因身處無光環境，所以不分晝夜均會發光，而淺海的魚類則只在夜間發光。魚類的發光能力可分成化學性和細菌性發光兩種，前者由體內神經控制螢光酵素，將螢光素的蛋白質氧化而產生；後者由魚體的發光器內的共生菌發光，此

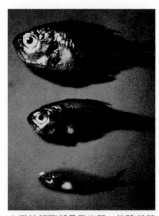

◆ 天竺鯛腹部具發光器，能降低剪影造成隱蔽效果。

發光器外有膜覆蓋，魚體本身可控制其開關。

魚類為什麼要發光呢？推論可能是為了照明、保護、擬態、誘引獵物、辨識同類、吸引配偶，或迷惑敵人。如鯵、天竺鯛或螢石鱚等，魚腹的發光可以降低剪影效應，造成隱蔽；深海鮟鱇、寬咽魚、巨口魚、鮋魚或奇棘魚，在尾部、頭頂、腹部或下顎有點狀或線狀的發光器或發光帶可誘引獵物；燈籠魚腹部發光器的排列方式可以作為種類辨識之用，也是魚類分類鑑定的重要特徵。燈眼魚和松毬魚在眼下或下顎的發光器可能是用來辨識同類或誘引趨光的餌食。

策略⑤ 用毒

使掠食者望而卻步或擊退敵人，最有效的方法大概就是用毒了。大約有上百種不同的魚類，均平行演化出用毒的機制。

根據毒性的形式，可分為兩大類，一類是在魚體或內臟含有毒素，如四齒魨科的

河豚類，在卵巢或肝臟有特別多屬於四齒魨毒（tetraodotoxin）的神經毒。另外，熱帶地區的大型肉食魚類，其內臟或肌肉常因食物鏈累積，含有熱帶海魚毒（ciguatoxin）。以上兩種毒素都是經由食用後才會中毒。

另一類是鰭棘基底具有毒腺，被刺傷就會引起毒作用，稱為刺毒，如土虹尾柄上的毒棘、鰻鯰背鰭和胸鰭的毒棘、臭肚魚的硬棘有毒等。刺毒構造包括分泌毒素的毒腺以及造成刺傷的硬棘。毒腺雖然很靠近硬棘，但是都被包裹在表皮內，沒有導管或開口通到體外，所以刺毒的作用機制是毒棘刺入被攻擊者時，棘一受壓，根部周圍的皮膚破裂，毒腺因而破開流出毒液，並從傷口進入被攻擊者的體內。此外，也有少數部位可能具有毒腺，如刺尾鯛尾柄的尖刺也是一種毒棘；海鱔的上頜有

◆六線黑鱸體表會分泌具有毒素的黏液

囊狀毒腺，咬住獵物時，毒液便注入傷口。

謀略 6 分泌黏液

想像不到吧！黏液也是魚類自衛逃脫的利器呢！大多數的魚類都有黏液，其實它是一種多醣類和纖維，通常由表皮的杯狀細胞（goblet cell）所分泌，入水後纖維才膨脹變黏而成黏液。比較特別的是盲鰻具有獨特的線細胞（thread cell），可以在短

短幾分鐘之內把一桶清水變為膠狀，通常在遭受威脅須要脫逃之時，盲鰻就會大量分泌黏液。鸚哥魚在鰓蓋內側布滿看起來像海綿的黏液腺，通常在晚上會分泌黏液把全身包裹起來，就像睡在睡袋裡，而且還會預留呼吸孔。根據研究，鸚哥魚黏液的分泌受光週期所影響，如果白天把鸚哥魚放在漆黑的缸子，也會引發鸚哥魚分泌黏液。一般推測這種行為主要是為了逃避夜間用嗅覺出來捕食的掠食者，如海鱔，因為黏液膜可以減少鸚哥魚體味的發散，避免洩露行蹤。六線黑鱸或雙帶鱸等體表所分泌的黏液有毒，所以不能和其他水族混養。蒙鰈鰭棘黏液腺所分泌的化學物可使鯊魚的大口麻痺，讓自己有機會脫逃。

◆黑星銀鮭（金錢魚）具有棘毒

策略 ⑦ 趨光、趨音與趨流

不同的魚類有正趨光和負趨光的不同行為，這與魚類的覓食、防禦、集群有很大的關係，但關於形成的機制或目的，目前仍眾說紛云，而且會受成長階段、水溫、透明度等因素所影響。

一般在白天覓食的魚類，或是捕食趨光性浮游生物的魚類，屬於正趨光。通常幼魚比成魚有明顯的趨光，如魦魠、鰻鱺、藍圓鰺等。若以秋刀魚為例，當體型飽滿度低時趨光較強，飽滿度高時則趨光較弱，性成熟時不趨光，產完卵又恢復。燈火漁業利用魚的正趨光行為，設計燈光誘魚法，利用燈光誘捕箱也可以採集到許多正要沉降在礁區定棲的後期仔魚。

同樣地，有些魚類對聲音也有特殊偏好，所以聲誘漁業就是針對魚類的正趨音性而設計，如鯷魚的覓食聲音對鮪魚有誘集的作用，用垂死魚類所發出的掙扎信號，低於800Hz，可以誘集鯊魚。但相反的，當魚類聽到天敵的聲音，會出現負趨音性的行為，如鯵等中上層魚類，聽到海豚的聲音，就會立刻逃離。

此外，魚類通常具有趨流性，會根據水流的方向和速度調整，使身體保持逆流的狀態或是停留在某一定點。

策略 ⑧ 群游

二尾魚共游稱為「配對游」，三尾魚以上的共游才稱得上是「群游」。群游的組成份子可以都是同一種魚，也可以由不同種魚混雜在一起活動。群游時如果成員以同樣的方向及速度前進，彼此間並保持同樣的距離，稱為「魚隊」（或稱同步群）；「魚群」是只因社會理由而聚集在一起的一堆魚，而「魚群集結」則是指因環境因子而出現的魚群集結現象，如水溫或水流。群游的好處多多，隨魚種及時機的不同而有不同的意義。

增加覓食機會：浮游生物

◆藍圓鰺會捕食趨光性的浮游生物

在海洋中的分布並不均勻，所以許多中上層以浮游生物為食的魚類會形成魚群，因為集群的魚比單獨的魚更容易發現餌料的密集區，如秋刀魚、鯖、魳魟等。鯊魚和鮪魚則利用群游來圍捕獵物。珊瑚礁區的草食性魚類、如鸚哥魚或刺尾鯛，為了侵入其他有強烈領域性行為的草食性魚類地盤（最典型的是雀鯛，其領域內的藻類量通常遠高於領域外），常成群闖入，在雀鯛疲於追趕的空隙中飽餐一頓。又如秋姑魚及扳機魨，具備翻動埋藏在底質裡的無脊椎動物的能

力，當牠們覓食時，周圍常有隆頭魚、蝴蝶魚、刺尾鯛等跟在後面撿便宜。

防禦敵害：群游可減低被捕食的機會。成群的魚對警戒訊息較敏感，可以在較遠的距離就察覺危險，迅速做出回應。有些魚平時集群並不明顯，在突然遭遇危險時會迅速集結成群，如被網具包圍的魚群會迅速群集急游，尋找逃出危險的途徑，只要一尾或數尾魚發現漏洞，經過訊息傳遞，整個魚群也許有機會均逃出網具。其他

◆白天群聚在礁石洞穴內成群集結的鰻鯰

如珊瑚礁區的天竺鯛、擬金眼鯛晚上出來覓食，白天則成群在礁石旁邊休息，以集體守望相助的方式，減低被捕食的機率。雖然相對的，魚群的目標較明顯，但當捕食者闖入時，魚群會迅速逃散，使掠食者不易鎖定目標，最終整個魚群的存活率仍高於單獨行動的個體。此外，鰻鯰小魚遇到危險時，會集結成鯰球，赫阻敵人不敢侵犯。

節省能量：魚隊中的個體，可以享有水阻力減低的優點，進而節省能量的消耗。在受保護的珊瑚礁區，常可看到鯖、鰺、鯛類緩緩地成群繞游，有如暴風圈般，具有省力和禦敵的雙重功能。此外，長距離洄游的魚類會形成洄游魚群，據研究，集群的魚靠著彼此之間的聯繫，有共同的定向機制，所以能夠迅速正確的找到洄游路線。

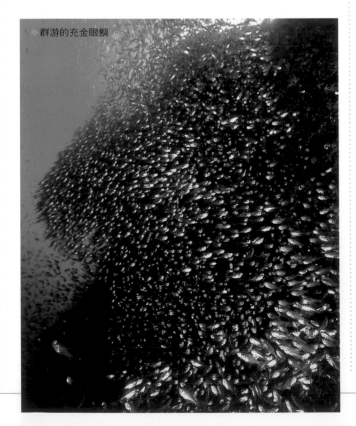

◆群游的充金眼鯛

魚的一生

從出生開始，人的一生大致包括了幼年、青少年、青年、中年和老年幾個時期，那魚類呢？可曾想過，魚的生活史得經過哪些階段？有些魚終其一生都在自家附近生活；有些魚則會由淺到深或由潮間帶到亞潮帶作垂直洄游；還有些魚甚至演化出必須千里迢迢為了攝食、繁殖、渡冬等不同目的，展開漫漫長途的洄游，才能完成牠的生活史。魚的一生其實比我們想像中精采，一起來認識吧！

魚的生活史

一般而言，生物的生活史是指精子與卵子結合後，開始成長發育，直到衰老死亡的整個過程，又稱為生命週期。魚的生命週期大致可分為：卵、仔魚、稚魚、幼魚、成魚、衰老至死等幾個不同時期。不同時期的存活率、生活環境和生態習性都會有所差異，這些都是長期演化的結果。

卵或胚胎時期：魚卵產出後不見得都有機會受精，完成受精的受精卵才會發育。此時，胚胎只靠卵黃的營養，也只在卵膜內發育，稱為胚胎期。

仔魚期：指從卵孵化後到卵黃完全吸收為止的時期，此時期魚體透明，型態變化顯著，並開始有微弱的運動力，可以開始向外界攝食。

稚魚期：此時各鰭鰭條形成，鱗片也開始顯現，魚體不再透明，且具有物種的一些特徵。底棲性魚類的稚魚期早仍算是浮游生物，但已開始到該種成魚棲所處沉降，沉降後即迅速長成幼魚，和成魚一樣行底棲生活。

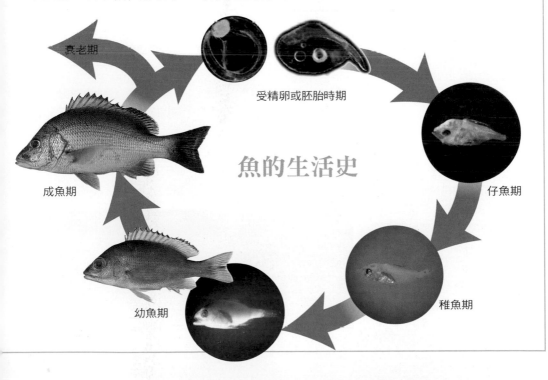

衰老期

受精卵或胚胎時期

魚的生活史

仔魚期

成魚期

稚魚期

幼魚期

卵、仔魚、稚魚三個時期統稱為魚類的早期生活史。

幼魚期：是指體型、斑紋、色彩都和成魚大致相同，只是性腺尚未成熟的階段，或稱未成年魚期。

成魚期：當性腺首次到達成熟時，開始進入成魚期。在適當季節開始繁殖後代，如果該種類具有第二性徵，此時會開始出現。

衰老期：一般指生殖能力衰退，體形成長已到漸近值或幾乎停止的時期，但此時期很難加以鑑識或判定。

魚的洄游

不少魚類一生中必須歷經長短不同距離的「洄游」，即有目的地由一處大量移往另一處，短則數十公里，長則數千公里，和漫無目的的「巡游」並不相同。洄游可使生物有較佳的生存及繁殖條件，因此具有適應上的意義。所以洄游是許多魚類生活史中重要的一環。洄游又分成被動和主動洄游兩類。被動洄游通常是指漂浮性魚卵及仔稚魚會被動的被帶到遠方，不需要耗費能量，如鰻魚或大眼海鰱的柳葉形幼魚會隨著洋流往近岸漂送；至於主動洄游，主要依目的分為三種。

產卵洄游：魚類由攝食區或渡冬區移往產卵區，使卵及胚胎有更佳的發育條件。以鰻魚而言，平時生活在淡水中，但繁殖時成魚必須往

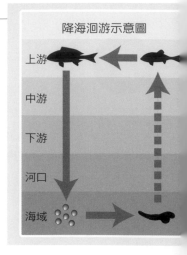

下游到海中產卵，稱為「降海性產卵洄游」。柳葉型幼鰻經過一年多的漂游後，才又靠岸變為鰻線，再上溯到淡水溪流中成長。而鮭魚正好相反，幼魚在大洋中成長，再上溯到溪流中產卵，稱為「溯河性產卵洄游」。烏魚的產卵洄游則是隨著溫度變化，每年冬至前後，烏魚會從北方南下，尋求溫度適

有趣的仔魚變態

某些魚類從仔魚到稚魚或幼魚的階段在型態上會有很大的變化，稱為「變態」。變態又分成再演性及後發性變態兩種。「再演性變態」是指變態時會有類似祖先的型態出現，如八目鰻的仔魚（ammocoetes）眼位於皮下，口成溝狀；比目魚仔魚為左右對稱，眼位於身體兩側，二者都明顯和成魚不同，反而較接近其祖先的型態特徵。「後發性變態」則是為了適應幼魚期的生態環境而發展出與成魚不同的模樣，如鰻鱺目、海鰱目的狹首幼魚或柳葉幼生，蝴蝶魚或翻車魚仔魚體表上的角質突起，石斑魚、隱魚的背或臀鰭棘之延長，深海鼬鳚的外腸仔魚，三叉槍魚的眼柄延長等，可能都是為了增加浮力或防禦能力而產生的一些適應。

◆柳葉幼生

溯河洄游示意圖

（溯河洄游示意圖，圖內標示：上游、中游、下游、河口、海域）

合的地區產卵。

攝食洄游：魚類由產卵區或渡冬區移往攝食區。如每年臺灣北部靠岸的瓜子鱲就是為了來覓食冬季茂盛的藻類。每年日本鯷（苦蚵仔）魚群南下來台灣北部產卵，白帶魚、鯖魚群總是尾隨在後，伺機捕食。攝食洄游除了水平方向，也有魚類做規律的垂直洄游，如青花魚會

隨著浮游生物的垂直活動而遷移；深海中層的燈籠魚夜間會垂直洄游數百公尺到表層來覓食浮游動物，晝間再沉降回去。

渡冬洄游：又稱適溫洄游，離開產卵區或攝食區的遷徙活動，如草魚在秋季結束攝食後離開湖泊，聚集在河下游的凹洞中。

此外，還有一種「保護性遷徙」，如黑海的鯷魚日間游到深處，使掠食者不容易捕捉，等夜間獵魚的海鳥停止攝食時，才又浮升至水面。光度是引發這些魚垂直洄游的信號。許多魚類在水位降低前離開淺水區亦屬此類遷徙行為。保護性遷徙可能發生在之前所提的三種洄游期間。

絕大多數的魚類多少都有洄游的習性，底棲性的魚水平或離岸遷徙的現象很常見，如一些珊瑚礁稚魚在潮間帶成長以躲避敵害，長大後即進入亞潮帶。一般底棲魚的幼魚棲息在較淺的水域，繁殖時則游入較深或河口等特定的產卵場產卵。而大洋性魚類的洄游更是嘆為觀止，如鮪一生要完成產卵、覓食及成長過程，可洄游整個太平洋或印度洋，堪稱地球上遷徙距離最遠的動物，鮭、鰹等魚類洄游的距離亦不小。鯨鯊、翻車魚、旗魚等許多魚之洄游路徑則尚待研究。

◆生活在深海的胸棘鯛壽命可達百歲以上，算是最長壽的魚。

魚類的壽命

魚的年齡判定是研究魚類生活史、生物學和資源保育利用與管理的重要資訊。利用養殖來推斷牠們能活多久固然直接，但因和天然環境條件不同，所以也不能直接引用。魚類年齡一般可由鱗片、耳石、脊椎骨或鰭條上的輪紋計數而得，透過特殊的處理，也可經由仔稚魚耳石上的日周輪，來推算魚隻孵化的天數，甚至洄游的

路徑與其開始溯河的時間。

一般魚類的壽命介於2～20歲之間，約有60%的魚壽命少於20歲，能活過30歲的魚種應不超過10%。中表層的小型魚類，如鯷鮆、鯡、鰶、秋刀魚，壽命最長不超過2～3年，而棲息在岩礁的中型魚類，如雀鯛、刺尾鯛、鸚哥魚，則可以達到20年。淡水的鯉、草魚、鰱等可以活到20歲以上，也有養到40歲，甚至50歲的。活最長的應該是深海魚類，例如燧

鯛科的胸棘鯛可達150歲。通常短命的魚類都很快就可產卵，而長壽的魚則要到7～8歲，甚或20～30歲才會成熟產卵。由於人類捕撈過度，許多大型魚類為了要繁衍下一代，體型小和提早成熟的個體就佔了優勢，以致造成魚類體型逐漸小型化的問題。

魚的家族

魚類屬於脊索動物門中的脊椎動物亞門，而一般人又將脊椎動物分成魚類、兩生、爬蟲、鳥類及哺乳類五大類。根據Nelson（1994）的統計，全球現生種魚類共有24,618種，佔已命名脊椎動物48,170種的一半以上。而新種魚類仍在不斷地被發現，特別是利用分子鑑種技術，迄今20多年來已有七千多種新魚種被命名，所以目前全球已命名的有效魚種應在32,000種以上。如此看來，魚類的的確確是個大家族呢！

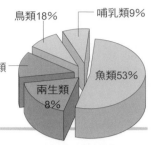

脊椎動物比例表

鳥類18%　哺乳類9%　爬蟲類12%　魚類53%　兩生類8%

魚的分類法

目前現生的魚類共包括5個綱，分別是無頜總綱下的盲鰻綱（Myxini）、頭甲魚綱（Cephalaspidomorphi），及有頜總綱下的軟骨魚綱（Chondrichthyes）、肉鰭魚綱（Sarcopterygii）及輻鰭魚綱（Actinopterygii）。

盲鰻綱和頭甲魚綱因無上下頜，所以同歸無頜總綱。牠們的身體呈鰻型，多半行寄生或腐生生活。盲鰻綱都是海水魚，分布在溫帶和熱帶的較深水域，眼退化，口周圍有鬚，只吃瀕臨死亡或已死亡的動物。而頭甲魚綱的現生種只有七鰓鰻一個目，七鰓鰻即俗稱的八目鰻，因為牠的眼睛加上七個鰓孔排成一列，看起來好像八個眼睛。牠們和盲鰻一樣也沒

有胸鰭和腹鰭，但口部無鬚，靠吸食其他魚類的血液來生活。牠們有溯河洄游和淡水的種類，但只分布在寒帶地區，所以台灣並沒有八目鰻的分布。由於盲鰻和八目鰻的口部沒有上下頜，因此又有人把無頜總綱的魚稱為圓口類。

軟骨魚綱即包括一般所熟知的鯊、魟、鱝和銀鮫類等。牠們骨骼雖有若干程度的鈣化，但卻很少變成硬骨；牠們的鱗片常是盾鱗、牙齒和上下頜常不癒合，且會依序被更替；牠們也沒有鰾、腸內有螺旋瓣，且多行體內受精，雄魚的腹鰭還會變形為交接器。軟骨魚綱依頭側鰓列數目而分成只有一對鰓裂的全頭亞綱（Holocephali），即銀鮫，和五至七對鰓裂的板鰓亞綱（Elasmobramchii），即鯊、魟等。

肉鰭魚綱及輻鰭魚綱都屬於硬骨魚類。肉鰭魚綱包括被稱為活化石的腔棘魚及可在泥窩中夏眠來渡過旱季的肺魚。腔棘魚和八千萬年前（白堊紀）已絕跡的化石魚極為相似，因此1938年在南非被發現時震驚全球，又因牠肉質肢體狀的魚鰭，因而被認為是和四足類關係最近的活親戚。而肺魚有內鼻孔，且鰾的構造和功能類似陸生動物的肺，因此得名。

輻鰭魚綱則佔現生種魚類的絕大多數，以下分成軟骨硬鱗魚（Chondrostei）、新鰭魚（Neopterygii）及真骨魚類（Zeleostei）三個下綱（subclass）。軟骨硬鱗魚包括分布在北半球的鱘，中國及美國的匙吻鱘，以及非洲的多鰭魚；而新鰭魚則包括分布在美洲及中美洲的雀鱔（

即半椎魚）及弓鰭魚；真骨魚類則是脊椎動物中，種數最多分化最大的類群，佔所有現生種魚的96％，共有46個目，488科，超過31,000種。真骨魚類下又分成四個下部（subdivisions），分別是骨舌魚（Osteoglossomorpha），海鰱（Elopomorpha），鯡（Clupeomorpha）及正真骨魚（Euteleostei）下部。

Nelson約每十年出一次新版的《世界的魚類》，是最廣被魚類學界所採用的一本工具書，且他的分類系統也被目前大多數魚類學者所接受，所以本書基本上均是採用他1994年所出版第三版的分類系統為準。在他的系統下，現生魚類共分成5個綱57個目。

★表示台灣沒有此目之原生魚種

| 無頜總綱 | 盲鰻綱
Myxini | 盲鰻目
Myxiniformes | | | |
| | 頭甲魚綱
Cephalaspidomorphi | 七鰓鰻目★
Petromyzontiformes | | | |

有頜總綱	軟骨魚綱 Chondrichthyes	銀鮫目 Chimaeriformes	異齒鮫目 Heterodontiformes	鬚鮫目 Orectolobiformes	白眼鮫目 Carcharhiniformes
		鼠鮫目 Lamniformes	六鰓鮫目 Hexanchiformes		
		棘鮫目 Squaliformes	琵琶鮫目 Squatiniformes	鋸鯊目 Pristiophoriformes	魟魟目 Rajiformes
	肉鰭魚綱（硬骨魚類） Sarcopterygii	角齒魚目★ Ceratodontiformes	南美肺魚目★ Lepidosireniformes	腔棘魚目★ Coelacanthiformes	
	輻鰭魚綱（硬骨魚類） Actinopterygii	多鰭魚目★ Polypteriformes	鱘形目★ Acipenseriformes	半椎魚目★ Semionotiformes	弓鰭魚目★ Amiiformes
		骨舌魚目★ Osteoglo-ormes	海鰱目 Elopiformes	北梭魚目 Albuliformes	鰻鱺目 Anguilliformes
		囊鰓鰻目★ Saccopharyngiformes	鯡形目 Clupeiformes	鼠鱚目 Gonorhynchiformes	鯉形目 Cypriniformes
		脂鯉目★ Characiformes	鯰形目 Siluriformes	電鰻目★ Gymnotiformes	狗魚目★ Esociformes
		胡瓜魚目 Osmeriformes	鮭形目 Salmoniformes	巨口魚目 Stomiiformes	辮魚目 Ateleopodiformes
		仙女魚目 Aulopiformes	燈籠魚目 Myctophiformes	月魚目 Lampridiformes	鬚鰃目 Polymixiiformes
		鮭鱸目★ Percopsiformes	鼬鯛目 Ophidiiformes	鱈形目 Gadiformes	鰧魚目★ Batrachoidiformes
		鮟鱇目 Lophiiformes	鯔目 Mugiliformes	銀漢魚目 Atheriniformes	頜針魚目 Beloniformes
		鱂形目 Cyprinodontiformes	奇金眼鯛目 Stephanoberyciformes	金眼鯛目 Beryciformes	海魴目 Zeiformes
		刺魚目 Gasterosteiformes	合鰓目 Synbranchiformes	鮋形目 Scorpaeniformes	
		鱸形目 Perciformes	鰈形目 Pleuronectiformes	魨形目 Tetraodontiformes	

現生魚類分類表

魚的演化故事

魚類不但是地球上脊椎動物中最大的一群，而且也是地球上最早出現的脊椎動物。根據化石的記錄，魚類最早的祖先可追溯到五億年前寒武紀末期的原脊索動物，可能是尾索（海鞘）或是頭索動物（文昌魚），但因為並沒有留下完整的化石可供查考，所以它的形貌及演化關係迄今仍然成謎。目前較可辨識的魚類標本應該是在玻利維亞出土、約4.7億年前的*Sacabambaspis janvieri*，它無頜、無鰭，生活在淺海或河口地區，有真骨骼，有肌肉幫助濾食，體表有骨質盔甲覆蓋，一直存活到泥盆紀才消失。因此，要談魚類的演化故事就得從古生代談起，當時魚類大致可以分成四大群，即無頜類、盾皮類、硬骨魚類和軟骨魚類。

無頜類

約五億年前的奧陶紀時代，原始的植物與一些節肢動物開始登陸，但生命的主要發展依然停留在海洋中，魚類也在奧陶紀開始進化，在化石紀錄中，發現了無上下頜、鰓呈囊狀、沒有真正的偶鰭、頭部和喉部覆有骨板及硬質物的魚類，我們將牠稱為無頜類。

最早的魚類即是無頜類中的介皮魚類，現今再將介皮魚類分成鰭甲類及頭甲類，牠們分別生活在海洋和淡水水域。但頭甲類一直到約四億五千萬年前的志留紀才開始興盛，因為奧陶紀末期的冰河導致生物大量死亡，古生代海洋（Paleozoic Oceans）的封閉創造出一個新的低地與盆地，提供古代海洋生命一個新的生態，讓頭甲類在這些溫暖的淺水湖中繁衍與進化。

鰭甲類和頭甲類推測可能分別是現生盲鰻和八目鰻的祖先，但僅有頭甲類和八目鰻親緣關係的證據比較充足。而盲鰻的祖先推測可能就是脊索動物的老祖宗，前寒武紀時大量出現，是有齒狀構造的牙形動物（Conodonts），這種約4公分長的動物化石直到1980年代在蘇格蘭和美國威斯康辛地區才被找到。這些化石無頜類到約四億年前的上泥盆紀時多已完全滅絕。

盾皮類

志留紀時期，盾皮類出現，這是目前發現最早的化石有頜魚，其體型碩大，超過二公尺，有骨質盔甲覆蓋著頭部和肩部，頭部有絞鏈可以張開大口，骨質狀牙齒則固生在頜骨上，是典型的掠食性魚類。一般均認為現生的軟骨魚和硬骨魚都是由盾皮類所演化而來，再向兩個不同的方向發展，只是迄今仍找不到牠們之間的直接關聯。軟、硬骨魚的原始棲地也不相同，最早的硬骨魚出現在淡水沉積中，後來再向

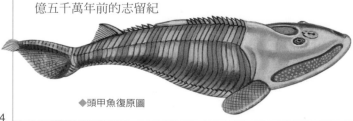

◆頭甲魚復原圖

54

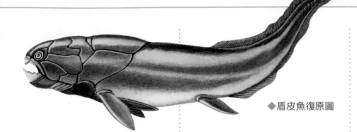
◆盾皮魚復原圖

海洋發展成為優勢群，而軟骨魚則出現在海洋，只有少數種進入淡水域生物。

軟骨魚類

時序進入泥盆紀，四億年前全球的氣候持續保持溫暖，新形成的大陸使內地變得更大、更乾燥，因而造成廣大的沙漠。巨大的河流橫越大陸，最後流進內地的內陸海與湖泊，創造出最早的淡水生態系。到了泥盆紀中期，由於冰帽融化，海平面再度上升，使得珊瑚礁布滿勞拉西亞大陸（Laurasia）與澳大利亞大陸。泥盆紀通稱為「魚的世界」，特色是在河流、內陸海以及淡水湖中，都充滿豐富多樣化的生命。

上泥盆紀時出現了軟骨魚類的化石，這是古生代四大群魚類中出現最遲的。最古老的鯊魚化石應是裂口鯊（Cladoselache），它具有許多原始　軟骨魚的特徵，並由此發展成後來的鯊、魟、鰩類。軟骨魚的另一大類銀鮫或全頭亞綱，其上頜與頭顱癒合，上下頜不能伸縮而且只有一個鰓孔，和一般具有五至七個鰓裂、屬於板鰓亞綱的鯊、魟在型態上大異其趣。銀鮫的化石也是從泥盆紀開始出現，但和鯊魚似乎一直是處於平行演化的狀態。直到今天，牠們之間的真正關係仍不清楚。

過去軟骨魚類常被認為是硬骨魚類的祖先，但最早的軟骨魚化石卻比硬骨魚出現得晚，而且最早的介皮類（化石無頜類）及盾皮類都已有硬骨骼的出現，所以也有人認為硬骨魚才是真正原始的魚類，軟骨的特徵反而是後來才演化出來的。

硬骨魚類

在志留紀時代，最早出現的有頜魚類除了盾皮類外，還有硬骨魚類的棘魚綱（Acanthodii），雖然又稱棘鮫（spiny shark），但與現生軟骨的鯊魚並無關聯。牠們可能和現生的硬骨魚具有共同的祖先，也因此也常和真骨魚類的肉鰭魚（Sarcopterygii）及輻鰭魚（Actinopterygii）並列。肉鰭魚及輻鰭魚最早的化石都是在志留紀或泥盆紀時出現。

◆棘魚復原圖

肉鰭魚類又分成腔棘魚、肺魚及骨鱗魚三類，前兩者目前都有現生種殘存，腔棘魚在馬達加斯加島及蘇祿海出現，肺魚還有三種，分別分布在南半球的南美、非洲及澳洲的淡水域。而骨鱗魚則已完全滅絕。由於骨鱗魚

◆裂口鯊復原圖

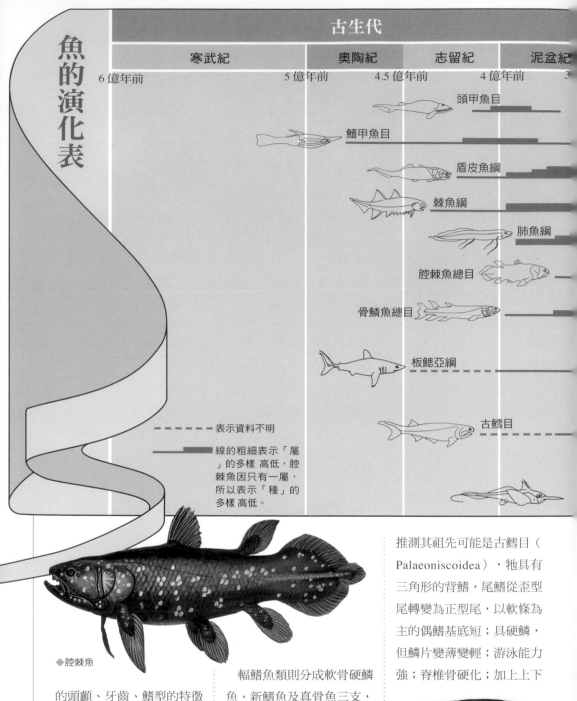

魚的演化表

古生代

寒武紀	奧陶紀	志留紀	泥盆紀

6億年前　　　　　　　5億年前　　4.5億年前　　4億年前　　3

頭甲魚目

鰭甲魚目

盾皮魚綱

棘魚綱

肺魚綱

腔棘魚總目

骨鱗魚總目

板鰓亞綱

古鱈目

- - - - 表示資料不明

線的粗細表示「屬」的多樣 高低，腔棘魚因只有一屬，所以表示「種」的多樣 高低。

◆腔棘魚

的頭顱、牙齒、鰭型的特徵比肺魚更像是兩棲爬蟲類，所以現在大家都認為骨鱗魚比肺魚更可能是兩棲或爬蟲類的真正祖先。

輻鰭魚類則分成軟骨硬鱗魚、新鰭魚及真骨魚三支，

推測其祖先可能是古鱈目（Palaeoniscoidea），牠具有三角形的背鰭，尾鰭從歪型尾轉變為正型尾，以軟條為主的偶鰭基底短；具硬鱗，但鱗片變薄變輕；游泳能力強；脊椎骨硬化；加上上下

◆肺魚

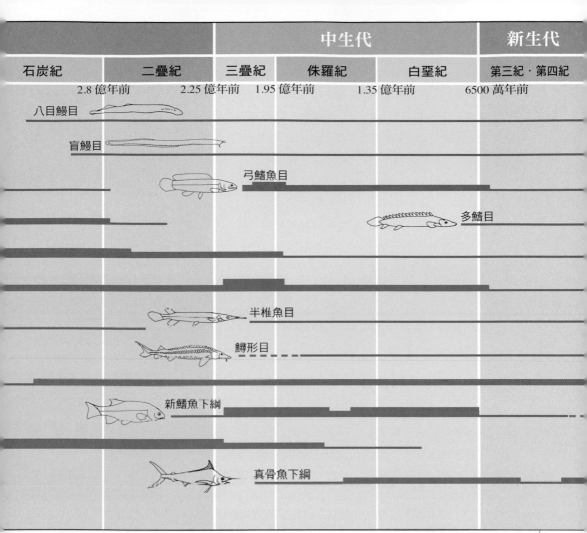

			中生代		新生代
石炭紀	二疊紀	三疊紀	侏羅紀	白堊紀	第三紀・第四紀

2.8 億年前　　　2.25 億年前　1.95 億年前　　1.35 億年前　　　6500 萬年前

八目鰻目

盲鰻目

弓鰭魚目

多鰭目

半椎魚目

鱘形目

新鰭魚下綱

真骨魚下綱

頜咬力強等特徵，所以應該是軟骨硬鱗魚（Chondrostei）的祖先。現生的軟骨硬鱗魚類包括鱘形目、多鰭魚目；現生的新鰭魚類則包括弓鰭魚、半椎魚（雀鱔）；而真骨魚類則可說是現代的軟鰭條魚類中演化最成功的一群，推測牠們從古生代最後期的下二疊紀中開始出現，到了中生代開始急速發展，輻射演化的結果成為現代魚類中最繁盛，種類最多，經濟價值最高的一群。

真骨魚類也是所有脊椎動物中種類最多的一群，大約有31,000種現生種，分屬於46目488個科。最早的真骨魚類應是叉鱗魚（Pholidophoroid）及曹鱗魚（Lepto-lepids），它共分成四支後代，分別是骨舌魚下部、海鰱下部、鯡形下部及正

◆古鱈目復原圖

真骨魚類下部。牠們共同演化的趨勢是減少骨質成分，調整背鰭、偶鰭的位置和功能，以及在尾鰭形狀和鰾以及攝食器官，特別是齒型上的分化，讓牠們可以分別利用到水域中不同棲所或食物的資源，減少彼此的資源競爭，可以相互和平共存的情況下，魚類的種類也就急速地增加了。

真骨魚類彼此間的演化關係並不十分清楚。但如果根據支序分類學，以共同衍徵來架構親緣關係，則目前公認的演化關係是以骨舌魚較原始，然後依序為海鰱、鯡形目及正真骨魚類。正真骨魚類中又以鯉形目（骨鰾）等較原始，鱸形目最為進化。至於科與科之間的演化關係，特別是鱸形目有163科，其中究竟誰最原始、誰最進化仍有非常多的爭議。

◆鯨鯊是最大的魚

◆線鰭電鰻的透明程度數一數二

魚類演化學者的難題

魚類高階層的血緣關係，近年來由於利用DNA序列的比對分析，撼動或改變了不少過去根據傳統型態特徵所提出的假說。隨著分子序列定序技術與工具的精進，以及採獲標本的魚種日益完整，究明現生魚類完整的分子演化關係應是指日可待。然而由於分子序列資料與形態特徵一樣仍會有平行演化、趨同演化、返祖等非同源（或同塑）的現象存在，因此也很難只根據分子親緣樹來斷言所有魚類的演化史。在可預見未來，這方面的科學爭論仍然會持續不斷。

魚類的演化課題其實無法單靠現代分子生物的技術來解決，因為99%迄今已滅絕的魚類並不能採獲新鮮的組織標本來抽取DNA。如果要靠化石的地質年代來推敲，也有如瞎子摸象，很難窺知全貌。魚類化石的形成需要一定的物理和化學的條件，可遇而不可求，因此目前找到與現生魚類有關係的化石不到10%，絕大多數魚種並未有機會留下化石。特別是地球上過去所歷經的幾次大滅絕（如前寒武紀、二疊紀至三疊紀，白堊紀至第三紀間），消滅了50～100%淺海地區的海洋生物，這些物種或有可能留下化石，但生活在200公尺以深的深海魚類，至少有2400種，如巨口魚等，則完全沒有化石的資料。畢竟目前所有的魚類化石都是在只佔不到30%的陸地上被考古學家所尋獲，而佔地球70%的海洋下的海底底床，則受限於現今的水下科技，尚難去發掘魚類的化石以突破魚類演化的謎團。

◆射水魚是噴水冠軍

◆鰕虎是最小的魚

◆肺魚是最耐旱的魚

魚的金氏世界紀錄

◆最大和最重的魚是鯨鯊，體長可以達到20公尺以上，體重超過1.2噸。

◆最小的魚是蝦虎，成熟體長只有1公分。

◆硬骨魚中體長最長的是皇帶魚，可達8公尺。

◆最平扁的魚是比目魚，最側扁的魚是眼眶魚、蝦魚或隆頭魚科中的離鰭鯛。

◆最透明的魚是產於南亞，俗稱玻璃貓的雙鬚缺鰭鯰，牠是屬於鯰科的淡水觀賞魚；而雙邊魚科的玻璃魚屬或線鰭電鰻科的魚，透明程度亦不相上下。

◆游速最快的魚是旗魚，最高時速可達80～110公里。

◆最多產的魚是翻車魚，產卵數一次可達三億粒以上。

◆壽命最長的淡水魚應該是錦鯉，在人類蓄養環境下可活60年以上。海水魚則是深海魚燧鯛科的胸棘鯛最長壽，可超過百歲以上，算的上是「魚瑞」。

◆可以飛出水面最遠的魚是飛魚，甚至可以在水面滑翔達140公尺以上。

◆噴水噴最遠的魚是射水魚，甚至可以噴水絕技把水面上樹枝上的昆蟲打到水裡。

◆種化速度最快的魚是生活在非洲維多利亞湖、坦干伊克湖和馬拉威湖的慈鯛，在數萬到二十萬年內，同一湖內可演化出300種以上的品種。

◆生活在最高環境的魚是海拔5200公尺高山溫泉上的西藏泥鰍，而南美州北部3812公尺高山溪流裡的鱂魚則緊追在後。

◆生活在最深環境的魚是超過一萬公尺深海底的蛇鯻。

◆最耐旱的魚是肺魚，在枯水期進行夏眠可達四年之久，直到雨水再來才恢復活動。

◆最耐寒的魚是南極的冰魚，牠們生活的水域比血液的冰點還要低，體內有抗凍的蛋白質，所以血液在-2℃才會結冰。因為在冰水中的溶氧很充足，冰魚甚至沒有攜帶氧的血紅素。

◆最耐熱的魚是住在熱帶沙漠中的魚，可以耐熱到44℃，如北美的一種鱂魚。

◆人類飼養歷史最久的魚是金魚，中國在十一世紀就開始繁殖體色鮮豔的鯽魚，目前繁殖出來的品系也最多，如紅帽、水泡眼、珍珠鱗、朱錦、獅子頭、硫金等。

◆翻車魚是最多產的魚

◆金魚是人類飼養最久的魚（圖為紅帽）

二十世紀三大名魚

腔棘魚：1938年在非洲的馬達加斯加島附近所捕獲，是原本以為在6500萬年前已絕跡的活化石魚類。

蠕鰻魚：1959年在西澳高山溪流中發現，體長6公分，長相奇特，頸部可左右擺動，行動方式似蠕蚓般蜿蜒而行。

巨口鯊：1976年在夏威夷海域首次捕獲，隨後又在各大洋零星被捕獲。長相與現生其他鯊魚大不相同：體長5公尺，頭圓鈍而大，口裂亦大，牙齒細小，屬於濾食食性。

◆2003年全世界第19尾巨口鯊現身台灣花蓮

環境篇

魚類在哪裡？

幾乎只要有水的地方，

就有魚類的蹤跡。

從高山，到地底；

從淡水，到海洋，

不同環境棲息著不同的魚類。

小小台灣，環繞生息著2600多種魚，

懂得珍惜與鑑賞，

坐擁寶庫的海龍王

就是你。

魚類在哪裡？

魚類在哪裡呢？魚類在地球上幾乎是無所不在。從極地冰洋下-2℃的水域，到熱帶沙漠的溫泉；從海拔3812公尺的高山溪流，到萬米高壓、寒冷又幽黑的深海；從缺氧沼澤的污水，到黑暗地底的洞穴；從純淡水的溪流，到鹽度高達100ppt的鹽水湖裡，只要是有「水」的地方，就有魚類分布。

魚類棲息的場所可以分成淡水與海水兩大類。但是，也有不少魚類會在淡、海水間作雙向洄游，目的不外乎是為了成長、覓食或產卵。其中，少數在淡水中成長，返回海中產卵的稱作「降海洄游」，如鰻；反之，多數在海中成長，但上溯河川產卵的則稱作「溯河洄游」，如鮭、鱒、八目鰻或棘魚科的魚類。

不同的棲所，不僅有不同的魚類居住，牠們的棲息範圍與習 可能也會大異其趣。例如許多海洋底棲魚類每天足不出戶，或只在自己巢穴的幾公尺範圍內活動，或是緊密依附在牠們共生的海葵、海鞭、珊瑚、棘皮動物的身上，不敢遠離；而大洋洄游魚類卻可從熱帶跨越溫帶，洄游長達數千哩的距離；深海魚則是每天在大洋中表層的有光層與無光層之間

◆盲鰻終生生活在地底的黑暗洞穴中

◆黃鰭鮪是典型大洋魚類，洄游範圍達數千哩。

，作日夜垂直洄游，距離長達數百米，堪稱為地球上每天遷徙規模最大的動物。

魚類在淡水

淡水魚的總種數約佔全球魚種的41%，雖少於海水魚，但牠們卻生活在佔地球水域體積不到1%的地區。平均而言，淡水環境只要每15立方公里即演化出一種魚類，而海洋則是每11.3萬立方公里才演化出一種魚類。

在陸地的河川或湖泊中，影響魚類分布的生態因素，主要是鹽度，另外還有溫度（與海拔高度有關）、流速及

◆豆丁海馬一生只在海扇上生活

底質、地形、地貌等因子。

依據淡水魚類對鹽度的適應，可分成初級、次級及周緣性三類。「初級淡水魚」即純淡水魚，終其一生都在淡水水域，鹽度不能超過0.5%，如爬鰍及許多鯉科魚種；「次級淡水魚」則偶可進入半淡鹹水或海洋中活，如胎鱂、大肚魚、吳郭魚；而「周緣性淡水魚」則是棲息在海水或半淡鹹水域，但在其生活史中會游入淡水或海水中活動，如鯔、雙邊魚、雞魚等等。

河川上游的水淺、流急、水溫低、營養貧、魚種少，生活在這裡的魚類有鯝魚、台灣馬口魚、虹鱒、台灣鱒、台灣石𩼧、明潭吻鰕虎等。中游河段水量較豐、河床較寬，地形變化複雜，包括平瀨、急瀨、平潭、急潭、澗道、迴水等，水溫也較高，使此處孕育的魚種特別豐富，大部分當地特有種淡水魚均棲息在此，如高身鯝魚、粗首鱲、平頜鱲、短吻鐮柄魚、台灣石𩼧、台灣間爬岩鰍等。下游河段河床更廣，水流更緩，魚種主要都是來自次級或周緣性的魚種。

此河段因遭受人為汙染及棲地破壞最嚴重，因此多半剩下耐污力強的吳郭魚、烏魚或琵琶鼠、大肚魚等外來魚種。

除了河川外，高山或平原的湖泊，小型的深潭，乃至於水庫，則常是許多大型食用淡水魚的主要棲地，如鯉、鰱、草魚、鯽魚、鯪魚、烏鰡、何氏棘魞等。而在河川支流或平地溝渠及引水道、池沼等處，則有不少特化的魚種，如高體鰟鲏、條紋二鬚魞、革條副鱊、沙鰍、鱧等。

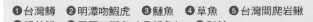

❶台灣鱒　❷明潭吻鰕虎　❸鰱魚　❹草魚　❺台灣間爬岩鰍
❻粗首鱲　❼尼羅口孵魚（吳郭魚）　❽鬍鯰

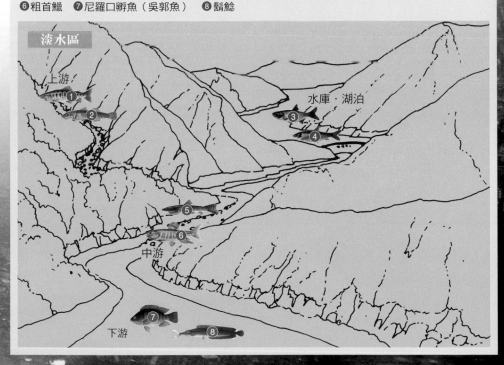

淡水區

淡水區

魚類在海洋

廣闊的海洋中，包含了各式各樣的魚類棲息場所，大致上可以分成三大類：首先是沿岸、近海或大陸棚；其次是大洋；最後則是一般人較陌生的深海。

沿岸、近海或大陸棚：全世界46%的魚種棲息在沿岸、近海或大陸棚，其中包括岩礁、珊瑚礁、沙泥地、河口或紅樹林、海草床及潟湖（又可分為沙洲或珊瑚礁之潟湖及環礁）等不同類型的環境。

一般而言，岩礁棲性的魚種（特別是珊瑚礁的底質環境）均較沙泥底棲性的魚種來的豐富。這主要是珊瑚礁本身不但提供大大小小不同的洞穴及孔隙，適合各種大小體型或日夜習性不同的種類，棲息於此或逃避掠食者的攻擊；珊瑚礁上繁茂的各類無脊椎動物也與許多魚類共同演化出唇齒相依的共生關係，如蝴蝶魚、雀鯛、隆頭魚、刺尾鯛等。珊瑚礁生物的亮麗色彩同樣也使得珊瑚礁魚類的體色變成五彩繽紛，適於隱藏、躲避或是容易相互辨識。

反之，一望無際、平坦荒蕪的沙泥地，魚種則較少，而且體色單調，但是牠們的族群量卻相對地較多，其中不少魚種是重要的食用魚類，如鯛、比目魚、帶魚、石首魚等。在沙泥地上投放人工魚礁是一種以生態工程的

◆紅樹林

方法創造出岩礁的棲地，可以提供許多岩礁及沙泥兩棲的魚種在此地棲息成長，培育更多的魚類資源，特別是仿石鱸、笛鯛及雞魚等科的魚類。

彈塗魚是紅樹林或沙灘地的住客，而河口及潟湖則是

沙泥地

許多沙泥地或中表層魚類的幼生，完成其生活史的重要棲息場所。同樣地，岩礁潮間帶不但是鰕科的主要棲息場域，也是不少亞潮帶魚類幼生的重要庇護與成長的棲地。

這些沿岸的自然溼地在人類開路、築堤、投放消波塊、闢建魚塭、港口、新市鎮與遊憩區的各種開發運作下，再加上人為的污染與遊憩活動的壓力，幾乎都已經遭到破壞，魚類資源的每況愈

◆海草床

◆珊瑚礁

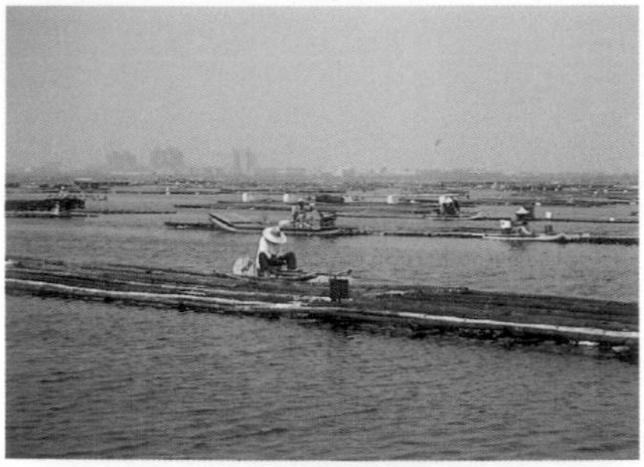

◆潟湖

下，可想而知。

大洋：大陸棚以外的遠洋，水深200公尺以淺屬於「大洋表層」，佔所有魚種的１％。鯖（鮪）、鬼頭刀、旗魚、鯊魚、飛魚、鯷、鯡科等都是生活在這深不著底、無處藏身的大洋中。其中鯷、鯡兩科體型雖小，卻是全球漁獲量最大的一群。

有些大洋魚類終生棲息在同一水域，稱為「終生大洋表層性」；有些則會隨著生活史而改變，稱為「階段大洋表層性」。後者又包括成魚生活在外洋，成熟後才至沿岸產卵的種類，如飛魚、鬼頭刀、鶴鱵、鯡、鯖等；或幼魚生活在外洋而成魚棲息在沿岸的種類，如秋姑、金鱗魚等；或終生棲息在沿岸水域偶爾才入侵到外洋的種類，如某些棘鮫、鳶魟、鯊、馬鞭魚、燈籠魚、鰺、鱗魨、二齒魨、箱魨等。

深海：大陸棚以外，水深200公尺以深，非底棲性的屬於「深海水層魚種」，佔所有魚種的5%，其中包括200～1000公尺深的「深海中層魚種」，如燈籠魚、褶

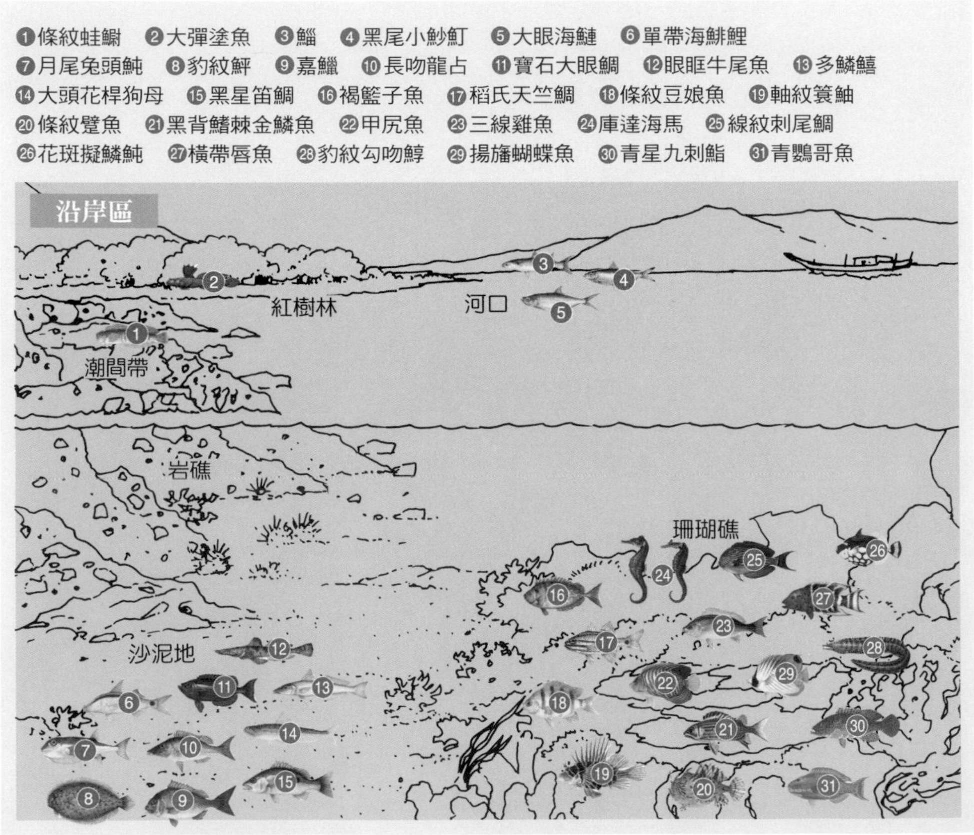

①條紋蛙鳚 ②大彈塗魚 ③鯔 ④黑尾小魦魟 ⑤大眼海鰱 ⑥單帶海緋鯉
⑦月尾兔頭魨 ⑧豹紋鮃 ⑨嘉鱲 ⑩長吻龍占 ⑪寶石大眼鯛 ⑫眼眶牛尾魚 ⑬多鱗鱚
⑭大頭花桿狗母 ⑮黑星笛鯛 ⑯褐籃子魚 ⑰稻氏天竺鯛 ⑱條紋豆娘魚 ⑲軸紋簑鮋
⑳條紋躄魚 ㉑黑背鰭棘金鱗魚 ㉒甲尻魚 ㉓三線雞魚 ㉔庫達海馬 ㉕線紋刺尾鯛
㉖花斑擬鱗魨 ㉗橫帶唇魚 ㉘豹紋勾吻鯙 ㉙揚旛蝴蝶魚 ㉚青星九刺鮨 ㉛青鸚哥魚
沿岸區
紅樹林
河口
潮間帶
岩礁
珊瑚礁
沙泥地

胸魚、巨口魚、帆蜥魚等，及1000公尺以深，但不觸底的「深海深層魚種」，如寬咽鰻、鮟鱇等。至於生活在200公尺以深的海床上則屬於「深海底棲魚種」，佔所有魚種的6％，如鼠尾鱈、鼬魚、深海鰻、胸棘鯛、銀鮫等。

深海環境由於高壓（每加深10公尺增加一大氣壓）、低溫（2～5℃）、無光、食物甚少，所以許多不同科的魚類，在此極端環境下平行

◆大洋

演化出相似的適應策略，例如眼大、口大、牙銳、頜鬚、體延長、尾尖、骨薄、體

色黑、灰白或褐色、日夜垂直遷移、組織密度低、多油脂等。

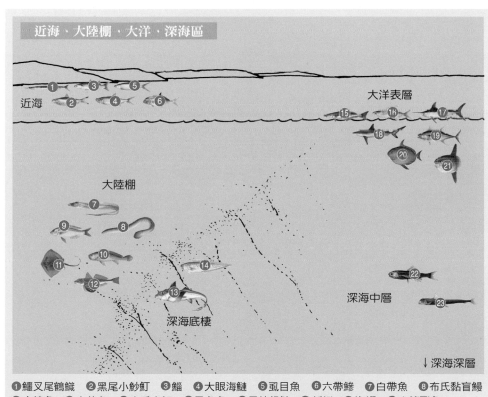

近海‧大陸棚‧大洋‧深海區

近海

大洋表層

大陸棚

深海底棲

深海中層

↓深海深層

❶鱸叉尾鶴鱵 ❷黑尾小鲦釘 ❸鯔 ❹大眼海鰱 ❺虱目魚 ❻六帶鰺 ❼白帶魚 ❽布氏黏盲鰻
❾金線魚 ❿大黃魚 ⓫古氏土魟 ⓬黑角魚 ⓭黑線銀鮫 ⓮新鱚 ⓯海鱺 ⓰白鰭飛魚
⓱劍旗魚 ⓲白眼鮫 ⓳黃鰭鮪 ⓴斑點月魚 ㉑翻車魨 ㉒瓦氏角燈魚 ㉓蝰魚

沿岸區

魚類的地理分布

　　雖然魚類的棲所如此多樣，但是每一種魚類，其實都有一定的地理分布範圍。

　　造成魚類分布不同的因素很多，主要可分為歷史的遠因和生態的影響。歷史的遠因包括：地殼變動、火山爆發及板塊漂移等，使得陸地和海洋的地形、地貌產生劇烈變化；而冰河期的來臨或地球暖化，則造成海水面下降或上升，原本阻隔的陸地再度相連或原本相連的陸地分隔開來，凡此種種，均會對魚類的種化和地理分布範圍造成重大的影響。而生態的原因則包括：海流、水溫、鹽分、深度（水壓、光線）、底質、地形及餌料生物的多寡等。

　　陸地的河川或湖泊，因地理阻隔，所以族群之間基因無法交流，種化特別快，形成特有種的比例非常高，尤其是體型小、游泳能力弱、活動範圍窄，或產沉性卵的魚種，如：鰕虎，常成為當地的固有種或本土的「特有種」。反之，海洋中海水較流通，因此海水魚的地理分布範圍比淡水魚廣。大約有300種海水魚，分布範圍可遍及全球三大洋，因為牠們的體型較大，活動範圍廣，游泳、擴散及適應能力強，產浮性卵，仔稚魚的漂流期長，這些魚種又稱為「全球廣布種」。

　　通常學者喜歡把生物在全球的分布範圍劃分成數個地理區，如此將有助於整理各區內，特有種數所佔的比例，也可以瞭解生物過去演化的歷史。在海洋方面通常可分成印度-太平洋區、熱帶西大西洋、熱帶東大西洋、北太平洋、以及地中海-東大西洋區等。其中印度-太平洋區又可分成印度-西太平洋、西中太平洋、西太平

◆游泳力強的海鱺是全球廣布種

洋等。至於淡水則可分為六大地理區：（1）新北界區（Nearctic Region），指除墨西哥外的北美洲；（2）新熱帶區（Neotropical Region），指中美及南美洲；（3）舊北界區（Palearctic Region），指歐洲及亞洲的喜瑪拉雅山區；（4）非洲區（African Region），指非洲及衣索匹亞，其中有許多初級淡水魚；（5）東方區（Oriental Region）含印度、東南亞、菲律賓和印尼之大部份；（6）澳洲區（Australian Region），含澳洲、紐西蘭和新幾內亞。

全球魚類地理區圖

魚類在台灣

台灣面積雖然不大,卻擁有相當豐富的魚類資源。根據中研院生物多樣性研究中心2016年的統計,目前台灣的魚類共有48目298科3,121種以上,約佔全世界海洋魚類所有種數的十分之一,可說是名符其實的魚類寶庫。其中,淡水魚約有265種,65種是純淡水魚(當中有37種是台灣特有種),200種生活在河海交會的河口及海水漲潮影響所及的河段中;海水魚則約3,000種,應有百種以上是目前只在台灣才有發現的種類。

 ## 台灣的淡水魚

台灣不過是蕞爾小島,但是淡水魚類的分布卻有明顯的地理區隔,依據學者陳義雄及方力行(1999)之《台灣淡水及河口魚類誌》,可以分成以下六個主要的地理區。

北台灣區:包括大安溪及武著坑溪以北的水系,以圓吻鰂、台灣細鯿及平頜鱲為代表種。

中台灣區:含濁水溪、大甲溪、大肚溪,以陳氏鰍鮀、台灣鱒、台灣副細鯽、短臀鮠為代表種。

南台灣區:朴子溪以南到屏東的林邊溪,以翹嘴紅鮊、中間鰍鮀、大鱗細鯿及淡色鮠為主。

恆春半島西區:包括楓港溪、四重溪及保力溪,以恆春吻鰕虎為代表。

東台灣區:從宜蘭東澳溪到屏東港口溪,以台東間爬岩鰍為代表。

蘭嶼及綠島區:這兩個離島沒有原生種純淡水魚,以海源性的蘭嶼吻鰕虎為代表種。

造成不同地理環境各有不同魚種分布的主要原因,除了由於台灣島嶼形成時板塊碰撞,形成中央山脈的天然阻隔,以及淡水的河川襲奪

外,冰河時期大陸板塊與台灣相連,原本棲息於大陸河川的魚類,如鯉、鰍科及鬥魚等會擴遷到台灣來,等冰河期結束,台灣和大陸被台灣海峽分離,這些魚種便在台灣獨自演化為台灣的特有種。像這類祖先來自大陸的魚,稱為「陸源性淡水魚」。但有一些降海產卵的魚種,及卵或幼魚會漂流至海洋的魚種,牠們的小魚會藉著

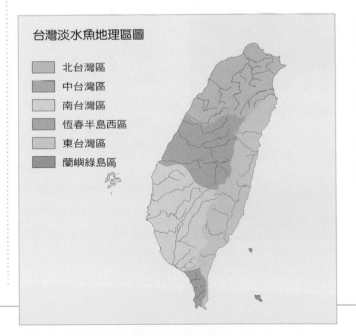

台灣淡水魚地理區圖

- 北台灣區
- 中台灣區
- 南台灣區
- 恆春半島西區
- 東台灣區
- 蘭嶼綠島區

黑潮及中國閩浙沿岸冷水流，自呂宋島或大陸東海水域推送進入台灣地區，如許多蝦虎和鱸鰻等，這些漂洋過海來到台灣的魚即稱為「海源性淡水魚」。

◆台灣特有種淡水魚（上至下）：短吻鐮柄魚、台灣副細鯽、飯島氏頜鬚鮈、台灣細鯿、纓口台鰍。

台灣本島海岸線約1,139公里，加上數個離島(小琉球、綠島、蘭嶼、及澎湖群島)，海岸線總長達1,600公里。海岸線比起許多大陸國家雖不算長，但卻擁有各種不同的海洋生態系，包括南部墾丁、蘭嶼、綠島、小琉球，以及北部從野柳到卯澳，東部磯崎、三仙台，西部澎湖的「珊瑚礁生態系」；西部由淡水一直到枋寮均為以沙泥地為主的「沙泥生態系」，其間有不少「河口及紅樹林生態系」，以及七股與大鵬灣兩個「潟湖生態系」；東海岸沿岸的「岩礁生態系」，離岸不遠，即是許多沿海國家所沒有的「大洋生態系」與「深海生態系」。最近在龜山島東北方琉球海溝的海底更發現甚多不需陽光，不行光合作用的「深海熱泉生態系」。專家推測，可能在台灣東南部海底還有「深海冷泉生態系」的存在。不同的生態系或棲所即會有不同的魚種棲息。台灣即因棲地的多樣化而造就了台灣魚種的多樣性。以棲所來區分，台灣珊瑚礁魚類至

少1,800種，深海魚類至少772種，大洋性洄游魚類至少227種，近沿海魚類至少2,457種，總種數高達全球的十分之一以上。

台灣海水魚的分布還有一個明顯的特色就是，可區分為南北兩個不同的地理區。以東北角到澎湖南部為切線，分成黑潮為主的熱帶體系，包括墾丁、綠島、蘭嶼、小琉球，及蘇澳以南一帶；以及冬季受到大陸閩浙沿岸冷水流南下影響的台灣北部、西部及澎湖一帶的亞熱帶體系。南北兩地數量多的魚種各不相同，並有相互替代的現象，十分有趣。

為什麼台灣擁有如此多元的棲地與豐富的海洋魚類資源呢？首先，台灣位於全世界海洋生物多樣性最高的「東印度群島地理區」，包括東印尼、婆羅洲及菲律賓的北緣。由赤道及菲律賓東岸北上的黑潮，與夏季由西南季風帶上來的南中國海的水團，帶來許多浮游性的卵及幼生，因而使台灣海域擁有眾多的熱帶海洋生物種類。

其次，台灣位於全球最大的歐亞大陸板塊的邊緣，也是全球最大的大陸大陸棚的東南邊緣，海底的地形底質

◆台灣特有種海水魚（左至右）：眼斑擬盔魚、台灣櫛鰕虎、台灣松毬魚。

多變化。西側為台灣海峽，深度一般在一百公尺以內，平均深度約為八十公尺，海底坡度很平緩，底質除了澎湖群島為岩石外，大部分為沙質底；東臨太平洋，海岸陡峭，其坡度急遽下降，在短距離內，地形陡降至四千公尺以下，其中琉球海溝更深達七千公尺以下。

此外，由於台灣位處亞熱帶與熱帶交接帶，除了上述的黑潮與南中國海的水團，還有冬天沿台灣海峽南下的大陸沿岸之冷水流，三股水團的交會帶來了許多不同海洋生物的補充來源。這也是台灣為何能處於東海、南海及菲律賓海三個「大海洋生態系」交會區的主要原因。生態系交會區的物種重疊效應，使台灣孕育了種類繁多且數量也豐富的海洋生物群聚。

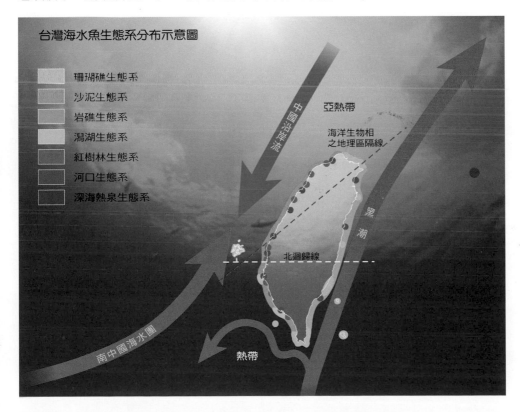

台灣海水魚生態系分布示意圖

珊瑚礁生態系
沙泥生態系
岩礁生態系
潟湖生態系
紅樹林生態系
河口生態系
深海熱泉生態系

中國沿岸流
亞熱帶
海洋生物相之地理區隔線
黑潮
北迴歸線
南中國海水團
熱帶

觀察篇

你知道

飛魚怎麼飛？

燈籠魚如何發光？

海馬藉什麼傳情達意嗎？

想瞭解鮟鱇的釣魚絕技，

小丑魚與海葵的共生傳奇，

及隆頭魚不可思議的變性祕笈嗎？

五十六科魚類的識別錦囊、

演化奧祕與趣味生態，

在這裡，無所保留

通通告訴你。

盲鰻目的家族

生活於海洋的盲鰻與主要生活在淡水的八目鰻是少數現存的最原始魚類，牠們沒有上下頜，而是靠位於頭部腹側的口部來攝食，因此同被歸為「無頜綱」（或稱「圓口類」）。盲鰻目家族成員外形似鰻魚，但牠的眼睛已退化並隱藏於皮下，外觀看來彷彿無眼，因此稱為「盲鰻」。盲鰻目僅有盲鰻一科。

觀察盲鰻

台灣沒有八目鰻，因此要認識現生魚類中最原始的種類，大概非盲鰻莫屬了。盲鰻科魚類的身體前半段為圓柱形，後半段則逐漸變成側扁形。牠沒有胸鰭和腹鰭，而背鰭、尾鰭和臀鰭則緊緊相連在一起。由於體色多半呈灰紅、黃褐或黑褐色，也沒有其他明顯的特徵，所以種別的辨識較困難。盲鰻廣泛分布在全球三大洋的溫帶、熱帶和亞熱帶的海域，在台灣則主要分布在東北部、東部或西南部的沙泥底海域，常被底拖網所捕獲。布氏黏盲鰻是本科相當具代表性的成員。

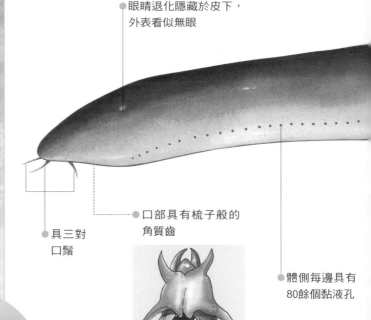

● 眼睛退化隱藏於皮下，外表看似無眼

● 口部具有梳子般的角質齒

● 具三對口鬚

● 體側每邊具有80餘個黏液孔

Myxinidae
盲鰻科小檔案
分類：盲鰻目盲鰻科
種類：全世界共有6屬約78種，台灣現有3屬13種
生態：多底棲，卵生，屍食

主圖：布氏黏盲鰻（*Eptatrtus burgeri*），最大體長60cm

● 體背中線處有一
白色縱帶

● 體色偏暗褐，
光滑無鱗

● 體側每邊具6個鰓
孔，呈直線排列

● 身體前端為
圓柱形

● 尾鰭側扁、圓形

 魚類與人 ### 盲鰻的利用

　　盲鰻的體型不大，其貌又不揚，從前都被當
作下雜魚處理，作為飼料使用。但近年來，人
們發現牠的皮可以加工利用，肉也可以吃，所
以搖身一變，成為價格不菲的海產店佳肴。台
灣同胞喜食海產的風氣真可說是到了「無所不
吃」的境界呢！

◆海產店的盲鰻料理

最會分泌黏液的魚

盲鰻的腹側有一排黏液孔，裡面有一粒粒肉眼可見的黏液腺，當牠遇到危險時，便會大量分泌黏液使掠食的魚類胃口盡失。其英文科名的字首"myxin"，就是黏液的意思。可是當險境安渡，身體黏黏的也挺難受的，這時盲鰻便會利用「打結」的行為會去除黏液，也就是將整個身體先打個「結」，再將「結」往身體後方逐漸推

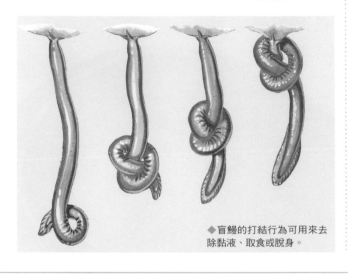

◆盲鰻的打結行為可用來去除黏液、取食或脫身。

◆在魚缸中的盲鰻有時也會有打結的行為

識別錦囊

盲鰻的近親──八目鰻

主要生活在淡水的八目鰻是盲鰻的近親，牠屬於無頜綱的七鰓鰻目，因為七個外鰓孔和眼睛排成一列，看起來像是八個眼睛，所以稱為八目鰻。牠和盲鰻最大的不同在於：八目鰻有1至2個背鰭，有明顯的眼睛、脊椎骨和側線系統，圓形的口呈吸盤狀，沒有口鬚；而牠產的卵也較小，數目較多，且孵化後會經過變態的過程。南半球的種類不行寄生性生活，通常在變態後就進入繁殖期，但生活在北半球，行寄生性的八目鰻會先在海中生活一段時間，等到性成熟後，再溯河而上，回到河川或湖泊中產卵。在溫帶地區數量多時常會危害其他經濟魚類，所以也曾被人們以化學藥品來毒殺。有些國家，如蘇聯，八目鰻在除去內臟和黏液後可供食用。

◆八目鰻的口部呈吸盤狀

背鰭1～2個

眼睛明顯

7個外鰓孔

◆八目鰻是盲鰻的近親

送，自然而然黏液就去除了。很奇妙吧！其實這種打結的行為也可能會應用在獵食時，譬如要用力咬下一塊魚肉；或者作為逃命時脫身的法寶。

海洋的清道夫

當體積龐大的鯨魚死去時，誰來幫牠處理善後呢？答案是盲鰻！盲鰻在海洋食物鏈中扮演相當重要的腐食生物的角色，就如同人類世界的清道夫一般。

盲鰻大多生活在深海（深度可達五百公尺），水溫低於13℃的地方，所以常在溫帶或亞熱帶較深的海域出現。牠主要是靠口中像梳子一般的角質齒，來刮食或咬食已受傷、死去的魚屍，或以身體柔軟的無脊椎動物維生。盲鰻視力不佳，因此通常依賴嗅覺和觸鬚找到攻擊對象，然後從口部、鰓部或傷口外部進入，再把魚的內臟或肌肉吃光光。有時漁民拉起魚網會發現，網中漁獲已被盲鰻捷足先登吃光了。

有趣的生殖過程

盲鰻屬於雌雄同體，但行異體授精，也就是說牠是只有一種生殖腺起作用的魚類。牠每次大約只產10～20粒左右的大型卵，包裹在角質囊內，橢圓形的卵粒彼此以末端絲狀的鉤相連，或鉤在其他物體上，好像一串香腸。卵孵化出來的就是小盲鰻，中間並不經過浮游幼生或變態的過程，這和牠同屬無頜綱的近親八目鰻相當不同。

◆盲鰻腹腔內尚未產出的卵粒

盲鰻是魚，
文昌魚不是魚！

盲鰻乍看下沒有明顯的頭部，因此早期曾被認為是一種大型的蠕蟲，其實盲鰻和八目鰻都是具有頭部的脊椎物，也是真正的魚類。但是同樣生活在海裡，卻有另一種看來像魚，名稱中也有魚字的「文昌魚」，卻不屬於脊椎動物的魚類，而是屬於脊索動物門下的頭索動物亞門。牠沒有明顯的頭顱，也就是說牠的脊索從頭頂一直延伸到尾巴，就像矛一樣兩頭尖尖。牠是介於無脊椎與脊椎動物之間的生物，所以是研究動物進化的重要材料。文昌魚的體型小（1～8公分），平時埋身於砂地中，或只露出頭部，靠前端口鬚的纖毛運動在水中濾食。台灣目前共發現四種文昌魚，其中的廈門文昌魚（又稱白氏鰓口文昌魚），以金門及廈門一帶最多，過去曾是經濟食用種類，因為棲地破壞及過漁的結果，現今數量已大為衰退，因此被中國大陸列入國家二級保育類動物予以保護。

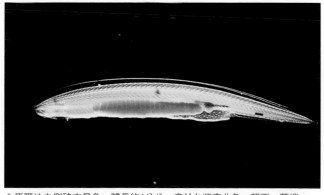

◆馬爾地夫側殖文昌魚，體長約1公分，產於台灣東北角、墾丁、蘭嶼。

銀鮫目的家族

銀鮫屬於軟骨魚綱全頭亞綱，牠與同樣是軟骨魚，但屬於板鰓亞綱的鯊、鱝類明顯不同的地方是：其鰓裂有皮瓣覆蓋，因此對外只有一個開口；而且牠們沒有噴水孔，皮膚也沒有盾鱗；此外，銀鮫的上頜和頭蓋骨相連，所以稱為「全頭亞綱」。銀鮫是生活在深海的底棲性魚類，包括：吻部如葉狀可彎曲，只分布在南半球的葉吻銀鮫；吻部延長如軟劍般的長吻銀鮫；以及吻部短鈍、尾鰭細長的銀鮫等三個科，總計有6屬51種。

觀察銀鮫

銀鮫科魚類長相十分詭異：全身銀白，光滑無鱗，頭大身體小，吻部短鈍，尾部細長，有一對大眼睛，口則在腹面，有兩個背鰭，第一背鰭上有一個大型的硬棘，具有毒腺，能自由豎起或下垂，整體乍看下似乎帶著幽靈鬼魅的氣息，因此西方人稱牠們為「鬼鯊」或「幽靈鯊」。銀鮫是深海底棲魚類，偶爾會被底拖網所捕獲，可見於大溪或南方澳的下雜魚堆中。黑線銀鮫是本科魚類中數量較多的一種，主要特徵是兩邊體側各有一條褐色縱紋，側線呈波浪狀。

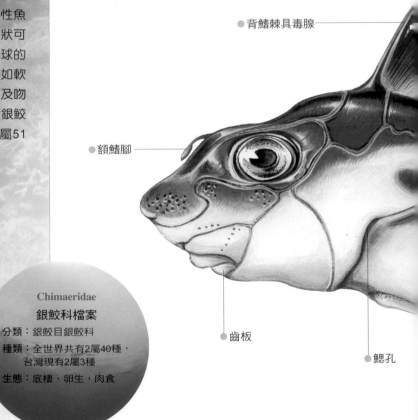

● 背鰭棘具毒腺

● 額鰭腳

● 齒板

● 鰓孔

Chimaeridae
銀鮫科檔案
分類：銀鮫目銀鮫科
種類：全世界共有2屬40種，
　　　台灣現有2屬3種
生態：底棲，卵生，肉食

主圖：黑線銀鮫（*Chimaera phantasma*），♂，最大體長100cm

銀鮫的攝食

銀鮫的口在頭的腹面，上頜有二對、下頜有一對永久的齒板，看起來有點像嚙齒類物的門牙，因此除了「鬼鯊」、「幽靈鯊」的別名之外，又稱為「鼠魚」或「兔魚」。通常以底棲的海膽、二枚貝、腹足類和甲殼類，甚或小魚為食。銀鮫全都棲息於海洋，從極地到熱帶，從大陸棚上緣到三千公尺之間的深海，均有分布。

銀鮫的生殖和發育

銀鮫全為卵生，所產的卵具卵鞘，呈長頸、紡綞或瓶狀，通常有一對窄或寬的薄翅構造，但功能不詳，銀鮫每次在海底產出一個或一對卵，孵化期可長達八個月。孵出的銀鮫與成魚相似，僅尾部較短。此外，公魚除了在腹鰭後方具有稱為「交接腳」的交配器官外，在頭頂上還有呈指狀突起的輔助交配器──額鰭腳，據說在交配時可以用來扣緊母魚。

◆銀鮫的卵

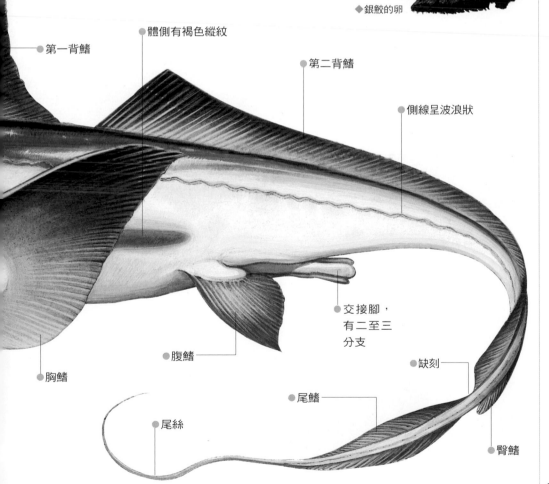

第一背鰭

體側有褐色縱紋

第二背鰭

側線呈波浪狀

交接腳，有二至三分支

腹鰭

缺刻

胸鰭

尾鰭

尾絲

臀鰭

鯊魚的家族

全世界的鯊魚將近400種，涵蓋軟骨魚綱中的六鰓鯊、棘鯊、異齒鯊、琵琶鯊、鋸鯊、鬚鯊、鼠鯊和白眼鯊等八個目，其中以白眼鯊目和棘鯊目的種類最多。生態習性上則涵蓋了大洋洄游、沿岸底棲與深海的種類，這裡面有近250種生活在200公尺以深的深海。雖然鯊魚的殺手形象鮮明，但實際上曾記錄過具有攻擊性的鯊魚卻不超過50種，其中最知名的大白鯊屬於鼠鯊目，而丫髻鯊和白眼鯊則屬於白眼鯊目。鯊魚大多為肉食性，以其他魚類或海洋哺乳類為食，但也有濾食的鯨鯊、象鯊及吃底棲物的狗鯊、貓鯊、扁鯊等。鯊魚的體型懸殊，從0.5公尺到超過20公尺都有。台灣的鯊魚目前共記錄有31科116種。

觀察白眼鯊

白眼鯊又稱「真鯊」，是鯊魚中種數最多的一科。牠們是大洋或沿近海中表層強壯的游泳高手，也是著名的貪婪掠食者，主要以魚類、烏賊或蝦蟹為食。大多是胎生，一胎可生下一百尾以上。白眼鯊科具有鯊魚家族的典型特徵，諸如：流線形的身體呈紡錘狀；吻尖突；有兩枚背鰭，第二枚較小，近尾部和臀鰭相對；胸鰭大，腹鰭小，尾鰭則是歪型（即上葉遠較下葉為大）；圓圓的眼睛上具有瞬膜等。沙拉白眼鯊是白眼鯊科中比較常見的種類。

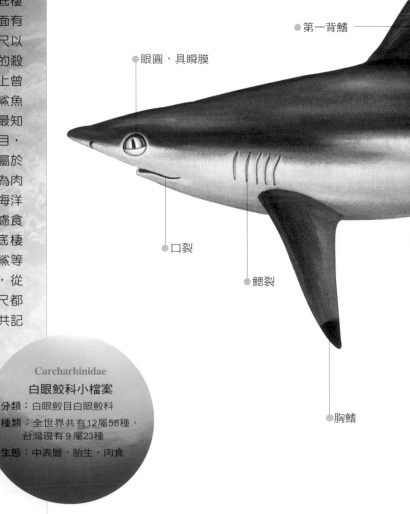

● 第一背鰭

● 眼圓，具瞬膜

● 口裂

● 鰓裂

● 胸鰭

Carcharhinidae
白眼鯊科小檔案
分類：白眼鯊目白眼鯊科
種類：全世界共有12屬58種，台灣現有9屬23種
生態：中表層，胎生，肉食

主圖：沙拉白眼鯊（*Carcharhinus sorrah*），♂，最大體長160cm

◆鯊魚是大洋中表層的游泳高手

●第二背鰭

●尾鰭上葉發達，背緣呈弧狀

●臀鰭

●交接腳

●腹鰭

◆鯊魚的輪生齒是生存的利器

 演化舞台 **鯊魚活存
至今的祕訣**

　　鯊魚可以從四億五千萬年前的志留紀演化至今，依然存活在地球上，而且外形改變不大，自然有其特別的本領，像是：體型大、少有天敵、與眾不同的繁殖方式、孵化成長快速、胎兒活存率高、體內免疫或抗癌力強、

具備靈敏的嗅覺、發達的大腦與極佳的視力等。最有趣的是，所有的鯊魚，一旦外側的牙齒磨損了，內側的牙齒便會依序往前替換，所以其掠食工具可常保如新，成為海洋食物鏈中最凶悍的掠食者。

　　因為鯊魚是軟骨魚，死後分解快，不易形成化石，所以學者多半得靠牙齒、鰭棘

、鱗皮的化石，或是依活存到今天的種類來研究。目前僅知最老的鯊魚化石是裂口鯊，在二億五千萬年前已滅絕。現生的鯊魚中，最接近原始鯊魚型態者應是生活在深海的擬鰻鮫。

鯊的感覺

鯊魚為了便於偵測獵物，其感覺器官特別敏銳，白天的感知範圍達數十公尺，而夜間除了靠視覺外，還可以靠「光神經纖維層」（tapetum lucidum）來感覺弱光；牠們的嗅覺更是靈敏，可聞到百公尺外的血腥味。此外，鯊魚身上的側線系統很發達，頭部甚至還有稱為「勞倫氏壺腹」（Ampullae of Lorenzini）的器官可以感受到約三十或五十公尺內的低頻震動。鯊魚具有電場的偵測能力，在數公尺範圍內，縱使是夜間處於睡眠狀態下或隱身在沙泥底中的魚類都無所遁形，因此有不少鯊魚具夜間捕獵的習性。

鯊的生殖

鯊魚的生殖方式和硬骨魚類不同，大都行體內受精，也就是和哺乳動物一樣，需有實際的交配行為，所以鯊的公魚在成熟後，會從臀鰭衍生出交接腳（或稱鰭腳），用來將精液送入母魚的泄殖腔內。鯊的生殖方式可分為卵生、卵胎生及胎生三大類。卵胎生較特別，胚胎與母體間沒有臍帶相連，但可以在母體內自行發育，例如

◆有卵鞘保護的鯊魚卵

鯊的利用

鯊魚很早就被人所利用，牠的魚肉、魚皮、魚鰭（魚翅）、內臟（腸及胃）都常被拿來煙薰、快炒，做魚皮凍、魚翅羹，或製成魚丸、天婦羅等。鯊的表皮十分粗糙，過去也曾被先民用作砂紙，或是製成皮革。鯊魚的肝是魚肝油的主要來源，近年來更發現牠的肝油中富含鯊烯（squalene），不僅是很好的抗凍劑，可防止汽油結冰，也是一種不錯的保濕劑，可以運用在保養品和化妝品上。牠的軟骨中的軟骨素更被人們加以萃取當作健康食品呢！因此，鯊魚可說是全身都可被利用的海洋生物資源。

鯊的保育

西方人很少食用和捕捉鯊魚，所以鯊魚資源原來相當豐盛，但是後來由於中國人對魚翅的需求日益增加，鯊魚在台灣的獵捕量從1970年的四萬公噸，1980年超過七萬公噸，到1990年捕十四萬公噸，使得鯊魚的數量急速下降。全球漁獲量中約7%是由台灣的漁船所捕獲，也因此台灣的周邊海域已很難再看到鯊魚，而在公海上的過度捕撈，流刺網的誤捕及割鰭行為，也使台灣成為國際上交相指責的目標。鯊魚比一般硬骨魚類壽命長、成熟晚、子代數目少，族群數量一旦受到過度漁撈的傷害，很難迅速恢復，需要嚴格的經營管理，資源才能永續利用。如果只是為了吃高價的魚翅，而在捕撈時活生生割下魚鰭，再把遭受殘害的鯊魚身體扔回海中，不但殘忍、不道德，而且也是浪費資源的行為。

◆魚翅之製作：鯊魚鰭先日曬，然後晾乾，再冷藏。

鯨鯊；胎生的則以結締組織和母體相連，例如白眼鮫；卵生的卵則有卵鞘保護，直接產出體外，孵化後之幼魚即具有成魚的型態，不久便可獨立掠食，例如貓鮫等。不論何種方式，牠們所繁殖的個體數均很少，胎生的從每胎只產兩尾的長尾鯊，到產十尾至一百多尾，俗稱水鯊的鋸鋒齒鮫；卵胎生的鯨鯊最多一胎只產三百尾；卵生的鯊魚多半只產個位數的卵。

◆鯊魚肝臟比例示意圖

鯊為什麼要不停地游泳？

鯊魚身體的比重大於海水，又沒有泳鰾，為了避免下沉，必須靠持續不斷的游泳來為維持浮力。牠的肝臟大且富含油脂，有助於漂浮；而且當擺動尾巴時，歪型的尾鰭，搭配上有如機翼的胸鰭，可以使鯊魚在游動時，身體向上抬昇，這也是一般大洋洄游性鯊魚即使在休息時，尾部仍不時緩慢進行擺動的原因。

保護鯨鯊

鯨鯊是世界上最大的魚，體長可達20公尺，體重達40噸，雖是魚類中的巨無霸，但個性卻很溫和。牠屬於鬚鮫目的鯨鮫科，只有一種，主要分布在全世界南北緯30度間的暖水域。鯨鯊的頭部和腹部都較扁，身體呈藍灰色，有一些淡色圓斑，眼睛小，位在頭部前端的口卻很大，以大量吞入海水，濾食其中的小魚、小蝦維生。由於牠體型大，行動遲緩，常浮游水面，所以容易被漁民所捕殺；然而牠壽命長（可達百歲），成熟晚（20歲左右），生下的幼魚數目也少，故禁不起過度的漁撈，目前全球數量已迅速減少。2003年11月，「瀕臨絕種野生動植物國際貿易公約」（CITES）將鯨鯊和象鮫兩種最大的鯊魚正式列入第二類保育類動物，進行數量的監控。其實不少國家，包括美國、澳洲、菲律賓、馬來西亞、印度等國早已將鯨鯊列入禁捕名單，並發展觀賞鯨鯊的生態旅遊活，只有極少數的國家，如台灣，仍准予獵捕食用。

◆ 行動遲緩的鯨鯊

鱝䰶目的家族

鱝䰶目魚類就是我們一般所通稱的「鱝」，牠們和銀鮫、鯊魚一樣，都屬於較原始的軟骨魚。鱝的長相很特別，身體扁平，眼睛和噴水孔長在背面，口卻在腹面，退化的背鰭移到尾部，尾鰭則退化或消失。除了大的體形特徵，鱝有許多構造特徵幾乎都和鯊魚一樣，因此有些學者認為

◆鋸鱝亞目鋸鱝

鱝亞目的犁頭

觀察土魟

土魟是鱝的家族中種類最多的一科，牠們的身體呈圓盤狀、角形或菱形，體寬通常為體長的一至二倍，尾部如長鞭，整個看起來就像是在海裡漂動的風箏，令人一見難忘。大多數的土魟都出現在沿岸、河口、沙泥底的海底，只有少數種類會出沒於珊瑚礁附近地區。古氏土魟是潛水者在台灣珊瑚礁外圍沙地，唯一偶可見到的軟骨魚，本種明顯易辨識的特徵是：牠的菱形體盤上具有一些不規則的藍色圓斑；尾鞭長超過體盤長，末端有兩段白色環紋，上面通常有一到兩枚大而毒的棘刺，具有高度危險性，潛水者要特別留意。

●體背淡褐色，有些個體具灰藍色圓斑

●噴水孔狹小，呈S形

●吻部短鈍

●眼在體背

●背部中央具一列小棘

◆南灣人工魚礁旁游動的古氏土魟

●胸鰭向兩側擴展

主圖：古氏土魟（*Dasyatis kuhlii*），最大體長70cm

鰩是從鯊魚演化而來。不過，由於身體扁平，鰩在游泳時，特別是魟，是靠著向兩側擴張的胸鰭，如波浪般向前游動，而不是像鯊魚那樣，依賴尾部向左右兩側水平擺動來前進。鰩的腦部比例相當大，應是相當聰明的海洋動物。本目分成鋸鰩、電鰩、鱝和魟四個亞目，全世界共有44科349屬約634種，台灣目前有14科42屬約65種。

◆電鰩亞目的電鰩

◆鱝亞目的蝠魟

Dasyatidae

土魟科小檔案

分類：鱝魟目土魟科
種類：全世界共有17屬178種，台灣現有5屬15種
生態：底棲，胎生，肉食

● 腹鰭小，外角鈍圓

● 尾鞭上有2段白色環紋

● 尾鞭上通常有兩枚大而有毒的棘刺

生態視窗 **鰩的掠食、防禦與生殖**

　　鰩的家族中，除了體型超大的鬼蝠魟是在水層中以大口濾食水中浮游動物外，其餘的鰩幾乎都行底棲生活，主要以無脊椎動物為食。牠們會利用和鯊魚同樣精密的電場感受器來尋找獵物，然後用力擺動胸鰭，把藏身在泥沙地的底棲動物掀起來吃。

　　鰩的牙齒不像鯊魚那麼銳利，而是較細小平鈍或呈石板狀，平時常埋身沙中，

◆鬼蝠魟可藉由頭鰭幫助濾食

或休息或躲避掠食者的攻擊。遇到危險時，只能靠尾部有毒的棘刺來保護自己；要不就像電鱝，在體盤兩側各具一橢圓形的發電器官，可以放電來電暈獵物；只有鋸鰩是利用鋸齒狀的吻部來攻擊和防禦。

　　鰩和鯊魚一樣，要到六至七歲才具有繁殖能力，公魚在腹鰭具有交接腳以便行體內受精，46%的鰩為卵生，在底床產下具有卵鞘保護的卵；其餘則是卵胎生，即在卵黃耗盡後，改以母魚體內所分泌的物質維生，待成長為幼魚後再生出來。

◆中國黃點鯆屬於卵胎生，圖為幼魚。

91

海鰱目的家族

海鰱目的體型大，看來像是巨型的魦釘魚，但牠們卻是很原始的硬骨魚類。其化石可追溯到一億三千五百萬年前的白堊紀，這主要是根據牠的喉板來鑑定的，而目前大多數現生的硬骨魚類都沒有喉板的構造。此外，比較進化的硬骨魚類其腹鰭多在身體前面的胸部，而海鰱的腹鰭則偏後靠近腹部，即腹鰭腹位，這也是牠被歸為較原始硬骨魚的一項特徵。海鰱目魚類通常身體呈向後延長的側扁形，鰓裂寬，尾鰭則深分叉。目前全世界共有2科2屬9種。台灣則記錄有海鰱及大眼海鰱2科2屬2種。

喉板

◁海鰱

◁大眼海鰱

觀察大眼海鰱

大眼海鰱科和海鰱科的魚類其實外形很像，差別在於本科魚類體型較側扁而高，眼睛大，鱗片也較大，呈現金屬般的明亮光澤；此外，其背鰭的最後一根鰭條還呈絲狀延長。大眼海鰱對鹽度的適應力很強，成魚在外海產卵後，孵出的幼魚會游入河口或潟湖生活成長。牠們還可以利用鰾來輔助呼吸，所以在缺氧的水中也能直接到水面呼吸空氣。大眼海鰱科

◆大眼海鰱的柳葉形幼魚

全世界只有兩種，分布在大西洋的大西洋大海鰱的體型特大，可長達2公尺，重達160公斤，雖然骨刺多，但因肉質鮮美，且上鉤時掙扎力大，甚至會躍出水面，所以是遊釣者的最愛；而台灣可見，分布於印度-太平洋海域的大眼海鰱則體型較小，常被沿岸漁民用流刺網、圍網、定置網、一支釣或拖網所捕獲。

●體色背部青灰，腹部銀白

●眼大

●胸鰭基部有腋鱗

◆海鰱漁獲

主圖：大眼海鰱（*Megalops cyprinoides*），最大體長150cm

生態視窗 有趣的狹首幼生

海鰱目和硬骨魚中同樣較原始的鰻鱺目及囊咽鰻目一樣，均具有身體薄而透明、頭小體大、如同一片柳葉的幼生時期，所以又有「狹首幼生」或「柳葉幼生」的專門說法。生活在海水中的海鰱幼生（即仔稚魚）以有機物為食，牠們會隨洋流漂送到河口沿岸地區，然後變態為稚魚，在大洋中繼續成長。

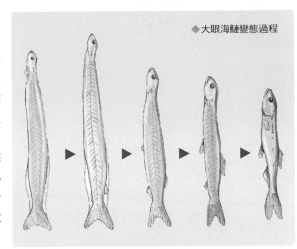

◆大眼海鰱變態過程

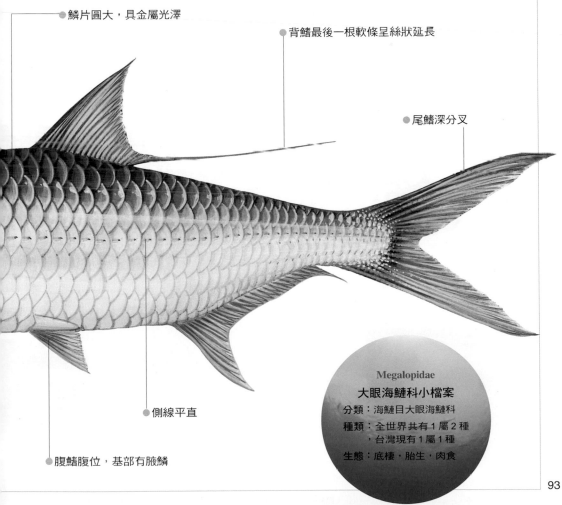

鱗片圓大，具金屬光澤

背鰭最後一根軟條呈絲狀延長

尾鰭深分叉

側線平直

腹鰭腹位，基部有腋鱗

Megalopidae

大眼海鰱科小檔案

分類：海鰱目大眼海鰱科

種類：全世界共有1屬2種，台灣現有1屬1種

生態：底棲，胎生，肉食

鰻鱺目的家族

鰻鱺目可說是魚類中長得最像蛇的一群,細細長長、圓柱形的身材,細小的鱗片隱藏在皮下,因此外表看起來很光滑,還會分泌黏液來保護自己。鰻鱺沒有腹鰭,有的也沒有胸鰭,低矮的背鰭、臀鰭與尾鰭相連,且被身體的厚皮所覆蓋。牠們都行穴居生活,包括生活在深海的鴨嘴鰻科和

◆黃身裸胸鯙

觀察海鱔

海產店裡,俗稱「海鰻」的海鱔科魚類是不少老饕的最愛;海洋館裡,蓄養海鱔的水族箱前方,也總吸引許多人駐足。長相堪稱凶悍的海鱔,其實正是典型的掠食者,口大,牙齒多而銳利,身材像蛇般滑溜渾圓,而側扁的尾部則孔武有力。白天牠們潛伏在礁區的洞穴中,偶爾將頭部伸出洞外;晚間則出外獵食,一般以魚類和頭足類為主食;但有少數吃甲殼類生物。海鱔的嗅覺異常靈敏,這點可以從牠呈管狀或瓣狀的外鼻孔看出來。海鱔分布在熱帶和亞熱帶淺海域;少數生活在沙泥地的種類甚至可深達500公尺,也有很少的種類生活在半淡鹹水域或河川中。由於被大量捕殺供作活海鮮,如今不管是種類或數量都已大量銳減。豹紋勾吻鯙是本科魚類中色彩比較豔麗的種類,牠的吻部尖長,上下顎彎曲,而且後鼻孔呈長管狀突起,令人印象深刻。

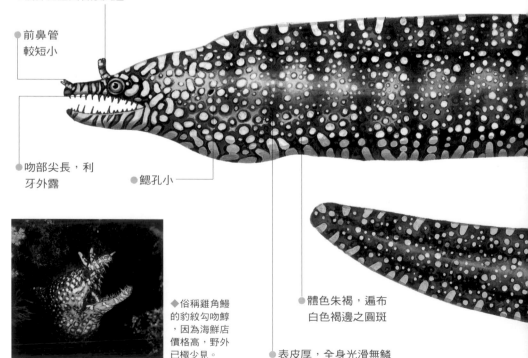

●後鼻孔呈長管狀突起

●前鼻管較短小

●吻部尖長,利牙外露

●鰓孔小

◆俗稱雞角鰻的豹紋勾吻鯙,因為海鮮店價格高,野外已極少見。

●體色朱褐,遍布白色褐邊之圓斑

●表皮厚,全身光滑無鱗

主圖:豹紋勾吻鯙(*Enchelycore pardalis*),最大體長90cm

寬咽鰻科、淺海珊瑚礁的裸胸鯙科與蛇鰻科、沙泥地的糯鰻科，以及生活在河川但可降海產卵的鰻鱺科等。本目共有16科156屬799種，均布於三大洋中，台灣目前有12科66屬167種。

◆出現在潮池的巨斑花蛇鰻　　◆躲在珊瑚叢中的黃黑斑裸胸鯙

Muraenidae
海鱔科小檔案
分類：鰻鱺目海鱔科
種類：全世界共有16屬198種，台灣現有12屬59種
生態：底棲，卵生，肉食

●背鰭與臀鰭、尾鰭連合

●身體呈圓柱形，尾部較側扁

生態視窗　海鱔的繁殖與生活史

　　海鱔科的魚類在繁殖季時，會產上千萬粒的卵，孵化後為狀似柳葉之「狹首幼生」（◊P.93），先隨洋流或沿岸漂流長達半年以上，再沉降變態為幼鰻，開始在礁區行定棲生活。

　　海鱔為雌雄同體，同時伴隨有性轉變，有的種先雌後雄，有的則先雄後雌，但大多數的種類雌雄體色並無明顯區別，只有少數種類有雌雄雙型的現象。例如體型長扁如帶狀的管鼻鯙屬，牠的幼魚為黑色，長大後變成體色豔藍，且鰭為黃色的雄魚，等性轉變為雌魚後，全身就變成黃色了。由於牠體色變化大，色澤豔麗，身姿優雅，因此成為水族店的寵兒。但也因而捕撈過度，如今在海裡已極為罕見，甚至有區域性滅絕的現象。

◆黑身管鼻鯙，雄魚，住在砂礁交界處的洞穴中。

圓鰻的花園

　　圓鰻屬於鰻鱺目中的糯鰻科，牠的身體纖細如鉛筆，分布在珊瑚礁外圍的沙泥中，白天成群將下半身埋在沙裡，只露出上半身，頭部略微下彎，啄食海流所帶來的浮游動物，樣子就像是個大問號；遠遠望去，則像是花園裡成排的植物正隨風搖曳，非常動人。

鯡形目的家族

鯡形目的魚類俗稱「鯐釘」或「鰽仔」、「魦仔」，多半是成群在大洋或近沿海巡游到河口的小型魚類，也是許多大型魚類或海洋哺乳類重要的餌料生物。

▲日本海鰶

鯡的產量佔全球漁獲的一半，是許多沿海國家重要的漁業資源，而且牠在海洋生態系的食物鏈中也扮演相當重要的角色。鯡大多魚體側扁延長或呈長圓形，大多數種類在腹部有一列銳利突出的鱗片稱為「稜鱗」；牠們的口小，沒有牙齒；身體中央有一枚背鰭，尾鰭則分叉。全世界共有6科83屬390種，台灣共有4科22屬49種。

觀察鯡

鯡科的魚類有不少體型呈紡錘形，但也有極為側扁者。體色則背部青藍，肚腹銀白，呈現典型大洋魚類的特徵。此外，鯡具有容易脫落的圓鱗，無側線，各鰭無硬棘，胸鰭的位置則較一般魚低，腹鰭在腹位，和高等魚類位在身體的前部不同，這些特徵意味著鯡是較原始的硬骨魚。一般鯡科的魚類體長均小於20公分，分布在全世界各海域及熱帶、亞熱帶地區的河川和湖泊中。黑尾小鰽釘是本科魚類中比較常見的種類，牠的尾鰭上下葉尖端為黑色，是主要的特徵，也是名稱的由來。

● 背鰭單一，在體中央，基底有鱗鞘

● 脂眼瞼發達

Clupeidae
鯡科小檔案

分類：鯡形目鯡科

種類：全世界共有53屬185種，其中不少種是純淡水魚；台灣現有12屬27種，均為海水魚

生態：表層巡游，卵生，濾食

● 胸鰭較低位

● 腹部具稜鱗

● 腹鰭腹位，基部有腋鱗

● 體色呈亮銀白色，背部較暗

主圖：黑尾小鰽釘（*Sardinella melanura*），最大體長12cm

台灣的鯷鱙漁業

「鯷鱙」也就是一般我們所俗稱的小魚干，鯷鱙漁業是台灣沿岸的重要產業之一，每年的產量與產值相當可觀。漁民多半利用鯷鱙雙拖網在西南部或東北部海域，或利用流袋網在西北部及淡水河口外進行捕撈，而俗稱「丁香魚」的銀帶鯡則盛產於澎湖地區。鱙仔體型較大，以刺公鯷和異葉公鯷為主，偶而混獲小公魚和稜鯷，出現時間比體型較小的葉鯷仔晚約一個月。由於捕撈鯷鱙時，會同時混獲上百種經濟性魚類的仔稚魚，如石斑、白帶魚、笛鯛、鯛、金梭、狗母，及其他珊瑚礁魚類，對魚類資源傷害很大。因此近年來政府已明訂每年的6～8月為禁漁期，希望能使鯷鱙漁業資源永續利用。

鯷魟的難攝食

在大洋成群洄游的魚類，多半都是一邊游一邊張開大口，利用鰓耙來濾食海水中的浮游生物。為了攝食，鯷魟也會作日夜的垂直洄游，白天隨著牠的餌料生物浮上水面，晚上則沉降到較深處。除了上下洄游外，不少種類也會作數百或上千浬的長距離攝食或產卵洄游。

鯷魟的群游

成群的鯷魟數量往往十分驚人，有時魚群甚至超過三十億尾，在海上延長數浬，成為許多大型掠食者，如鮪、鰹、鬼頭刀、旗魚，甚至白帶魚所追逐的對象。體型小的魚類如果有群游行為，通常是為了防範掠食者的攻擊，一來當人魚來犯時可壯聲勢，即便一哄而散，掠食者也很難一一鎖定攻擊目標；二來平時活動時可藉同伴的眾多耳目偵測有無危險。但也由於牠們的群游行為，正好成為人類圍網或巾著網一網打盡的目標。

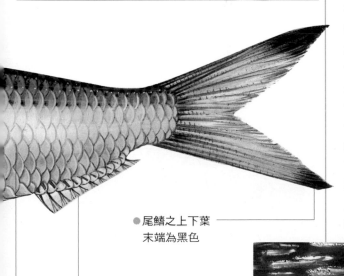

● 尾鰭之上下葉
　末端為黑色

● 臀鰭較長，位於身體後方
　，基底有鱗鞘

● 被覆薄大圓鱗

◆成群巡游的日本鯷

鼠鱚目的家族

鼠鱚目是硬骨魚類中很原始的一支，包括虱目魚、鼠鱚、克奈魚和護喉魚四個形態各異的科，前兩科是海水魚，分布在印度洋和大平洋，後兩科是淡水魚，只分布在熱帶非洲。全世界鼠鱚目共 4 科 7 屬約37種，台灣有 2 科 2 屬 2 種，其中虱目魚科的虱目魚是相當重要的繁殖經濟性魚類，體型較小的鼠鱚則多半成為沙泥底拖漁獲的下雜魚。

◆虱目魚

鼠鱚

觀察虱目魚

虱目魚是台灣人的餐桌上十分家常的一道魚鮮，不管是香煎、煮湯、熬粥，鮮美的滋味都令人食指大動。其實俗稱「麻虱目仔」的虱目魚是虱目魚科中唯一的魚種，分布在熱帶和亞熱帶的溫暖水域。牠具有相當完美的紡錘狀體型，體背呈青灰色，腹部則呈銀白色，是大洋表層洄游魚類的一種保護色。虱目魚身上的圓鱗細小，但有銀色光澤，頭部則無鱗片。眼部為脂狀的眼瞼所覆蓋，高速游泳時可以保護眼睛。口小，以底棲的藻類和其他小生物為食。牠的胸鰭和腹鰭基部都有腋鱗，背鰭和臀鰭的基底則有鱗鞘，尾鰭基部還有兩片狹長的大鱗片。

● 側線平直

● 體背青灰色

● 眼部具脂瞼

□ 口小，端位，無齒

● 胸鰭基部有腋鱗

Chanidae
虱目魚科小檔案
分類：鼠鱚目虱目魚科
種類：全世界共有1屬1種，台灣現有1屬1種
生態：洄游，卵生，雜食

主圖：虱目魚（*Chanos chanos*），最大體長180cm

魚類與人

虱目魚的完全養殖

由於虱目魚能適應半淡鹹水域,且成長快速,因此成為台灣相當重要的養殖魚種,魚塭集中在中南部,北部較少。虱目魚主要為暖水種,喜高水溫,所以在核電廠溫排水口附近常可釣到牠們。但在冬天和寒流氣溫遽降時,淺水魚塭中的虱目魚也常大量凍斃。牠們以底棲藻類或無脊椎動物為食。目前台灣的民間業者已有能力將人工孵化出的魚苗,蓄養成親魚,再繁殖出下一代,像這樣可以在人為環境下成功繁殖下一代的養殖技術即稱為「完全養殖」。

虱目魚的利用

虱目魚因為肉間多細刺,所以歐美國家沒有人拿來食用,但在東南亞卻很受歡迎,在台灣更是重要的海鮮魚種,其腹部因有一層油脂堆積,故虱目魚肚是公認是最美味的部分。為推廣虱目魚的食用量,有心的業者更推出加工的虱目魚丸產品,使虱目魚的產品多元化,不致因供銷不平衡,而使漁民遭受損失。

◆虱目魚的加工產品

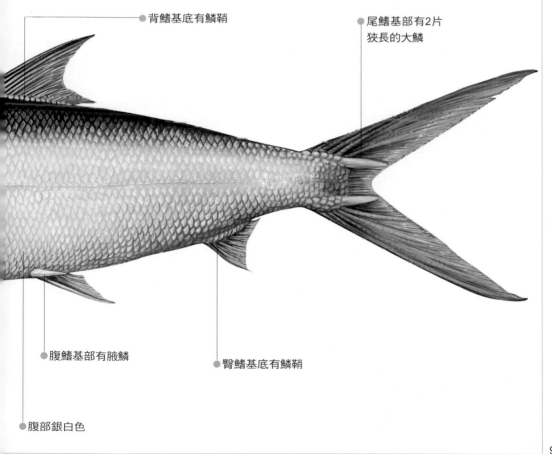

● 背鰭基底有鱗鞘

● 尾鰭基部有2片
狹長的大鱗

● 腹鰭基部有腋鱗

● 臀鰭基底有鱗鞘

● 腹部銀白色

鯉形目的家族

鯉形目是淡水魚中最大的家族，種類規模僅次於以海水魚為主的鱸形目，共有11科488屬約4,307種，佔了現生魚類的三成，且約八成左右為鯉科。台灣則有3科39屬55種。

鯉形目在形態、生態和棲地上都呈現豐富的多樣性，包括：生活在河川中上游的鮰魚和馬口魚；河川中下游水庫或深潭的草魚、鰱魚；熱帶雨林的食人魚；洞穴中的盲魚；甚至水族寵物金魚、孔雀魚等，全都是「鯉」家的成員。將這些外形各異的魚兒歸成一家人的共同理由是：牠們的頭部都沒有鱗片，無齒但口常可伸縮，前四塊脊椎骨已變形為可傳遞聲音的小骨頭，因此具有敏銳的聽覺。

觀察鯉

鯉科魚類是鯉形目中分布最廣、種類也最多的一群。台灣共有65種初級淡水魚，其中鯉科即佔了超過三分之二的種類。牠們的形態與生態習性富於變化，多數種類只有一個背鰭，腹鰭在腹位，且和臀鰭明顯分開，尾鰭分叉；身體被覆圓鱗；口器則分化為各種不同的類型，以便攝取各類的食物。俗稱「闊嘴郎」或「溪哥仔」的粗首鱲是台灣數量相當豐富的特有種，只分布在河川中上游，喜好在潔淨的水域活動，個性活潑且善於跳躍，是主要的溪釣魚種之一。牠小時候為雜食性，成魚則以昆蟲、小魚、小蝦為食。到了春夏的繁殖期，成熟雄魚形態會產生變化，包括頭部出現「追星」，臀鰭鰭條呈游離條狀，以及身體出現「婚姻色」。

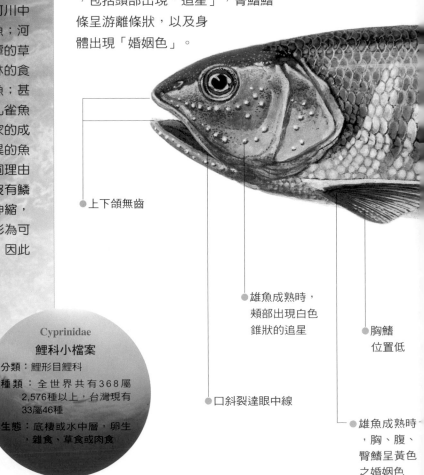

● 上下頜無齒

● 雄魚成熟時，頰部出現白色錐狀的追星

● 口斜裂達眼中線

● 胸鰭位置低

● 雄魚成熟時，胸、腹、臀鰭呈黃色之婚姻色

Cyprinidae
鯉科小檔案

分類：鯉形目鯉科

種類：全世界共有368屬2,576種以上，台灣現有33屬46種

生態：底棲或水中層、卵生、雜食、草食或肉食

主圖：粗首鱲（*Zacco pachycephalus*），成熟♂，最大體長28cm

分辨粗首鱲和平頜鱲

一般人通稱「溪哥仔」的淡水魚除了粗首鱲外，還有平頜鱲，兩者長得很像，差別在於後者身型較小，頭部的比例也比較小，口裂也沒有被稱為「闊嘴郎」的粗首鱲那麼大。還有，平頜鱲以素食為主，與肉食性的粗首鱲可說是「井水不犯河水」。

◆粗首鱲

◆平頜鱲

● 背鰭單一

● 體背灰綠色，有約10條
具藍綠光澤之橫帶

● 成熟雄魚的臀鰭
末端呈游離條狀

● 腹鰭腹位

◆水族箱中的粗首鱲

會聽聲音的魚

鯉科魚類在鰾和內耳之間以可活動的小骨骼「魏氏小骨」相連結，作用是傳遞聲音，魏氏小骨與脊椎骨相連的構造又被稱為「韋伯氏器」，可以傳遞魚鰾所放大的聲音振動，到腦部來判讀。因此水中的任何聲音（傳輸速度較空氣快四倍）被魚鰾接受到後，即會迅速擴大傳到內耳去。因為具有敏銳的聽覺，即使在較混濁、視線不佳的水域，鯉科魚類亦能適應生存。

恐怖的食人魚

想像不到吧！令人聞之喪膽的食人魚也是鯉形目的一員，台灣雖然不產，但在野外曾記錄到被水族飼育者野放的個體。食人魚會成群地

◆食人魚

以利牙攻擊獵物，有些種類在遭遇威脅時，身上還會分泌出具特殊化學物質的黏液，以警告同伴儘速逃生。

中國四大家魚

草魚、青魚、鰱魚和鱅四種鯉科魚類，是中國自古以來農家魚塘中主要的養殖魚種，故有「中國的四大家魚」之稱。在廿世紀初，台灣即從中國大陸引進養殖，成為本地早期湖泊及池塘中的主要養殖種類。由於牠們的食性不同，如草魚吃底藻或水草，鰱魚濾食浮游植物，青魚吃螺螄，鱅吃浮游動物，所以可以混養在一起。這四種魚的體型都可以長的很大，因此成為各水庫風景區餐廳「活魚多吃」的主要魚種。至於一般人熟悉的鯉魚、鯽魚反倒不是四大家魚的成員。

◆青魚

◆白鰱

◆草魚

◆鱅

游動的寶石—錦鯉

一般人熟悉的金魚和錦鯉亦屬鯉科，但卻是長期利用人工育種的方式，特別挑選體型及體色佳，又耐低溫的鯉、鯽、鰍等種類交配而來。牠們是中國及日本等地普遍常見的庭園水池觀賞魚類。尤其是錦鯉，體型大但個性溫順易於馴養、壽命長、體態優雅、體色變化多樣，所以常常有錦鯉鑑賞大賽，得獎魚隻身價往往不凡，因此贏得「游動的寶石」的美稱。

◆美麗的錦鯉

特殊的產卵法

　　大多數鯉科魚類將卵產在底床，也有一些種類產卵的

方式很特殊，像鳑鲏會將卵產在淡水蚌殼內，其母魚具有一長長的產卵管，可以伸入蚌的鰓腔中，公魚則在蚌的出入水管中排精，以便精子進入授精。

◆鳑鲏把產卵管伸入蚌中產卵

鯉魚為何躍龍門？

　　中國人有句俗語「鯉躍龍門」，主角就是一般家庭餐桌上所熟悉的鯉魚。這個成語是出自《後漢書，黨錮，李膺傳》，因傳說鯉魚跳過龍門即能化身為龍，古人常用來形容高中科考金榜，即身價不凡。事實上，除非受到驚嚇，自然界中鯉魚躍出水面的畫面並不易見。

保護原生種鯉科魚類

　　台灣石𩼧、粗首鱲和平頜鱲、台灣馬口魚、短吻小鰾鮈、台灣銀鮈、陳氏鰍鮀、台灣鏟頜魚、高身鯝魚、羅漢魚、高體鳑鲏、台灣細鯿、何氏棘魞、條紋二鬚鲃等，都是台灣原生種鯉科魚類，多年來由於山坡地濫墾、濫伐、河床水泥化、築攔沙壩、建水庫、過度捕撈、非法毒魚電魚、污水排放，以及入侵種危害等因素，已使不少原生種之族群量銳減，甚至瀕臨滅絕，亟待大家努力來保育及復育。

◆何氏棘魞

◆台灣細鯿

◆台灣石𩼧

◆條紋二鬚鲃

台灣馬口魚

觀察爬鰍

爬鰍科魚類俗稱「石貼仔」，看名字就知道，此科魚類的生活習性必然與石頭緊密相關。沒錯！石貼仔主要生活在河川中上游的高海拔區，喜歡水流湍急且高溶氧的環境，常見牠棲息在急流的岩面上，為了抵抗強勁的水流，不僅身體和頭部前端變得扁平，連腹部也很平坦，而且牠的胸鰭和腹鰭擴展成扇形，鰭條下方還有「趾墊」的構造，可以像吸盤一樣牢牢吸附在石頭表面。爬鰍的體色斑紋變化大，也會隨棲息環境而調整身上的色澤明暗。牠們主要以石頭上的附著性藻類為食，也會吃有機碎屑和水生昆蟲等無脊椎動物。本科魚類僅分布於印度、中國、台灣、婆羅洲等地，台灣目前有六種。其中，屬於台灣特有種的台灣間爬岩鰍，主要分布在台灣北部和中央山脈以西的中上游河川溪流中。

◆台灣間爬岩鰍（背面）

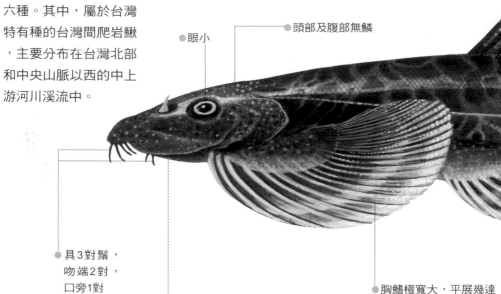

● 眼小

● 頭部及腹部無鱗

● 具3對鬚，吻端2對，口旁1對

● 胸鰭極寬大，平展幾達腹鰭前緣

● 口在下位（腹面）

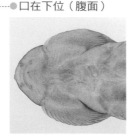

Balitoridae
爬鰍科小檔案

分類： 鯉形目爬鰍科

種類： 全世界共有32屬239種，台灣現有3屬6種

生態： 底棲，卵生，藻食或雜食

主圖：台灣間爬岩鰍（*Hemimyzon formosanus*），最大體長11cm

●體色變異大，一般為淺橄欖綠至黑綠色，具不規則深色斑

●體被小圓鱗

◆台灣間爬岩鰍喜好高溶氧的流水環境

●尾鰭凹形，具3～4條深色橫帶

生態視窗　珍惜台灣特有的爬鰍

台灣共有65種純淡水魚，其中有37種，即超過二分之一都是特有種。主要是因為許多不同河系的高山溪流魚類，在河川襲奪或板塊運動後，易受地形或地理阻隔而分化為不同魚種的緣故。像是台灣的六種爬鰍：縱口台鰍、台灣間爬岩鰍、沈氏間爬岩鰍、南台中華爬岩鰍、台東間爬岩鰍和埔里中華爬岩鰍，均為台灣特有種

或固有種，也就是全世界只有台灣才有分布，不見於其他地區，因此牠們的保育也就更形重要。沈氏間爬岩鰍僅存在於台東的大武溪河系，台東間爬岩鰍只見於本島東部河川，縱口台鰍分布於濁水溪以北的水域，而埔里中華爬岩鰍則分布於大甲溪以南的水域，南台中華爬岩鰍僅發現於南部曾文溪及高屏溪中游的湍急主流區段。

埔里中華爬岩鰍

◆台東間爬岩鰍

◆縱口台鰍

鯰形目的家族

鯰形目魚類最大的共同特徵是,牠們的吻部明顯具有一到多對的長鬚。此外,其頭部大多略成三角形或呈平扁狀,尾部則側扁且略延長;表皮厚,但光滑無鱗,死後多會分泌黏液;還有,牠們的胸鰭上方有一根硬棘,有的帶有毒腺,是主要的防禦器官。

鯰形目也是淡水魚中的大家族,只有海鯰和鰻鯰兩科是海水魚,全世界共37科487屬3,698

觀察鬚鯰

俗名「土虱」的鬚鯰科魚類,乍看之下就像是一隻長了長鬍鬚的魚。牠的身體長,全身光滑無鱗,頭部平扁,身體後部則稍側扁,眼小口大,吻短寬圓,具有四對長鬚。鬚鯰科和鯰科有點像,主要不同處在鯰科的背鰭較小,有的甚至沒有背鰭,而鬚鯰科的背鰭基底則很長。鬚鯰全部是初級淡水魚,生性兇猛,多半在夜間進行獵食,獵物包括昆蟲在內的各類小生物。台灣的鬚鯰科有兩種 ——鬚鯰及蟾鬚鯰,其中鬚鯰分布在全台各地的河川、水庫以及池塘,特別是水藻茂盛的溝渠內,或是稻田、沼澤的暗處,牠的生命力很強,可以在離水後仍存活一段相當長的時間。

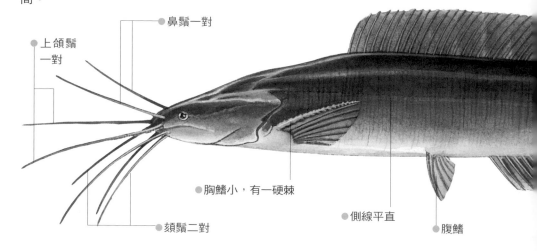

- 鼻鬚一對
- 上頜鬚一對
- 胸鰭小,有一硬棘
- 側線平直
- 腹鰭
- 頦鬚二對

魚缸清道夫——琵琶鼠

棘甲鯰科的魚類俗稱「琵琶鼠」或「老鼠魚」,由於品種多,體色變化大,耐活,且喜食有機碎屑,素有「魚缸清道夫」之稱,是水族店中頗受歡迎的觀賞魚類。

不過也因為牠的生命力強,自中南美洲等地引進後,被不當放生,成為近三十年來台灣河川湖泊中主要的入侵種,野生體長可大到20公分以上,目前已威脅到本土下游魚類的生存。

◆溪流岸邊乾死的琵琶鼠

106

主圖:鬚鯰(*Clarias fuscus*),最大體長24.5cm

種，台灣有7科10屬14種。牠們主要棲息在河川或湖泊底部，以底棲無脊椎動物為主食，兼吃其他小魚；但也有專吃浮游動物或草食性的種類，甚至還有吸血的寄生性種類。多半喜歡夜間獨游，也有少數在白天成群活動。

◆屬於鯰科的鯰魚背鰭比鬍鯰短得多

● 體色黑褐或紅褐色

● 背鰭基底長

● 尾鰭圓

● 臀鰭

● 身體光滑
　無鱗，多
　黏液

Clariidae
鬍鯰科小檔案
分類：鯰形目鬍鯰科
種類：全世界共有15屬115
　　　種以上，台灣現有1屬
　　　2種
生態：底棲，卵生，肉食

 生態視窗　**以口育兒的海鯰**

　　海鯰科屬於海水魚，是鯰形目中少數會口孵的魚類。牠們的卵是沉性卵，產在沿岸沙底的淺水域。但雄魚有護卵的習性，會把受精卵含在口中，含卵期間不進食，直到小魚孵化為止。海鯰全世界有15屬100種以上，台灣只有1屬1種，即斑海鯰，是西海岸常見的魚種。一般體長可到七、八十公分，常被漁民從台灣海峽以底拖、流刺或延繩釣所漁獲，在各地漁港卸魚的魚市場上偶可見到。

◆斑海鯰

聚集成球的鰻鯰

　　鰻鯰科在台灣只有1屬1種，就稱為鰻鯰，俗名「沙毛」。牠們生活在珊瑚礁區的洞穴中，常成群出沒，遇到危險時會緊密地靠在一起群游，遠遠望去，就好像是一團黑色的雲或球體正緩緩移動，這就是有名的「鯰球」，作用是迷惑敵人，並保護自己。鰻鯰的背鰭和胸鰭各有一個毒棘，不小心被刺到會異常疼痛。

◆鰻鯰（上）；成群鰻鯰集聚成鯰球（下）

鮭形目的家族

鮭形目的起源早，算是相當原始的硬骨魚。牠除了腹鰭位在魚體中央而不在胸部外，單一枚背鰭也在身體中央或偏後，大多數種類的背鰭後方還有一枚脂鰭，而各鰭都沒有硬棘。

鮭形目全世界僅有鮭一科，有11屬約218種，多數種類分布在淡水，某些海水種有著名的溯河產卵洄游習性。牠們是溫、寒帶地區重要的食用和遊釣魚類，但也由於過度漁撈、棲地

觀察鮭

提起鮭科魚類，大家應該不會陌生，因為被稱為「國寶魚」的台灣鱒就是台灣鮭科魚類中惟一的本土魚種。一般而言，鮭的身體呈紡錘形，稍側扁，口大，眼睛有脂性眼瞼，身體被覆小型圓鱗，頭部則無鱗片，具有一枚脂鰭，尾鰭分叉。牠們主要棲息在溫帶水域，適合較低水溫，有些是陸封型，即終生生活在河川、湖泊中；有些則會降海洄游，成熟時再回到母川產卵。大西洋的鮭屬和太平洋的鱒屬中，有不少種類的成魚體長可達一公尺，是重要的經濟性食用魚類，鮭魚醒目的橙色魚肉十分易於辨認，是生魚片的主要材料之一。台灣鱒屬於陸封型鮭魚，目前只存活於海拔1500多公尺的大甲溪上游七家灣溪，族群量甚少，一般以小型水生動物、昆蟲為食。台灣鱒過去曾是當地泰雅族人的蛋白質來源，但因數量稀少，政府早已將其列入保育類動物，禁止捕撈。

●口裂大，上頜骨延至眼後方

◆台灣鱒（♀）

主圖：台灣鱒（*Oncorhynchus masou formosanus*），最大體長57cm

破壞及河川污染等因素，數量逐漸減少，目前已有30餘種列入保育類名單中。台灣目前有2種，即知名的台灣鱒，以及原產在北美洲，於1957年由日本引進，以冷水養殖，又名麥奇鉤吻鮭的虹鱒。

◁虹鱒

**Salmonidae**

鮭科小檔案

分類：鮭形目鮭科

種類：全世界共有11屬218種
，台灣現有1屬2種

生態：底棲，卵生，肉食

各鰭均只有軟條沒有硬棘

背部及側線間具有
許多小黑點

叉形尾但稍呈圓形

脂鰭

體色黃銅色至
暗灰褐色

腹鰭腹位

側線上有8～12個
黑褐色橢圓橫斑

◆台灣鱒（♂）

子遺的國寶魚

台灣鱒又稱櫻花鉤吻鮭、梨山鱒、石田氏鮭魚，泰雅族人則稱為"Bunban"，牠是冰河期子遺下來的生物，也是台灣唯一倖存的寒溫帶淡水魚，屬於台灣特有亞種，也是本種魚在世界分布的最南界。

根據學者研究，台灣鱒原來與一般鮭魚一樣具有洄游性，在冰河時期，由於海水溫度降低，水位下降，使得原於北方活動的日本鮭魚族群洄游到更南方的海域，進而進入台灣的大甲溪流域。等到冰期結束後，河口水溫上升或河谷地形改變，溯游至大甲溪的台灣鱒族群就逐漸被隔絕在上游一帶，形成「陸封型」種類。

台灣鱒對於棲息環境的品質要求相當嚴苛，必須在水溫低（低於16℃）、水量充沛且清淨無污染的水質中才能順利成長。日治時期剛被發現不久，台灣鱒即被列為「天然紀念物」加以保護，當初在大甲溪上游的各個支流中皆有分布。但光復以後，由於開墾、河川優養化、築攔砂壩等原因，已使族群數量銳減，目前只剩七家灣溪可發現魚蹤。民國73年，政府依文化資產保存法將之指定為珍貴稀有物種，積極研究復育及保護，但目前仍處於瀕危狀態。

台灣鱒的生活史

台灣鱒的生殖季在每年秋季10月上旬展開，11月下旬結束。這段時期性成熟的雄魚體色會變深，身上的斑點則變得較不明顯，更特別的是，雄魚的上下頜會伸長、增厚，形成鉤狀彎曲，也就是所謂的「鉤吻」。

台灣鱒偏好在礫石底床的緩流處產卵。開始時，雄魚會互相追逐、爭奪領域，獲得雌魚青睞之後，仍繼續負責巡邏的工作，驅逐其它嘗試入侵的雄魚。至於雌魚，則忙著用尾巴撥揚細小的碎石泥沙和藻類，形成凹陷的產卵場。一旦時機成熟，雌魚便會排卵，等雄魚授精之後，再撥揚石礫覆蓋在鮭卵上方。

台灣鱒通常可以存活3～4年，牠不像降海溯河的鮭魚，產卵之後便會力竭而亡。不過，部分雄魚、雌魚會因爭鬥和掘巢而受傷，如果傷口又感染發霉，便容易導致死亡。通常經過一個多月的溪水洗禮，仔魚便會破卵而出，展開牠們的一生。

◆繁殖季雌魚（右）負責掘巢，雄魚（左）則驅逐入侵者。

◆台灣鱒及其棲地環境

仔鮭
30～60天

（孵化中）

稚鮭
60～90天

台灣鱒
生活史示意圖

剛生下的卵
到發眼卵
20～30天

幼鮭
180天以上

成熟雄鮭

成熟雌鮭

◆雄魚（左）靠近雌魚（右），等待授精的好時機。

◆雌魚（右）排卵時，身體貼近河床底石。

巨口魚目的家族

巨口魚目屬於典型的深海魚類，分布在大洋深海的中層或底層。他們的體色多半勵黑或銀亮，體側具有兩排發光器，誇張的大口裡露出細長的尖牙，有些在下頜還有會發光的頜鬚，整體型態宛如海裡的「異形」，是令人望而生畏的海中掠食者。巨口魚的形態多變化，故分類系統尚不一致。根據FishBase網路版的資料，本目全世界共有4科52屬約359種。台灣的巨口魚目尚未詳加調查和鑑定，但估計至少有4科33屬59種以上。

觀察巨口魚

巨口魚科的魚類可算是巨口魚目家族的典型代表。牠們的頭部較大，身體向後延長。大嘴裡尖銳的毒牙羅列，某些種類還長了一根短頜鬚。勵暗的體表上有一層膠膜，被捕獲時常會脫落。背鰭靠近頭部，其中第一背鰭條較長；除了腹鰭和臀鰭外，在尾柄前還有背脂鰭和腹脂鰭。

個性凶猛的蝰魚是台灣附近海域偶爾可見的巨口魚科魚類，牠具有下頜能向前極度伸出的大口，而腹側的發光器則是鑑別的重要依據。

◆黑巨口魚下頜鬚會發光

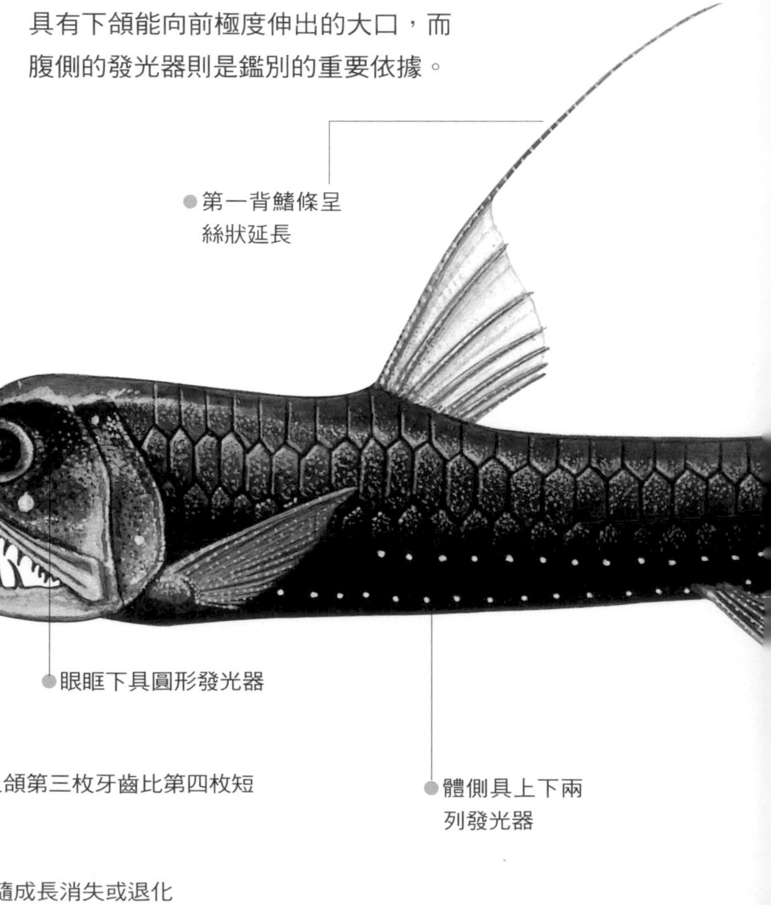

● 第一背鰭條呈絲狀延長

● 口裂大，上下頜皆具長犬齒

● 眼眶下具圓形發光器

● 上頜第三枚牙齒比第四枚短

● 體側具上下兩列發光器

● 下頜鬚隨成長消失或退化

主圖：蝰魚（*Chauliodus sloani*），最大體長35cm

◆褶胸魚

◆蝰魚

◆鑽光魚

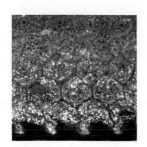

● 身上有六角形色素斑

Stomiidae

巨口魚科小檔案

分類：巨囗魚目巨囗魚科

種類：全世界共有27屬257種
，台灣現有18屬29種

生態：深海底棲或中層，卵
生，肉食

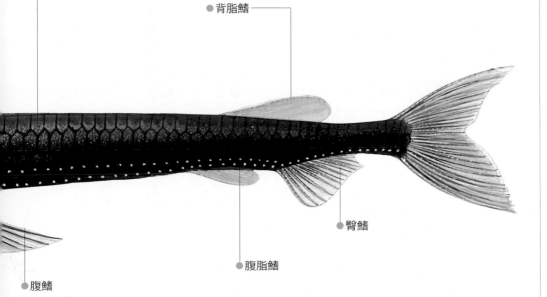

● 背脂鰭

● 臀鰭

● 腹脂鰭

● 腹鰭

巨口裡的機關

　　為了能大口吞食難得從上層沉降下來的動物屍體，巨口魚的口部和一般魚類不同，牠們的上下頜骨有如絞鏈一般，可極力托出，形成巨大的開口，而其頜骨上密布許多向內彎的尖銳長牙，更是讓獵物毫無脫逃的可能。

巨口魚的垂直洄游

　　部分種類巨口魚具有日夜、上下水層的垂直洄游行為，即在夜間會隨著小魚蝦等餌料生物上浮到生產力高的中表層捕食，天亮時再隨小魚蝦等沉降回到深海中層。

這些垂直洄游的魚類可能是靠著視覺來感受光線的明暗，當牠們保持在一定光度的水層時，魚群自然就會隨著日落日出而改變棲息的深度。體型較大的巨口魚則多半停留在下水層，伺機捕食天亮後從上水層沉降回來的小型巨口魚及其他科的魚類或無脊椎動物。

◆大口吞食是蝰魚的招牌動作

大洋表層
深海中層　　　　　　　200公尺
　　　　　　　　　　　1000公尺
深海深層

趨同演化

　　深海的環境和淺海完全不同，它的壓力巨大（每10公尺增加1大氣壓），溫度低（1000公尺以下只有2至5℃），沒有光線（魚的感光能力可到700至1300m），食物特別少。因此許多不同科的魚類為了要在這樣極端的環境下求生存並繁衍後代，往往會演化出一些共同的特徵，像是：具有發光器、口大、牙銳、有頜鬚或吻觸手、身體延長、尾部細尖（背鰭、臀鰭及尾鰭癒合）、骨骼薄、眼睛大（少數呈管狀，但棲息在較深的無光區的種類則眼睛較小甚至退化）、體色偏黑、褐或銀，組織密度低、油脂多，而且不少種類具有日夜垂直遷移的習性。像這樣血緣

◆燈籠魚，體型小，數量大。

◆奇棘魚大多有明顯的下頜鬚，會發光。

發光器的祕密

　　許多深海魚都具有發光器的構造，隨著種類不同，分布在身體上的位置也不一樣，這是深海魚分類鑑種的主要依據之一。

　　發光器的發光方式大致可分成兩類：一種是靠發光菌來發光，這些細菌與寄主魚類有共生關係，如長尾鱈、松毬魚、發光鯛、鮟、螢石鮋和鮫鱨科；另一種則是發光器本身具有發光腺體、晶狀體、反射器和色素罩等幾個部份，構造相當複雜，就好像是手電筒一樣，可以開光聚焦和調整亮度，例如巨口魚、燈籠魚、軟骨魚、囊咽鰻等。

　　魚類發光的目的不外乎辨識同類、求偶繁殖、引誘獵物，甚至迷惑敵人等。巨口魚一般發出藍綠色光，少數種類可以發出橙紅色或紅色光，紅色光的穿透力雖不及藍綠色光，卻能在近距離內讓紅色的獵物無所遁形。鮋魚、巨口魚及奇鰭魚在尾部、頭部

◆鑽光魚腹部具有2排像鈕扣般的發光器

或頰鬚具有發光器，可以引誘獵物靠近；黑巨口魚眼睛下方具有一對發光器，能像探照燈般在黑暗環境中搜索獵物；而當褶胸魚腹部的發光器作用時，甚至能夠模擬光線篩入水面時的粼粼波光，讓從下方往上看的捕食者視覺混淆，達到自我保護與迷惑敵人的目的。

關係及形態原本差別很遠的魚類，為了適應深海巨壓、低溫及無光等環境因素，而逐漸演化為相同的形態和生理，就稱為「趨同演化」。

◆巨口魚的牙齒均長而尖銳

◆橘燧鯛較不像深海魚，但眼睛也很大。

◆貢氏深海狗母，即俗稱「三角架魚」，以其腹鰭及尾鰭延長絲站立在軟泥底之海床上。

仙女魚目的家族

仙女魚目的魚類分布範圍很廣，從淺海珊瑚礁、沙泥地到大洋的中上層，甚至深達4500公尺的深海底都有牠們的成員。由於棲地多變，因此形態變化也很大。但大體而言，牠們的體型大都呈圓柱形，口裂大，略朝上，且具有利齒，多為典型潛伏在沙地上伺機躍起吞食的魚類。此外，牠們也具有一些原始魚類的特徵，像是：體被圓鱗、腹鰭腹位、有脂鰭、無硬棘等。

◆仙女魚

◆紅斑狗母

◆革狗母魚

仙女魚目還有兩個著名的特性是：若干科為雌雄同體，具有自體受精的本領，而且有些科的仔魚形態相當特別，很容易辨認。本目魚類的體長差異懸殊，最小的珠目魚僅7公分，而最大的帆蜥魚則長達2公尺。

仙女魚目全世界有16科44屬約258種，台灣目前記錄有10科16屬42種，還有更多深海種尚待發掘。

觀察狗母魚

狗母魚科魚類的英文俗名叫做「蜥蜴魚」，由此可知，這是一類長得有點像爬蟲類的魚。牠們通常吻部稍尖、近三角形；口裂大，口中（甚至連舌頭上）布滿毛刷狀、可以倒伏的牙齒。修長的身體一般呈圓筒狀，背鰭在身體中央，後方有脂鰭，腹鰭則在背鰭起點的略前方，胸鰭小，尾鰭分叉，各鰭都沒有硬棘。大頭花桿狗母則是目前在台灣珊瑚礁區外緣的沙泥地上，偶爾可以見到的一種狗母魚，主要特徵是，在淡黃的體側上具有數列淡藍色的縱紋。

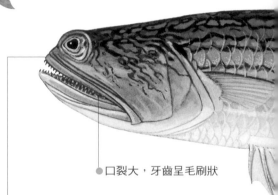

●口裂大，牙齒呈毛刷狀

●吻部特別短，小於眼眶直徑

生態視窗 魚卵與仔魚

狗母魚的卵因為在卵膜上具有獨特的網狀構造，因此是少數可以直接在光學顯微鏡下辨認的浮性魚卵。它的大小約1毫米，胚體沒有油球。受精卵孵化後的仔魚形態也很特別，不但細長、透明、沒有鱗片，而且從外面可以看到裡面的腸道，由胸鰭至肛門間有一列深黑色的半圓形色素斑，很容易辨別，但這些色素斑的功能目前仍不詳。

◆狗母魚的魚卵

◆剛孵化的狗母仔魚

主圖：大頭花桿狗母（*Trachinocephalus myops*），最大體長約70cm

背鰭單一，在體背中央

體色淡黃，體側
具有數列淡藍色
縱帶，腹部白色

Synodontidae
狗母魚科檔案
分類：仙女魚目狗母魚科
種類：全世界共有3屬71種，
　　　台灣現有3屬26種
生態：底棲，卵生，肉食

尾鰭前緣被鱗片

脂鰭

尾鰭叉形

腹鰭腹位

臀鰭

擬態與獵食

　　狗母魚的英文俗稱「蜥蜴魚」
除了源自外型的聯想外，也因為
牠平時棲息在沙泥地上時，不但
體色可模擬環境的色澤，而且會
抬起頭部，以腹鰭支撐身體，姿
態極似蜥蜴之故。狗母魚也會將
全身埋在沙泥地中，只露出眼睛
和口部，伺機竄起、吞食游經的
小魚或甲殼類小生物。

後半身埋藏在沙中的狗母，停棲在珊瑚礁的狗母（右上）

燈籠魚目的家族

燈籠魚應是深海魚中數量最龐大的一群。牠們大多僅5至6公分，外型有點像生活在近沿海表層的鯷魠魚（▷P.96），只是頭較大，吻部較圓鈍，而且因牠分布在大洋中層的深水域，所以通常眼睛大，體色呈銀、黑或暗褐色，頭上和身上還有許多的發光器，這也是牠名稱的由來。

燈籠魚卵

燈籠魚分布甚廣，從極地到赤道的三大洋均有分布，種的分布和海流、地形和生物因子有關，有明顯日夜垂直洄游的習性，白天生活在300～1200公尺，夜晚則上浮至10～100公尺，甚至於海面下。但其垂直洄游的類型在同一種內亦可能因緯度、季節、性別及不同生活史時期而有所差異。燈籠魚的魚卵和仔魚常在沿岸水域出現，可說是此環境中數量最多者。

本目只有新燈魚及燈籠魚2科，全世界共36屬約254種。台灣目前記錄有2科19屬54種，大多屬於深海魚。

觀察燈籠魚

燈籠魚是深海魚中運用本身的發光器或發光腺體來發光的代表，其腹部，甚至於頭部都有成群、成行或單獨的小發光器。燈籠魚科和同目的新燈魚科比較下，燈籠魚科魚類的頭部較圓而大，臀鰭起點在背鰭基下方或略後方，而新燈魚的頭較小而尖，臀鰭起點在背鰭基之後。燈籠魚又區分成燈籠魚及珍燈魚兩個亞科，瓦氏角燈魚屬於燈籠魚亞科，牠與同屬其他種燈籠魚主要的不同在於：發光器的位置，以及尾上與尾下的發光器並沒有黑緣。

Myctophidae

燈籠魚科小檔案

分類：燈籠魚目燈籠魚科

種類：全世界共33屬243種，台灣現有18屬51種

生態：大洋中層，卵生，浮游動物食性

● 胸鰭大，後端超過臀鰭起點

● 有側線

● 背鼻發光器

● 腹發光器

◆新燈魚科

◆燈籠魚科

主圖：瓦氏角燈魚（*Ceratoscopelus warmingii*），最大體長8.1cm

生態視窗 **大洋食物鏈中的要角**

　　燈籠魚體型小、壽命短、數量多，因而成為許多大洋中掠食者主要的攝食對象，譬如：鮪、鰹、鯖、鰺、鰆、鱰、飛魚及烏賊，甚至不少海鳥、鯨豚和海豹也是以燈籠魚為其主要食物。從鯨豚的胃內含物中可以找到許多燈籠魚科魚類的耳石，由此可知有不少海豚都是靠燈籠魚來維生。至於燈籠魚本身則吃以甲殼類為主的浮游生物，在溫帶地區當食物產生季節性變化時，燈籠魚會在食物量多的季節盡量在體內儲存脂肪，累積的能量可供冬末春初產卵時使用。

◆燈籠魚的菜單——各種浮游動物

魚類與人 **燈籠魚的商業價值**

　　燈籠魚是深海中層帶（約200～1000公尺）生物中，種類和數量最大的一群，約佔65%左右。利用「聲探法」估計，全球的資源量高達六億噸以上，因此未來可供開發利用的潛力甚大。目前只有南非有進行商業性捕撈，多半用來製成魚漿或魚油使用；不過台灣西南海域的底拖網漁業，特別是在捕撈櫻花蝦時，也常會捕獲大量的燈籠魚，成為東港的魚市場卸魚碼頭上最大宗的下雜魚類，目前多被加工製成飼料，提供養殖業使用。

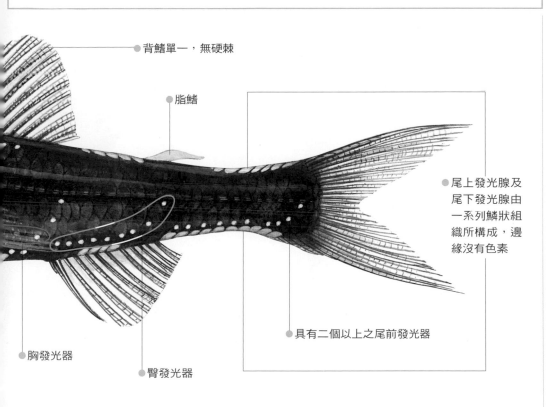

●背鰭單一，無硬棘

●脂鰭

●尾上發光腺及尾下發光腺由一系列鱗狀組織所構成，邊緣沒有色素

●具有二個以上之尾前發光器

●胸發光器

●臀發光器

月魚目的家族

月魚目可說是硬骨魚類中體型變化最大，分類地位也較難確定的家族。依外觀，牠大致可分成體高側扁型和體長如帶狀兩類，前者包括月魚和旗月魚兩科，以體型碩大的月魚聞名於世；後者則有冠帶魚、粗鰭魚、皇帶魚、鞭尾魚及輻頭魚等五個科，以身體可長達7.2公尺的皇帶魚最為人所知。

由於月魚目的魚類十分罕見，除了形態可從標本解剖得知一二外，我們對牠們的生活習性和行為幾乎是一無所知，也因為如此神祕，使得月魚有不少傳說。目前把這些長相不同的魚類歸類在一起的主要共同特徵是：牠們的上頜骨和前上頜骨結合在一起，可向前方突出，使口腔擴大許多倍，以便迅速吸食或吞食獵物。

月魚目家族一般都只出現在深海和大洋，很少會出現在沿岸地區。目前全世界共記錄7科12屬約23種，台灣則有5科8屬9種。

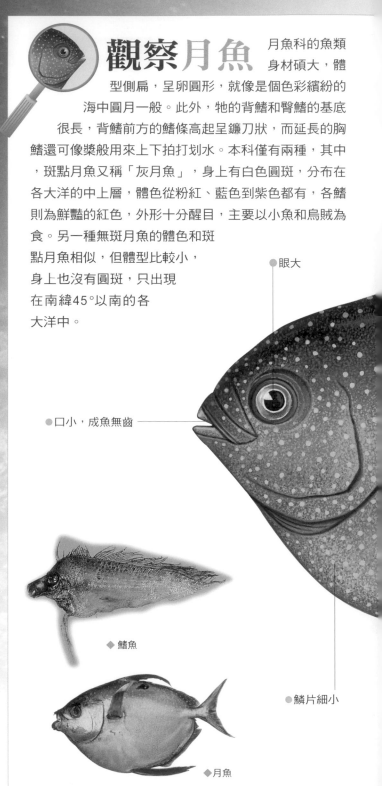

觀察月魚

月魚科的魚類身材碩大，體型側扁，呈卵圓形，就像是個色彩繽紛的海中圓月一般。此外，牠的背鰭和臀鰭的基底很長，背鰭前方的鰭條高起呈鐮刀狀，而延長的胸鰭還可像槳般用來上下拍打划水。本科僅有兩種，其中，斑點月魚又稱「灰月魚」，身上有白色圓斑，分布在各大洋的中上層，體色從粉紅、藍色到紫色都有，各鰭則為鮮豔的紅色，外形十分醒目，主要以小魚和烏賊為食。另一種無斑月魚的體色和斑點月魚相似，但體型比較小，身上也沒有圓斑，只出現在南緯45°以南的各大洋中。

● 眼大

● 口小，成魚無齒

◆ 鰭魚

● 鱗片細小

◆ 月魚

主圖：斑點月魚（*Lampris guttatus*），最大體長200cm

120

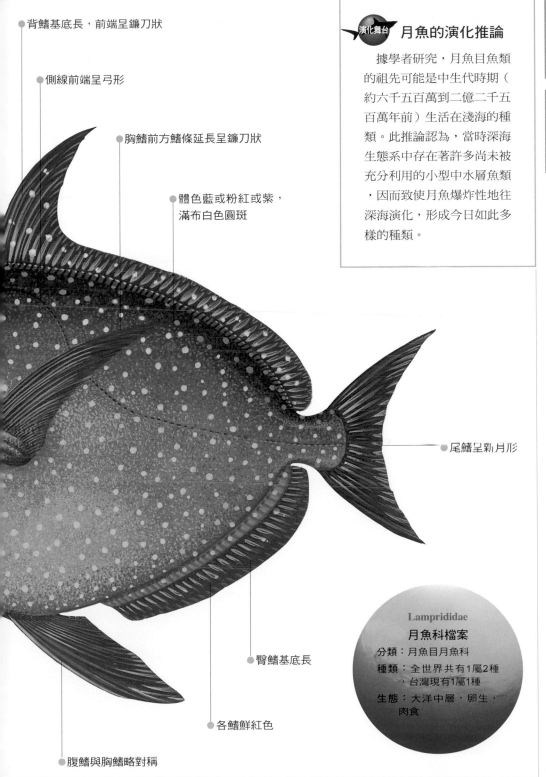

背鰭基底長，前端呈鐮刀狀

側線前端呈弓形

胸鰭前方鰭條延長呈鐮刀狀

體色藍或粉紅或紫，
滿布白色圓斑

尾鰭呈新月形

臀鰭基底長

各鰭鮮紅色

腹鰭與胸鰭略對稱

演化舞台 月魚的演化推論

　　據學者研究，月魚目魚類
的祖先可能是中生代時期（
約六千五百萬到二億二千五
百萬年前）生活在淺海的種
類。此推論認為，當時深海
生態系中存在著許多尚未被
充分利用的小型中水層魚類
，因而致使月魚爆炸性地往
深海演化，形成今日如此多
樣的種類。

Lamprididae
月魚科檔案

分類：月魚目月魚科

種類：全世界共有1屬2種
，台灣現有1屬1種

生態：大洋中層，卵生，
肉食

月魚目的各科都有一些特殊的本領，像是月魚那呈鐮刀狀的胸鰭基部，有一塊強壯的骨骼支撐著，讓牠可以有力地划水；鞭尾魚的眼睛向前突出呈管狀，可以像望遠鏡一般前後伸縮，而其前段的脊椎骨也已特化，使整個頭部和口部都能伸縮自如；粗鰭魚則是吻部可向前延長伸出；冠帶魚在腸道上方有一個墨囊的構造，和烏賊

◆粗鰭魚的吻部可向前延長伸出

、章魚一樣，可以在危急時噴放墨汁，躲避掠食者的攻擊。

奇特的卵和仔魚

月魚目魚類的魚卵很大，直徑達2～6毫米，而且色彩繽紛，呈粉紅、紅或琥珀色等，有人推論，或許這可使它們在海面上漂浮時具有防曬的作用。月魚目的卵胚胎發育較一般的硬骨魚類快，也就是說新生命在此時期對卵黃的營養仰賴較少，仔魚很快便孵化出來，而且體型大，游泳力強。牠們的背鰭和腹鰭都具有絲狀延長的部分，明顯易認，其口部也和成魚一樣，剛孵化後即可突出，以吸食浮游動物。

◆皇帶魚的幼魚，體長1公尺。

月魚目中的另一大類群，體型不似滿月，而是呈長帶狀，粗鰭魚與皇帶魚兩科是代表。

龍宮使者一粗鰭魚：粗鰭魚的身體側扁延長，前部較高，尤其是頭背高陡隆起，尾端則逐漸尖狹。側線發達，呈弧形下彎，沿體腹線延伸達尾鰭基。腹鰭長又大，尾鰭上葉上翹，呈明顯扇形，下葉則微小或退化。粗鰭魚的身體無鱗片，但皮膚上有骨質或軟骨的瘤突。牠們廣泛分布在全球各大洋，全世界共約10種，台灣至少有

2種，偶而在花東海岸被發現，有時是被釣獲；有時被定置網所困；也可能是因魚體受傷、生病或導航能力不足，被海潮流或颱風大浪沖打而擱淺上岸。可能因長相奇特吧！漁民常稱呼牠為「海龍王」、「龍宮使者」或「白魚龍」。

最長的硬骨魚一皇帶魚：皇帶魚科的魚類是身體最長的硬骨魚，最長紀錄為7.2公尺，全球共有2屬2～3種，主要棲息於中水層 200 ～ 500公尺的水域，亦可分布至1000公尺。牠偶爾會游到

表水層，卻不幸被漁民的定置網所捕獲，例如在台灣花蓮的定置漁場偶爾可發現，而淡水河口的待袋網中亦曾捕獲一尾幼魚。皇帶魚身上沒有鱗也沒有臀鰭，但背鰭很長，從頭部一直延伸到尾部，前端的數根鰭條細長且呈豔紅色，看起來彷彿頭戴皇冠，大概這就是牠名稱的由來吧！皇帶魚又稱為「槳魚」，因其腹鰭有1～5根鰭條呈絲狀延長，可像槳一樣轉動，但實際上它具有嗅覺的功能。由於皇帶魚的標本甚少，研究十分困難，也因此關於此魚有不少奇特的附會傳說，例如俗稱「海怪」，或稱其為「地震魚」等。

◆ 粗鰭魚科的一種

鼬鳚目的家族

鼬鳚目家族雖有不少是深海魚類，但可能由於牠們從淺海演化到深海的年代較晚，所以並沒有一般深海魚為了適應環境而衍生的體色黑、牙齒尖利、具發光器等形態特徵。一般而言，牠們的頭部鈍圓，口裂大，魚體向後延長並漸趨尖細，背鰭與臀鰭的基底長，一直延伸到最後與尾鰭相連。有些種類具有腹鰭，但大多只有1～2根呈絲狀延長的軟條，位在鰓蓋骨的下方或更前面。體長則從五公分到二公尺，卵生或胎生均有。本目全世界共有鼬鳚、隱魚（潛魚）、深蛇鳚、膠胎鳚、副鬚鼬魚等5科119屬約532種。台灣的鼬鳚目紀錄不多，目前有4科31屬48種以上。

◆黃巨身隱魚由梅花參
體內所採獲

◆斑新鳚背鰭及臀鰭上之
黑斑明顯易認

◆纖細隱魚是較常見的一種

◆纖尾椎齒隱魚是體型較大的隱魚

◆多鬚鼬魚是珊瑚礁區常見的種類

◆常棲息在饅頭海星體內，身體透明細長的纖細隱魚。

觀察鼬䲁

鼬䲁是鼬䲁目中種數最多的一科，在台灣漁港魚市的下雜魚堆裡也較常見。可能是牠們的體型如蛇類般修長尖細，而且體表看來光滑卻具有小圓鱗，所以又稱為「蛇鯔」。鼬䲁都是海水魚，分布在三大洋，主要生活在熱帶的陸棚區，大多為底棲，少數活躍於中水層。牠們的背鰭一般較其相對的臀鰭來得長，大多數種類有腹鰭，有的還成絲狀，某些種類的鰓蓋骨有一個或多個棘。鼬䲁科中較易辨識的是新䲁，黃棕色的魚體上有數列淡色圓斑，具有二根呈絲狀的腹鰭。

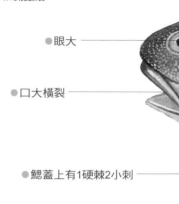

- 眼大
- 口大橫裂
- 鰓蓋上有1硬棘2小刺
- 下顎有2根絲狀的腹鰭

生態視窗

住在無脊椎動物體內的隱魚

鼬䲁目中的隱魚科魚類除少數種類行自由生活外，大多具有隱居在無脊椎動物體腔內的習性，如海星（以饅頭海星最多）、海參（以梅花參較多）、二枚貝（以蝶貝類較多）或海鞘類等。人們對於隱魚的生態習性其實研究不多，據說有些種類是以吃內臟的方式寄生在海參的體內，但學者推斷許多種可能並非寄生性，因為當這些隱魚以吻部觸碰牠所寄居的海參泄殖口時，海參會很聽話地打開泄殖口，讓隱魚由尾部鑽入，若隱魚為寄生性會對海參不利的話，相信海參應不會如此順從才對。

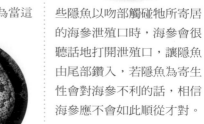

◆隱魚正在進出海參

◆隱魚較喜歡住在大型的梅花參（左）或鰻頭海星（右）體內

主圖：新䲁（*Neobythites sivicola*），最大體長25cm

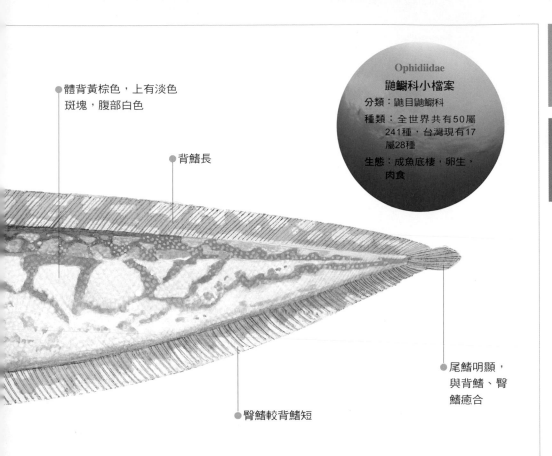

● 體背黃棕色，上有淡色
斑塊，腹部白色

● 背鰭長

Ophidiidae
鼬鳚科小檔案
分類：鼬目鼬鳚科
種類：全世界共有50屬
241種，台灣現有17
屬28種
生態：成魚底棲，卵生，
肉食

● 尾鰭明顯，
與背鰭、臀
鰭癒合

● 臀鰭較背鰭短

奇特的仔魚

鼬鳚目中某些種類的仔魚有著相當奇特的外形特徵，像是深蛇鳚科中的新胎鼬鳚屬魚類，也許是為了矇混掉食者的注意力，其仔魚的腸子竟跑到身體的外面，甚至上面還長出一些片狀鬚瓣，使其漂浮在水表層時看不出仔魚的模樣，這種仔魚稱為「外腸仔魚」（Exterilium larvae），等到變態為稚魚時，則恢復正常魚形。

血隱魚亞科的仔魚則有兩個不同的仔魚階段，第一階段行浮游生活，在胸鰭後上方的背部會長出一根細長的肉突，或有色素斑，稱為羽狀突（vexillum），此時期稱為「羽突期」（vexillifer stage）；沉降後進入第二階段稱「纖弱期」（tenuis stage），行底棲生活，此時羽突消失，但頭小，仍需進入寄主體內生活，其他鼬鳚科的幼魚則沒有羽狀突的構造。

◆ 外腸仔魚

膠胎鳚的精子銀行

2000～6000公尺的深海中，由於食物短缺，所以魚類數量少，且各自分散，求偶十分不易。為達到傳宗接代的目的，膠胎鳚科和部分胎生的鼬鳚便演化出一套本領，即一旦雌雄魚相遇，雄魚會先把具有成束精子的精莢，生產在雌魚的卵巢內預存起來，等到母魚的卵成熟後，再釋出受精。

鮟鱇目的家族

鮟鱇在魚類家族中頗富盛名，也許是因為牠的奇特長相令人印象深刻吧！其實多數的種類還有擬態的本領呢！最有趣的是，牠頭頂上具有由第一背鰭棘特化而來的「吻觸手」，其頂端還有「餌球」，有如釣竿和魚餌，可誘騙其他小魚靠近，牠再躍起並大口吞食，所以鮟鱇又被稱為「釣魚的魚」（anglerfishes）。

鮟鱇目魚類的形態變化很大，體型從卵圓形、球形到平扁，甚至側扁都有。共同的特徵除了吻觸手外，牠們的身體都光滑無鱗，鰓蓋骨也退化了，僅餘

◆蝙蝠魚亞目

◆蝙蝠魚亞目

觀察躄魚

躄魚科魚類有個有趣的別名叫「青蛙魚」（Frogfish），這是因為牠的胸鰭延長具柄，前端呈趾狀，就像是青蛙的腳一樣，可以支撐身體。一般來說，牠們的體型短，大致呈球形，身體表面光滑無鱗，有些有小棘和突起；口大並布滿絨毛狀細齒；第一背鰭棘特化成吻觸手，頂端的餌球部分很發達。躄魚分布在溫帶及熱帶三大洋（除地中海以外）的珊瑚礁區，台灣的珊瑚礁海域偶爾可以發現。其中，以條紋躄魚的分布較廣，其體色多變，擬態功夫一流，而且是「釣魚」高手之一。

Antennariidae
躄魚科小檔案
分類：鮟鱇目躄魚亞目躄魚科
種類：全世界共有13屬47種，台灣現有5屬13種
生態：多底棲，卵生（有卵莢），肉食

●吻觸手上仍具斑紋，頂端餌球有2～7根分叉

●腹鰭呈足狀

主圖：條紋躄魚（*Antennarius striatus*），最大體長22cm

一管狀的鰓孔，位在胸鰭基底處。行底棲生活的種類，胸鰭甚至特化形成臂狀，可以在海底爬行，所以過去曾被稱為柄鰭魚類。

鮟鱇目共分成五個亞目，全部都是海水魚，其中的蝠魚亞目多生活在淺海、珊瑚礁區，體色豐富多變化，是一般水族館中常見的觀賞魚類；而蝙蝠魚、單棘蝠魚、鮟鱇和角鮟鱇四個亞目則為沙泥底棲或中水層棲性，分布可至深海，體色較深，一般為暗褐或灰黑色。全世界鮟鱇目魚類共有18科72屬約358種，台灣目前有15科33屬66種以上。

蝠魚亞目

◆鮟鱇亞目

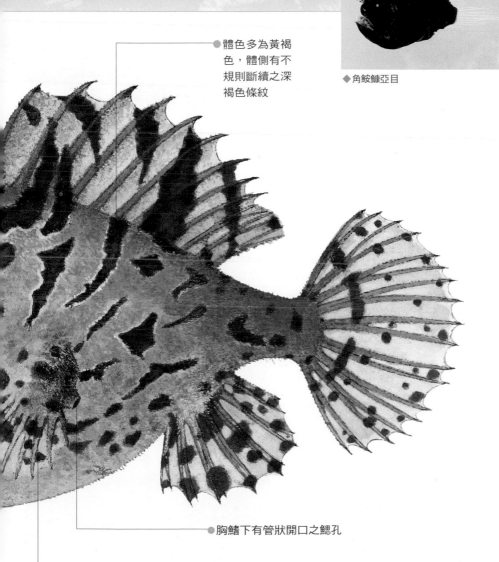

● 體色多為黃褐色，體側有不規則斷續之深褐色條紋

◆ 角鮟鱇亞目

● 胸鰭下有管狀開口之鰓孔

● 胸鰭特化似臂狀，位置偏後

生態視窗 **神乎其技的釣術**

當鮟鱇魚看到可以一口吞下的魚兒游過時，就會開始展現高超的釣技。牠會把像釣竿一般的「吻觸手」（illicium）豎直不動，只舞動「餌球」（esca），舞動的方式則隨著餌球所模擬的生物游泳姿勢而有所不同，像是多毛類的蠕蟲、海藻或是小魚等。鮟鱇魚也可以把「釣竿」，正好甩在口部上方，讓餌球靜止不動，靜待獵物上門；或是把釣竿前後不斷的快速

◆角鮟鱇（深海鮟鱇）的餌球會發光

◆鮟鱇魚頭頂上的吻觸手很發達

揮動，好像人們在河流裡釣鱒魚所常用的抽竿法一樣。更有趣的是，牠揮竿的速度和餌球舞動的頻率各有不同，甚至在夜間也有不同的釣法。條紋鮟鱇的餌球會膨大，甚至會釋出特殊的化學物

質來誘引獵物；角鮟鱇的餌球則是靠發光來引誘獵物；而長角鮟鱇最近則被發現竟是倒著游，原來牠將餌球置於底床上，推測可能是為了探測或引誘躲在泥沙地中的獵物之故。

偽裝高手

想要釣魚成功，除了考驗釣術，還得搭配天衣無縫的擬態功夫才行！鮟鱇魚慣於模

仿珊瑚礁區的海綿、水生植物、珊瑚礁石或碎礫等，不論是顏色、斑塊、鬚瓣或表面粗糙的程度都與牠棲息的環境或生物的形態一模一樣

，難以分辨。像是惟一的非底棲性鮟鱇——斑紋光鮟鱇（裸鮟鱇），平常即隨著馬尾藻在海面上四處漂流，牠的體色形態就和馬尾藻殊無

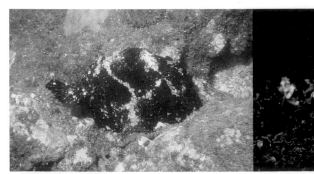

◆擬態成海綿的兩種鮟鱇

二致！鮟魚的這套化妝術，比起石狗公、比目魚等魚類的擬態更見高明之處，在於牠並非只單純靜止不動、守株待兔，而是利用胸鰭緩慢爬行，潛近獵物身旁再快速地吞食（只需0.6秒！）。當然除了掠食之外，牠的偽裝本領也可以減少被其他掠食者吞食的機會，增加自身的存活率。

有趣的繁殖行為

鮟魚在繁殖前的八小時到數天，母魚的腹部會明顯膨大，此時公魚開始有張鰭、觸碰和輕咬母魚的求偶動作，母魚一旦接受，即會豎鰭，劇烈抖動身體，然後與公魚

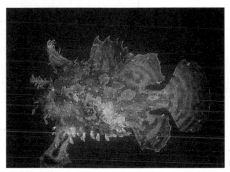

◆常藏身在馬尾藻叢中的斑紋光鮟魚

雙雙竄入水層中排精排卵。母魚所生產的卵並非一般常見分散的卵粒，部分種類會產生像海蚯蚓一樣的卵塊，被一層像蛋捲的卵鞘包覆起來，其大小因種類而異，伸展開的卵塊大多不長，但也有長達2.7公尺，寬達16公分的紀錄。卵塊會漂浮水層中，孵化期約2～5天，仔魚經1～2個月的離岸漂流，再回到岸邊，變態為稚魚後，即在珊瑚礁區沉降並定居下來。亦有部分種類會將卵附著在魚背上，有類似孵卵的親魚照顧行為，此類卵數極少，但卵徑較大。

大女人和小男人的社會

角鮟鱇亞目的雌雄魚不僅體型懸殊，相差達五十倍之多，而且形態差異也很大。有許多科的雄魚體型甚小，被稱為「矮雄魚」，會寄生在雌魚身上，例如角鮟鱇、樹鬚鮟鱇的「矮雄魚」一旦寄生後，只有生殖腺會發育成熟，其他器官則逐漸退化，而此時雌魚的卵巢也會發育成熟，這種形式才稱為「義務寄生」。但也有些科如長角鮟鱇，就不一定需要這樣的寄生關係，雄魚及雌魚均可達到性成熟，只有在產卵期可能會有暫時性的寄生，但不需要組織上的結合，如此則稱為「兼性寄生」。

◆角鮟鱇的雌、雄魚體型差距達五十倍，圖為雌魚。

↖雄魚的寄生位置以腹部為主

美味的鵝魚

鮟鱇目的魚類大多數種類因為體型小、數量少，且棲息於深海，被捕撈上岸即已死亡，所以多半缺乏食用與觀賞價值，偶爾只會在下雜魚堆裡發現牠們的身影。不過鮟鱇科中卻有一些棲息在溫帶的種類，如黃鮟鱇，其體長可達1公尺，重30公斤，不但肉質味美無毒，肝臟有如鵝肝醬般美味，據說還有消炎和解毒的功效呢！所以在法國和日本是十分受歡迎的海鮮，被稱為「鵝魚」（goosefish）或「和尚魚」（monkfish）。近年來，由於被大量捕撈（每年漁獲達十萬公噸），已經產生過漁的現象。

鯔目的家族

鯔目就是一般俗稱的「烏魚」，小型種類或其幼魚亦可稱為「豆仔魚」，目前全世界只有1科20屬76種。分布在全球的溫帶和熱帶的沿岸海域及河口的淺水域，少數種為淡水魚，但仍須回到海中產卵，以底藻及碎屑為食。體長最大可達1公尺，體重可達7公斤以上。台灣目前有1科6屬12種。

◆鯔

◆大鱗鮻

◆截尾鯔

◆長鰭凡鯔

觀察鯔

餐桌上的佳餚——俗稱「正烏」或「烏魚」的鯔，其實就是鯔科中相當具代表性的成員。鯔科魚類的身體呈紡錘形，但頭頂寬扁，由正前方看去，呈V字形，眼睛多有脂瞼覆蓋，體色常為銀白或乳白色，多半被覆著大圓鱗。兩枚背鰭分開較遠，基底短；胸鰭則位置較高；尾鰭形狀從截平到分叉均有。牠的側線與一般魚類單一條側線管的情形不同，而是由體側13～15條鱗片上的縱溝組成。此外，牠的鰓耙密，腸道長，管狀胃有嗉囊的構造，顯示出牠是藻食和底泥食性的魚類。鯔科由於產量多，所以是亞熱帶和熱帶地區重要的沿岸經濟性魚類。牠們通常成群出現，因為適應力強，耐寒，耐鹽度的變化，又以底藻和碎屑為食，所以成為河口、紅樹林、淺灣，甚至於優氧化地區常見的小型魚類。

● 頭頂寬廣而平，有鱗片

● 眼部具脂瞼

● 胸鰭上方有一腋鱗，基部上半有時有藍斑

Mugilidae
鯔科小檔案

分類：鯔目鯔科

種數：全世界共有20屬76種，台灣現有6屬12種

生態：洄游、卵生，底食（以藻、碎屑為主）

主圖：鯔（*Mugil cephalus*），最大體長120cm

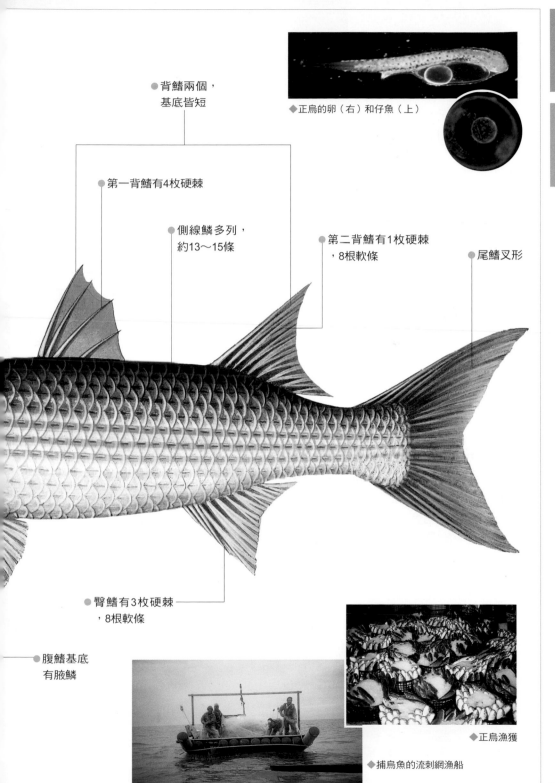

●背鰭兩個，
基底皆短

◆正烏的卵（右）和仔魚（上）

●第一背鰭有4枚硬棘

●側線鱗多列，
約13～15條

●第二背鰭有1枚硬棘
，8根軟條

●尾鰭叉形

●臀鰭有3枚硬棘
，8根軟條

●腹鰭基底
有腋鱗

◆正烏漁獲

◆捕烏魚的流刺網漁船

◆游近礁區的烏魚

生態視窗

留連岸邊覓食的豆仔魚

台灣西海岸的河口和紅樹林、礁岩區的潮間帶、港口內，乃至沿岸半淡鹹水交會的排水口，常會看到成群的小魚在覓食，牠們大多是俗稱「豆仔魚」的鯔科幼魚。其中有些體型小，長到成魚也不過十幾公分，但有些則可到達一公尺。鯔科魚類長大後就較少靠岸。

每年冬至來報到的「信魚」

烏魚在每年冬季11月下旬至翌年1月下旬，尤其集中在冬至前後十天，會自中國大陸閩浙沿岸隨大陸冷水流洄游至台灣西部沿岸產卵，

十分守時，所以稱為「信魚」。這些南下產卵的烏魚，產後可能便會死亡。近年來由於氣候變遷，少數烏魚也會洄游到東北角一帶。此外，也可能有一批在台灣沿岸土生土長的族群，體型較肥短，在10～12月先產卵，和自大陸洄游南下產卵的族群不同。

畸形的「祕雕魚」

民國82年，在核二廠出水口附近，發現了脊椎骨彎曲、背部隆起的畸形魚，包括屬於鯔科的大鱗鮻豆仔魚及

花身雞魚，後經研究證實，這是因為排水口一帶水溫高，使這些魚苗的體內及食物中缺乏維生素C而導致畸形，與輻射及重金屬無關。由於每年夏季7、8月時，出水口內水溫常會高達37～38℃以上，使每年5～6月游入出水口內，卻又耐高溫的豆仔魚滯留不去形成畸形。到10月水溫下降後，畸形魚的症狀隨即減輕，部分甚至可恢復正常。

◆脊椎骨彎曲、背部隆起的畸形大鱗鮻豆仔魚（下）與其X光照片（上）。

魚類與人

海上「烏金」——烏魚子

烏魚的卵囊大，乾製後為著名的「烏魚子」，由於價格昂貴，所以又稱為「烏金」，每年為漁民帶來可觀的

◆烏魚子

財富。烏魚雄魚的精巢亦可供食用，除去生殖腺的烏魚，俗稱「烏魚殼」，價格也不錯。過去每年的烏魚季，台灣可捕獲達200～300萬尾的漁獲，但由於大陸漁民先行捕撈，加上吃烏魚子有如殺雞取卵，以致最近每年只能捕獲原來的十分之一。漁源枯竭的問題，亟待重視與加強管理。

烏魚的完全養殖

烏魚體型大，成長快，因此深受養殖業者的歡迎。三十年前人工繁養殖技術發展成功後，烏魚即成為台灣重要的淺海養殖魚種，其第二代在養殖環境下，又可再成功繁殖，稱為「完全養殖」。近年來，由於野生的烏魚產量銳減，因此養殖業者乃應用養殖技術，成功地培養出全雌及抱卵的烏魚，以滿足市場的需求。

頜針魚目的家族

　　頜針魚目分成兩群。阿德里鱂亞目有怪頜鱂及青鱂兩科，外型長得很像大肚魚。飛魚亞目則有飛魚、鶴鱵、鱵及竹刀魚四個科，這四科的形態和習性比較相近：牠們的身體為長圓柱形；背鰭和臀鰭都在體後方，且相對稱；胸鰭高位；腹鰭腹位；尾鰭則多下葉比上葉長；所有鰭均無硬棘；側線在體中線的下方；鼻孔每側有一個。比較特別的是，鶴鱵的上下頜與鱵的下頜還會延長成針狀，這可能是頜針魚目的名稱由來。

　　頜針魚目多數是在水表層游泳的魚類，有時會跳出水面，牠們尾鰭下葉比上葉長，其實就是有助於躍出水面的一種演化適應。全世界共有6科34屬約269種，包含生活在淡水、河口、紅樹林或沿近海表層的種類。體長最小的是3公分的小頜針魚，最大的是95公分的一種鶴鱵。台灣的頜針魚目共有5科17屬46種。

◆青鱂魚長得像大肚魚，屬於初級淡水魚，目前在台灣已瀕臨絕跡。

 識別錦囊　**分辨飛魚、鶴鱵與鱵**

　　飛魚亞目的四科中，竹刀魚科的秋刀魚是人們所熟悉的桌上佳餚，屬於季節洄游性魚種，但未見於台灣附近海域；另外的鶴鱵、鱵與飛魚三科，則同屬大洋表層游泳的魚類。飛魚胸鰭明顯，很容易分辨。鱵和鶴鱵則像親兄弟，一般而言，牠們的體型都比飛魚細長，其中鶴鱵最長，最大可達100公分以上，口大，且上下頜一樣長，而鱵的體型較鶴鱵短些，其下頜比上頜長的多，所以鱵又稱「半喙魚」。牠們各鰭的位置都差不多，尾鰭也都是下葉較上葉長。有少數上下頜並不突出的鱵科魚類，看起來和飛魚很像，其中有兩個屬的胸鰭比較長，可以和飛魚一樣飛行一小段的距離，所以又稱為「飛鱵」。

◆鱵

◆鶴鱵

◆秋刀魚

◆飛魚

觀察飛魚

幾乎所有的魚兒都不會輕易的離開水裡，偶爾為了搶奪食物或逃命躍出水面，也只是一下子而已，真正會躍出水面作較長時間、長距離飛翔的魚類，就只有飛魚了。飛魚科魚類的身體延長或呈長橢圓形，其胸鰭特別大，有些種類的腹鰭也很發達，因此可分為雙翼型的「飛魚屬」及四翼型的「燕鱝魚屬」。飛魚的尾鰭深分叉，下葉比上葉長，適於躍出水面後在空中滑翔；體型大多小於30公分，但加州小頭鬚唇飛魚可達50公分，最小的是長頜擬飛魚，只有14公分大。不論體型大小，飛魚的壽命似乎都只有1～2年，也就是說，在牠們繁殖過後大概就都死亡了。飛魚通常以捕食浮游動物維生，但牠也是鬼頭刀、鮪、旗魚、鯖、鳥類和海豚最愛吃的一種魚，所以在大洋生態系的食物鏈當中，扮演相當重要的角色。白鰭飛魚，俗名「飛烏」，是台灣常見的一種飛魚。

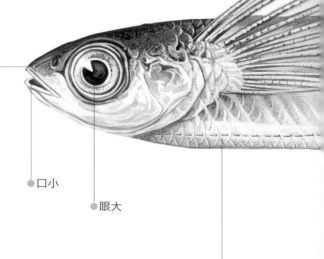

●吻短，上下頜均不延長

Exocoetidae
飛魚科小檔案
分類：頜針魚目飛魚科
種類：全世界共有7屬66種，
　　　　台灣現有7屬25種
生態：表層，卵生，浮游動
　　　　物食性

●口小

●眼大

●側線在下方

飛魚飛躍出海面

飛魚如何「飛」？

生態視窗

飛魚的尾鰭在起飛前，每秒可以進行50次以上的左右快速擺動，在加足馬力以後，一躍而起，飛向空中，再張開胸鰭乘風飛翔。牠飛行的距離和胸鰭大小、當時的風速、海浪的大小有關，四翼飛魚比一般飛魚飛得遠，最久可以飛行30秒，到達140公尺遠的地方。而只有雙翼的飛魚，一般飛行的距離較短些，只能飛行約20～25公尺。

主圖：白鰭飛魚（*Cypselurus unicolor*），最大體長38cm

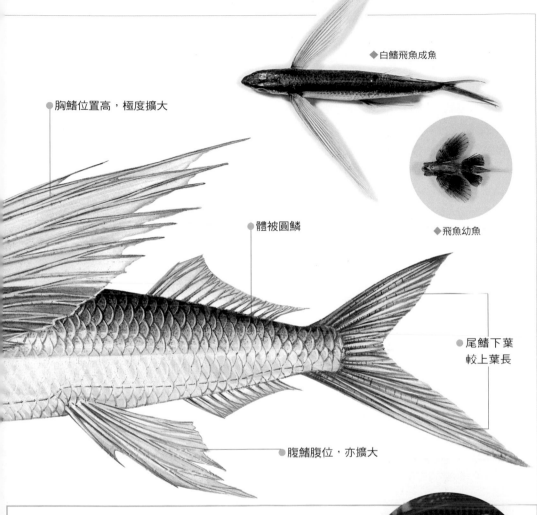

◆白鰭飛魚成魚

● 胸鰭位置高，極度擴大

● 體被圓鱗

◆飛魚幼魚

● 尾鰭下葉
較上葉長

● 腹鰭腹位，亦擴大

魚類與人 熱帶的重要漁獲

　　飛魚是許多熱帶海域國家重要的漁獲物之一，特別是島嶼地區。漁民多半可用定置網、流刺網或圍網來捕獲

◆採飛魚卵的漁船

，而夜間有趨光習性者則可用焚寄網（燈火漁業、火誘網）捕獲。每年春夏季是台灣地區的飛魚漁期，東部產量較多，是蘭嶼達悟族人的重要食物。

　　飛魚卵也是許多老饕喜愛的美食。飛魚的產卵習性很特別，牠們生下來的卵塊，需要附著在海面的飄浮物上，例如馬尾藻的下面，甚至於連飄浮的竹竿或雜物，牠也可以利用。所以每年一到

◆採收的飛魚與飛魚卵

春夏飛魚產卵的季節，漁民就到牠們的產卵場佈放很多草蓆，誘騙飛魚來草蓆下面產卵。由於飛魚卵售價高，且常外銷日本，因此漁民爭相捕撈的結果，已使飛魚的數量越來越少了。

觀察鶴鱵

鶴鱵俗稱「頜仔」，可以想見牠最大的特色就是那上下頜延長如針狀的吻部。鶴鱵科魚類的身體長而纖細，呈圓柱形，鱗片細小。鶴嘴般的長尖嘴裡頭有帶狀排列的細齒，還有上下各一行、排列稀疏的大犬牙。其側線在下側位，背、臀鰭位於身體後方，胸鰭小，上側位，腹鰭在腹尾，尾鰭多半分叉。鶴鱵是肉食性的魚類，以追逐其他小魚為食。牠也會趨光，常出現在珊瑚礁區的沿岸。潛水愛好者在夜間潛水時可能要特別注意，最好不要用手電筒往水面亂照，因為國外曾有鶴鱵因乍見光線，胡衝亂撞，而戳傷潛水人，甚至插入船殼的紀錄。鱷叉尾鶴鱵是本科中體型最大的一種，長度可達1公尺。

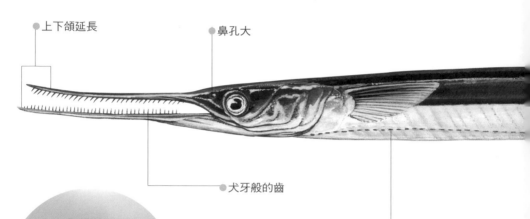

上下頜延長

鼻孔大

犬牙般的齒

側線在下側位

Belonidae
鶴鱵科小檔案
分類：頜針魚目鶴鱵科
種類：全世界共有10屬38種，台灣現有4屬7種
生態：表層，卵生，肉食

魚類與人　綠骨頭的「頜仔」魚

　　鶴鱵和牠的近親——鱵，在許多熱帶國家都是常見的食用魚類。台灣每年的春夏季產量較多，可以利用流刺網、定置網，手拋網和釣具等漁法來捕捉。在南部礁岸可見釣友以充氣的塑膠袋為浮標，在海岸邊釣這些俗稱為「頜仔」的鶴鱵科魚類。鶴鱵的肉細白，但刺多，不易食用，有趣的是牠的骨骼還是綠色的哩！

◆鶴鱵漁獲

主圖：鱷叉尾鶴鱵（*Tylosurus crocodilus*），最大體長150cm

◆在沿岸水面群游的鶴鱵

體側中央有一明顯黑色縱帶

體背藍黑色，腹面銀白色

體被細小圓鱗

尾柄有一枚隆起的稜

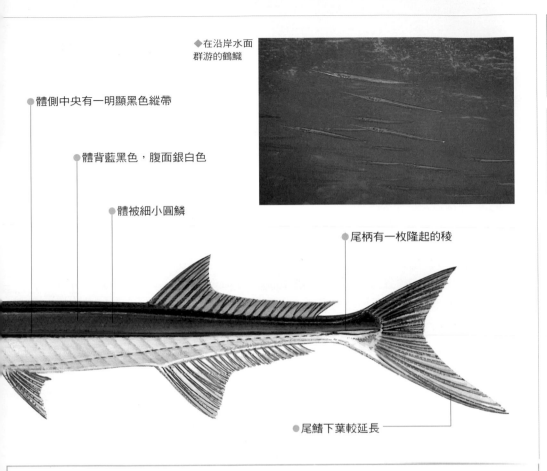

尾鰭下葉較延長

識別錦囊

鶴鱵的親兄弟——鱵

　　鱵和鶴鱵很像，差別主要在鱵僅下顎延長。大多數的鱵科魚類都住在海裡，但是，也有四個屬是生活在淡水和河口的半淡鹹水交界的地方。台灣的13種鱵魚當中，只有一種體型較小的「董氏異鱗鱵」，是生活在河口或紅樹林的潮溝中。但令人遺憾的是，一種全球只有在台灣淡水河口發現的特有種「台灣下鱵」，由於河川污染

、棲地破壞，近四十年來已消失無蹤，應該已是全球性的滅絕了。

　　除了異鱗鱵是卵生以外，其餘生活在淡水或河口的鱵都是胎生，而且牠們的臀鰭都和大肚魚一樣，已經變形成鰭腳（交接腳），在繁殖後代時用來進行體內受精的交配行為。大部分的鱵是草食性魚類，牠們主要的食物是漂浮在水面的海藻，少部分的種類是肉食性，會吃小魚或甲殼類，而在淡水河川

◆董氏異鱗鱵

中生活的鱵，則是吃水面的昆蟲。全世界的鱵科有10屬38種，台灣已記錄的鱵科則有5屬13種。

◆貼在水面游的鱵

金眼鯛目的家族

金眼鯛目魚類的魚體側扁,略呈卵圓形。因均為夜行性或深海魚類,所以體色大多為紅、黑或褐色。大眼睛是牠們的主要共同特徵,魚體則常被有強櫛鱗或骨板,腹鰭軟條通常在5根以上。全世界共有7科30屬161種,包括:淺海珊瑚礁區常見的金鱗魚科;長得像鳳梨的松毬魚科;眼下有大型發光器的燈眼魚科;體型大、食用價值高的金眼鯛科;以及分布深海的高體金眼鯛、

觀察 金鱗魚

金鱗魚是金眼鯛家族中種類最多的一科。牠們的身體呈紅色,鱗片大而粗糙,背鰭上有一個凹刻,將前端的硬棘和後端的軟條分開,還具有深分叉的尾鰭。金鱗魚是夜貓子,白天常和天竺鯛、大眼鯛和擬金眼鯛一起成群躲在洞穴或礁岩下,夜晚再出外各自分散活動。牠們分布在大西洋、印度洋、太平洋,深度100公尺以內的礁區,主要以底棲的甲殼類、多毛類和小魚或大型浮游動物為食。一般體長約17～27公分,最大體長則可達61公分。其中,黑背鰭棘金鱗魚是台灣珊瑚礁區最常見的魚類之一。

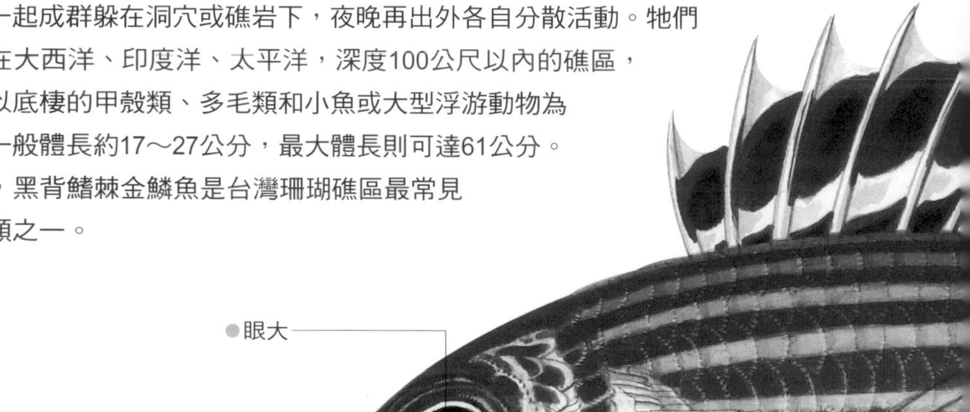

● 眼大

● 一白線斑從吻端沿眼睛下緣延伸至鰓蓋骨下方

● 鰓蓋骨上有棘

金鱗魚科的松毬魚白天躲在礁盤之下

黑銀眼鯛和棘鯛科。台灣目前
有6科17屬51種，皆為海水魚。

◆黑背鰭棘金鱗魚白天常棲息在斷崖或
　珊瑚生長豐盛地區的洞穴中

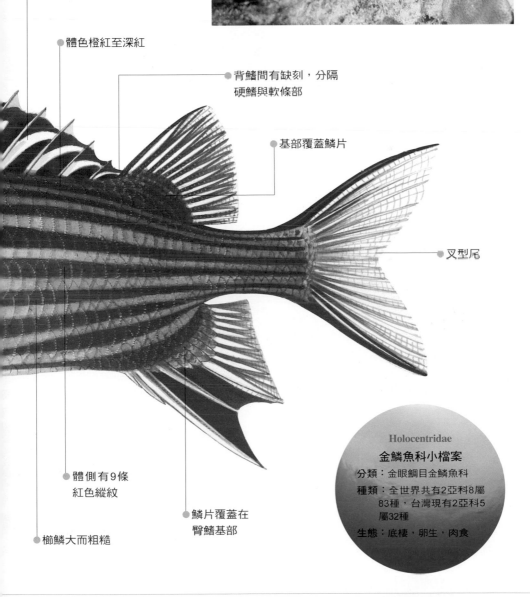

背鰭之硬棘部鰭膜黑色
，並夾雜白色條紋

體色橙紅至深紅

背鰭間有缺刻，分隔
硬鰭與軟條部

基部覆蓋鱗片

叉型尾

體側有9條
紅色縱紋

鱗片覆蓋在
臀鰭基部

櫛鱗大而粗糙

Holocentridae

金鱗魚科小檔案

分類：金眼鯛目金鱗魚科

種類：全世界共有2亞科8屬
　　　83種，台灣現有2亞科5
　　　屬32種

生態：底棲，卵生，肉食

主圖：黑背鰭棘金鱗魚（*Sargocentron diadema*），最大體長25cm

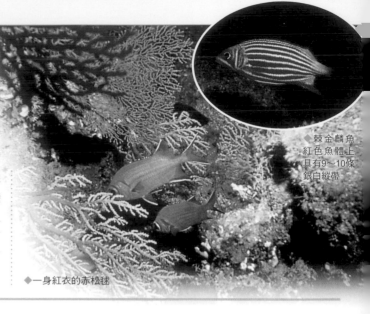

　　金鱗魚的豔紅體色在水族箱的燈光照射下顯得大膽而亮麗，但實際上，對喜歡夜間活動的野生金鱗魚而言，紅色卻是最佳的保護色，因為當光線通過水層時，紅色光譜在淺水處很快就會被吸收，所以金鱗魚的體色在自然環境下並不明顯，呈現的是灰色而不是紅色。

◆棘金鱗魚紅色魚體上具有9～10條銀白縱帶

◆一身紅衣的赤松毬

長相奇特的松毬魚

　　金眼鯛目的松毬魚科魚類全身被覆著骨板狀的大鱗片，彼此相接形成骨甲，而且鱗片中央有一骨質的銳脊，相連成列。由於身體為淡黃色，鱗片邊緣則是黑色，乍看之下像一顆松毬，也很像鳳梨，因此又稱為鳳梨魚（pineapplefishes）。而澳洲地區，則因其鱗片像騎士的鎧甲，身上又有像劍般的刺，所以稱牠為「騎士魚」。松毬魚的腹鰭有一根很粗壯的硬棘，其底部呈平板狀，豎起時即與兩邊夾角形成簡單的卡榫，可以鎖住而不易推倒，若要再將其推倒，只需向外拉起再折下，則可繞過夾角而將棘收下。松毬魚下頜前端還有一卵圓形的發光器，外部呈黑色，可用來引誘獵物或辨識同類。松毬魚因模樣可愛，因此常被水族館當作夜行性發光魚類的展示對象。牠們只分布在印度-大平洋，全球僅有4種。一般體長約8～10公分，澳洲種類則可達30公分。

◆松毬魚

可控制開關的燈眼魚

　　燈眼魚科也是金眼鯛家族中奇妙的一員，牠們的眼下具有一大型的發光器官，裡頭有發光細菌共生，因此可以一直發光。更有趣的是，燈眼魚能夠控制該發光器，就好像手電筒一般自行開關。牠們全身呈暗褐色，棲息在印度 - 大平洋或西大平洋珊瑚礁或深海區。在有月光的夜晚，會上浮到較淺的水層，體長最大可達28～29公分。全球共有6屬9種。

◆燈眼魚

會發聲的金鱗魚

當金鱗魚與其他魚類相遇時，會發出「喀答」或「隆隆」等類似低吼的聲音。牠發聲主要是靠鰾與肌肉的配合作用。金鱗魚亞科中有些種類的鰾和頭骨接觸，研究結果顯示和聽覺有關。

◆莎姆金鱗魚能藉魚鰾發聲

分辨金眼鯛與金鱗魚

同屬金眼鯛目的金眼鯛科和金鱗魚科一樣，大眼、大口、全身紅色，乍看下很相像。但仔細觀察：金眼鯛的身體比較側扁，腹部後緣更薄；其背鰭基較短，而且硬棘與軟條部相連接，之間無缺刻；臀鰭基則較長，此外，金眼鯛的鱗片比較小，摸起來不若金鱗魚那般粗糙。金眼鯛科分布在大陸棚斜坡，深度較深，約在200～600公尺，體長可達60公分，食用價值高。全球有2屬10種，台灣目前記錄2屬4種。

◆金眼鯛科

金鱗魚科

屬於金鱗魚科的康德松毬

刺魚目的家族

本目包括海龍、海蛾魚、剃刀魚、管口魚、馬鞭魚、蝦魚等不同科的魚類，體型變化很大，有延長呈槍形、棍棒形者，也有側扁形及縱扁形。主要的共同特徵是：吻呈管狀，口小不能伸縮，多以吸食的方式進食，背鰭一個，如果有腹鰭則在腹

◆海馬

◆剃刀魚

觀察海馬

到水族館參觀時，許多人都會被長相奇特的海馬所吸引，其實牠可是如假包換的魚類呢！海馬屬於刺魚目海龍科中的海馬亞科，和一般魚類最大的不同是：牠立著游泳，頭部像馬一般具有長長的吻部，身體則又硬又扁，由一段段體節連接起來，尾部如羊角般向內側彎捲，最特別的是：牠的雄魚腹部具有孵卵囊，可是魚類世界中少見的大肚奶爸呢！庫達海馬是海馬亞科中最常見的種類，牠最主要的特徵是：頭部頂冠後方的枕脊處沒有一般海馬尖銳的棘，而以粗糙的稜脊取代，常出現在全台淺海的馬尾藻叢、蚵架、甚至消波塊區，只要環境中有可以讓牠們用尾巴攀附的構造，就可能發現牠們的芳蹤。

● 鰓蓋

● 長管狀的吻

● 小口

● 臀鰭

Hippocampinae
海馬亞科檔案
分類：刺魚目海龍科海馬亞科
種類：全世界共有1屬54種，台灣現有1屬9種
生態：底棲，卵生，小型浮游動物食性

主圖：庫達海馬（*Hippocampus kuda*），♀（左）、♂（右），最大體長30cm

位。全世界共有10科76屬約350種，其中大多數為海水魚。台灣目前有7科28屬約56種。

海蛾魚

馬鞭魚

◆蝦魚

◆管口魚

海龍

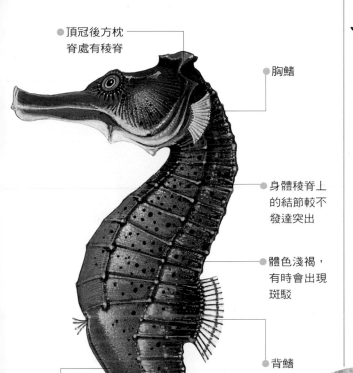

●頂冠後方枕脊處有稜脊

●胸鰭

●身體稜脊上的結節較不發達突出

●體色淺褐，有時會出現斑駁

●背鰭

●雄魚腹部具孵卵囊

●尾部卷曲，無尾鰭

識別錦囊 海龍、海馬比一比

　　除了我們所熟悉的海馬，海龍科家族的另一群成員就是海龍亞科。兩者同樣具有長管狀的吻部，小小的口位於吻端；全身則披覆著密接的骨板。兩亞科不同之處則為：海龍體形細長，通常具有小尾鰭；而海馬則呈直立狀，且頭部和軀幹幾成直角，尾部卷曲，無尾鰭。海龍和海馬一般生活在熱帶及亞熱帶的淺水中，主要為海水魚，屬於日行魚類，通常在白天覓食，但在國外卻有因人為捕捉的壓力，造成當地的海馬黃昏才出來覓食的現象。

◆棲息於海藻叢中的海龍

◆礁洞中的黑環海龍

SOS！搶救海馬

在中藥裡，海馬被認為是有助於平安分娩與改善虛弱體質的良方，而奇特的長相也讓牠成為極受歡迎的觀賞性水族，因為需求量大（光1995年一年內就消耗掉200萬隻乾海馬作為藥用！），

◆乾海馬（中藥材）

使得野生的海馬族群數量正快速衰減中，有些種類甚至已瀕臨滅絕！因此，在「國際自然保育聯盟」及學界的共同努力奔走與呼籲下，2002年11月，在智利召開「瀕臨絕種野生動植物國際貿易公約」（CITES，簡稱「華盛頓公約」），已通過將十餘種海馬與鯨鯊、象鮫一起列入第二類保育類動物名錄，管制其貿易。

偽裝高手

海馬長得不像一般魚類，游泳的方式也與眾不同。牠採取「立泳」，身體微微前傾，移動時主要靠小小的背鰭快速搖動，胸鰭則負責平衡和轉彎。由於海馬的身體受骨板限制，運動不方便，只能做短距離游動，所以牠的避敵絕招可不是「三十六計走為上策」，而是靠「偽裝術」。

通常海馬的體色和尾部所攀附的藻類或無脊椎動物（海鞘、海鞭、珊瑚枝）的顏色很接近，而牠又可以自行改變體色，因此在野外不容易被發現，通常是在移動時才會洩漏行蹤。也因為牠身上的骨板，所以不算是可口的食物，主要的天敵是螃蟹、鮪魚、海龜等和人類。

此外，同屬於海龍亞目家族的馬鞭魚、蝦魚和管口魚也是海洋世界裡的偽裝高手

◆體色與環境相似的庫達海馬

喔！當細長灰褐色的馬鞭魚靜停於水中、管口魚倒立貼在海扇或海樹旁，或是薄如刀片的蝦魚倒立水中不動時，均甚難發現。

◆馬鞭魚的偽裝

◆成群頭下尾上、倒立水中，模仿枝狀珊瑚的蝦魚群。

◆從幼魚到成魚都能改變體色的管口魚

海馬如何溝通？

　　海馬可以利用改變體色來表達牠的情緒，而這也是牠健康狀況的最佳指標，譬如當環境不好、光線太差或身體不佳時，海馬的體色就會變得較暗沉，反之，則顯得較明亮。此外，海馬的兩眼和其他某些魚類一樣可以分開轉動，似乎可藉此表情達意。最有趣的是。海馬還會利用頭骨的移動發出小小的「喀答」聲，尤其是當牠在找尋食物或被帶離開水的時候，不過真正的目的不明。

負責盡職的魚爸爸

　　海龍科的魚類，不管是海龍或海馬，都由雄魚負責孵卵。雄海馬的腹部有個孵卵囊；海龍雖然沒有，但是在軀幹或尾部下方也會發育成一個囊或是類似的孵卵器。雄魚因為負責孵卵的關係，所以活動範圍較小，而雌魚的活動範圍則相對較大。

　　海馬繁殖時，雌雄的行為同步很重要，因為雌魚的卵成熟後會吸水，因此必須在二十四小時之內把卵放到雄魚的孵卵囊裡，否則就得放棄所排出的卵。產卵時，雌魚要把輸卵管對準雄魚的孵卵囊產卵，卵粒進入孵卵囊後，雄魚的精子才會使卵受精。在產卵季節，雌魚可以產多次卵。

　　雖然胚胎發育的營養來源主要是卵黃，但是雄海馬會分泌賀爾蒙，使卵的外層分解變成胎盤液，以提供鈣質

◆雄海馬孵卵（上）；
剛孵化的小海馬（右）

海馬愛情物語

　　目前所知，海馬通常都會維持長期的配對關係，也就是說，牠們會與同一對象進行交配。海馬還有一套非常特別、維持配對關係的行為。在雄海馬孵卵期間，每天清晨，雌海馬會游向雄海馬，並跳上6～10分鐘的舞，這時候海馬的體色會改變，接著就像跳鋼管舞一樣，勾住攀附物，或是雌雄互相勾住尾巴一起游。最後雌魚離開，雌雄各自展開一天的生活。推測這種行為應有助於雌魚的產卵頻率可以配合雄魚的孵卵頻率。雄海馬一旦產出小海馬，雌海馬立刻就可以再產卵。

來幫助海馬寶寶的骨骼發育，當然這其中可能還含有其他成分。在海馬寶寶孵出前，雄海馬會調整囊中的溶液使鹽分提高，鈣質下降，讓小海馬出生後的第一個繁殖季（通常約6～12個月）就會成熟。當然也有些種類三個月就可以成熟。一般海馬寶寶雌雄比約為一比一，目前還不知道性別是由基因或環境決定。雄魚除了有育兒袋這項法寶外，許多種類雄魚的尾部都比軀幹長，可能為了交配時可以用來勾住雌魚尾部的緣故。

145

鮋形目的家族

鮋形目的分類系統尚未穩定，目前包含鮋、裸蓋魚、飛角魚、諾曼魚、牛尾魚、六線魚及杜父魚七個亞目，全世界共有36科292屬，超過1,630種，其中絕大多數為海水魚；台灣則有8科73屬，約167種以上。鮋形目魚類大多身體側扁，胸鰭發達，頭部大，前鰓蓋與鰓蓋上常具有發達的硬棘，口大

◆窄眶牛尾魚

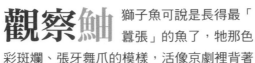

觀察鮋

獅子魚可說是長得最「囂張」的魚了，牠那色彩斑斕、張牙舞爪的模樣，活像京劇裡背著大旗的花臉武生，神氣極了！其實，獅子魚就是鮋形目鮋科中簑鮋亞科魚類的通稱。鮋科是溫帶、熱帶近沿岸的肉食性魚類，喜歡棲息在岩礁或珊瑚礁之間。牠們的頭大，有突起的棘或稜；口也不小，牙齒銳利；體表覆蓋著小至中型的櫛鱗或圓鱗。胸鰭很發達，在每一個鰭的硬棘基底都有毒腺。體色更是變化多端，各種不規則的斑點花紋遍及頭部及體側，是分類時的重要依據。軸紋簑鮋則是本科魚類中常見於岩礁或珊瑚礁之間的種類，常單獨或兩三尾魚一起出現。晚上出來覓食，以甲殼類為主。

●單一背鰭
高聳連續

●身體被櫛鱗

●眼上方有
暗褐色觸
鬚，末端
呈白色

◆軸紋簑鮋

●胸鰭發達，最長者
甚至達臀鰭後緣

，牙齒銳利，是肉食性魚類。全球各大洋均有分布，大多數生活在近海的底部；少數生活在深海。鮋形目大多為隱蔽性物種，更有不少種類具有毒腺，能致人於死。

◆隱棘杜父魚

◆斑馬紋多臂簑鮋

●體側有五條深色寬橫帶，橫帶間具白色細條

●尾柄具2條水平白色條紋

●體色紅至褐色

●腹鰭

Scorpaenidae

鮋科小檔案

分類：鮋形目鮋亞目鮋科

種類：全世界共有25屬215種，台灣依舊的分類系統則有38屬95種

生態：底棲，卵生或卵胎生，肉食

主圖：鮋紋簑鮋（*Pterois radiata*），最大體長24cm

獅子魚的
防身之道

雖然獅子魚全身的硬棘都具有毒腺，少有其他魚類敢接近，不過腹部卻是牠們的罩門，所以獅子魚在礁區移動時，絕對不敢把腹部離開礁石片刻，而當行進至洞穴上方時，還會做出頭向下、肚子向上的奇怪姿勢呢！

◆魔鬼簑鮋頭上發達的硬棘與皮瓣，有防身作用。

胸鰭的妙用

獅子魚的胸鰭特別大，有些種類展開來，甚至就像火雞展尾一般可觀，因此又有「火雞魚」的別稱。根據研究，獅子魚靠近獵物時，會利用此大片胸鰭遮住身體和尾鰭，然後緩慢運動，使獵物察覺不出獅子魚已逐漸迫近。另有人發現獅子魚利用胸鰭的下緣在藻床上掃過，推斷可能是為了將棲身其中的甲殼類趕出來，以便大啖一番。

◆觸角簑鮋展鰭

正在礁砂混合區間貼地巡游的魔鬼簑鮋

會移動的礁石

　　「石頭魚」或「石頭公」，是除了獅子魚以外，體型與形態都長得像石頭的鮋科魚類之通稱。當牠們棲息在岩礁或碎礁海床上時，會模

◆莫三比克圓鱗鮋

◆鬼石狗公

◆三棘高身鮋體色多變，有模仿葉片隨流搖擺的行為。

仿四周的環境顏色，一動也不動，許多種類在粗糙斑駁的體表上延長著許多鬚瓣，看起來和礁石殊無二致，使得掠食者與被掠食者都難以辨識。由於石頭魚的偽裝功夫一流，自信十足，因此潛水者即使用手去觸碰，牠也

頂多懶懶地游開，然後在不遠處再度停棲不動。身體側扁的三棘高身鮋全身顏色還會隨環境變成白、綠、褐、紫紅等各種顏色，當牠橫躺在海底時，就彷彿隱形似的，不易被發現。

小心毒鮋！

　　毒鮋亞科的腫瘤毒鮋（又稱為玫瑰毒鮋），身上雖然沒有像其他石頭魚般的鬚鬚

瓣瓣，但皮膚上有許多瘤狀突起，是刺毒魚類中毒性最強的種類之一。牠的皮很厚，但因肉質鮮美，所以還是常常被捕捉到海鮮餐

◆腫瘤毒鮋成魚

廳中以滿足老饕的口腹之欲。腫瘤毒鮋的體色和週遭環境相似，不容易被發覺，平時躲在隱蔽處，伺機獵食小魚。毒鮋和其他鮋科魚類主要不同處在於：其胸鰭沒有游離的鰭條，體表皮膚則有毒腺。潛水者常不小心誤觸而中毒，所以要特別注意。

◆腫瘤毒鮋幼魚

觀察角魚

◆黑角魚

生活在溫帶及熱帶大陸棚多泥沙海底的角魚科魚類，和鮋科一樣也是屬於鮋亞目。牠最引人注目的一項特徵就是具有如翅膀般寬大的胸鰭，而且胸鰭最下方還有二至三枚長指狀的鰭條，能讓牠在海底「行走」。體型最大可達 1 公尺的角魚，頭部被覆著骨質硬甲，眶前骨具有向前突出、稱為「吻突」的角，這是牠為什麼叫做「角魚」的原因。台灣東北角海域常見的「黑角魚」即中國大陸所稱的「綠鰭魚」，因為牠寬大的胸鰭內面呈深綠色，張開時十分醒目。牠分布在印度-西太平洋，棲息在30～40公尺沙泥底海域；以蝦類、軟體動物和小魚為食。

● 頭部中大，近方形

● 後頸棘

● 吻突較鈍圓，上有小棘

Triglidae
角魚科小檔案
分類：鮋形目鮋亞目角魚科
種類：全世界共有9屬125種以上，台灣現有8屬29種
生態：底棲，卵生，肉食

● 胸鰭下方有三根指狀游離鰭條

● 肩胛棘

● 鰓蓋棘

● 胸鰭大，內面深綠色，具白色小圓斑，基部具一大青黑色斑，鰭緣藍色

生態視窗　角魚的特異功能

　　角魚科魚類能利用鰾的推動來發出咕嚕咕嚕的聲音，因此其英文俗名叫做「海中知更鳥」（sea robins）。此外，角魚的胸鰭下方2～3枚分離的鰭條，不僅可以彎曲，在海底「爬行」，還能偵測出藏在海床底下的獵物，將之挖出來吃，真是多功能使用。有時為了便於掠食或者逃避掠食者的攻擊，牠也會埋身於沙地中。當受到威脅時，則會張開胸鰭，某些種類還會露出內側鮮豔的「假眼」，以嚇退敵人。

主圖：黑角魚（*Chelidonichthy kumu*），最大體長60cm

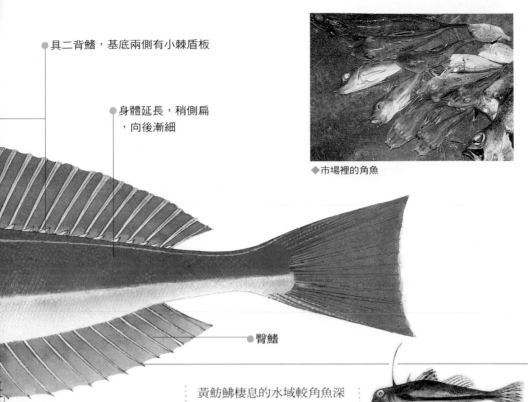

● 具二背鰭，基底兩側有小棘盾板

● 身體延長，稍側扁
　，向後漸細

● 臀鰭

◆ 市場裡的角魚

身披盔甲的
黃魴鮄

　角魚科魚類包括角魚和黃魴鮄兩個亞科。主要的差別在黃魴鮄的身體披有骨板狀鱗片，下頜有鬚，胸鰭的鰭基較寬，下部游離的軟條只有兩根。此外，黃魴鮄頭部的骨板特別發達，且有各種不同的造型，十分有趣，這也是分辨種類的特徵之一。

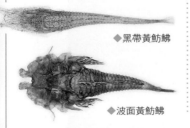

◆ 黑帶黃魴鮄

◆ 波面黃魴鮄

　黃魴鮄棲息的水域較角魚深，台灣記錄5屬13種；角魚亞科有3屬16種。

角魚的遠親——飛角魚

　飛角魚（Dactylopteroidei）中國大陸稱為「豹魴鮄」，乍看下會誤認為是角魚。因牠不但外形似角魚，也和角魚一樣會發聲（用舌頷骨發出軋軋的聲音），也可以在海底爬行（但卻是用腹鰭交替移動的方法）。牠的胸鰭比角魚更大更長，張開來就像飛機的翅膀一樣，宛如在海底滑翔，所以稱為飛角魚。飛角魚的頭部也有骨質盾狀覆蓋，體被稜鱗狀鱗，

◆ 飛角魚（側視）

但牠第一背鰭前方的2根鰭棘呈游離狀，且鰓蓋上有一枚水平向後的長棘，不難和角魚分辨。飛角魚過去被認為和角魚是近親，但後來才發現牠和海龍目關係較近，所以把牠從鮋亞目中的一個科提昇到鮋形目下一個獨立的亞目。

◆ 飛角魚（俯視）

觀察鯒

鯒就是一般所稱的牛尾魚，英文俗名為「扁頭魚」（flatheads），這是鮋形目中少數頭部平扁的一群。和鮋科相似處是，頭部通常具棘刺或鋸齒。牛尾魚的身體長，頭部平扁，眼睛突出在上方，口大，下頜突出，巨口一張可以吞下很大的獵物，是典型的捕獵者。牠屬於底棲性魚類，以小卷、螃蟹、蝦子、小魚等為食。眼眶牛尾魚則是本科魚類中體型較大，且常可在魚市場中見到的食用魚種，全身布滿暗棕色的斑點，背部並橫列八條明顯的暗色直斑。

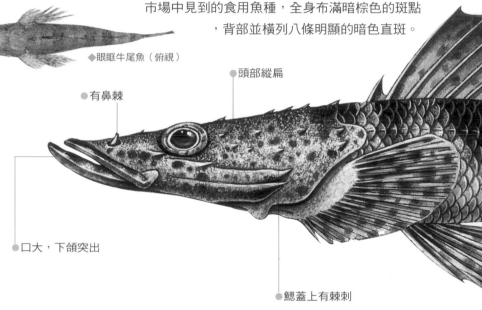

◆眼眶牛尾魚（俯視）

●頭部縱扁

●有鼻棘

●口大，下頜突出

●鰓蓋上有棘刺

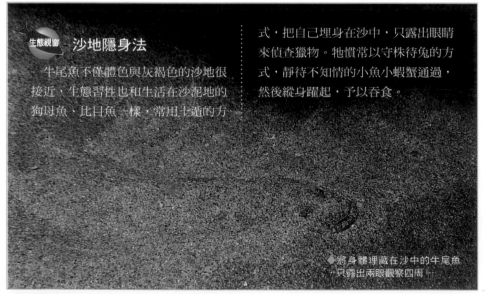

◆將身體埋藏在沙中的牛尾魚只露出兩眼觀察四周。

主圖：眼眶牛尾魚（*Inegocia guttata*），最大體長38.5cm

● 兩枚背鰭分離但接近

● 背部橫列
八條暗色
直斑

● 體延長，縱剖面
呈圓柱形

◆眼眶牛尾魚的體色灰褐斑駁，仿如沙地上的礁石。

● 身體被櫛鱗

Platycephalidae
鯒科小檔案（牛尾魚科）
分類：鮋形目牛尾魚亞目
鯒科
種類：全世界共有18屬80
種，台灣現有13屬21
種
生態：底棲、卵生、肉食

🐟 **識別錦囊** **扁頭一族**

　　牛尾魚亞目除鯒科外，還有紅鯒科和棘鯒科，全都屬於「扁頭一族」。一般分布在溫帶與熱帶的印度-太平洋，從岸邊10公尺到300公尺深均有，其中，有些種只生活在礁區，有些種則只生活在沙泥地。

　　比較這三科魚類：鯒科的頭部非常平扁，腹鰭位於胸鰭之後；紅鯒科的頭部中等平扁，腹鰭位於胸鰭基底之下，生長在較深的水域；而棘鯒科則頭部最平扁，棘稜發達、粗糙，但體無鱗，而

且體側有一行棘突，胸鰭下有3～4根游離鰭條，下腹部則完全裸露。

◆紅鯒科

◆鯒科

◆棘鯒科

鱸形目的家族

鱸形目不僅是硬骨魚類中最大的一個目，也是脊椎動物中最大的一個目，共包括了18個亞目163科1,728屬約7,333種。但目前牠們的分類系統仍不穩定，加上成員的外形、大小都極具變化，因此只能用大多數符合的一些共同特徵來定義，如：以兩個背鰭為多，背鰭、臀鰭和腹鰭一般均有硬棘，腹鰭在胸鰭下方或喉部，無脂鰭，鰾無鰾管等。而牠們的棲地亦可說是無所不在，從高山溪流到深海都有分布。但除了少數生活在淡水外，大部分均為海水魚，在海洋脊椎動物中佔主導地位。事實上，目前常見的經濟性或觀賞性魚類大多屬於這個目，例如鱸、隆頭魚、鰤、刺尾鯛、鯖或鮪等亞目。其中鱸亞目是最分歧的亞目，種類超過2,500種，若再加上隆頭魚及鰕虎兩個亞目即佔所有種數的四分之三。台灣的鱸形目共102科512屬1,647種。

觀察鮨

說到餐桌上常見的美味佳餚──石斑魚，相信大家都不陌生，牠們其實是鮨科魚類的成員。鮨科是鱸亞目最典型的魚族，包含的種類多且形態複雜，最主要的兩群，其一即是經濟價值甚高的「石斑」，另一群則是體色斑斕的「花鱸」。鮨科的共同特徵為身體延長呈長卵圓形，背鰭連續，只有少數中間有缺刻；鰓蓋骨上通常有三枚扁平棘，以中間一枚較大；側線完整。屬於「石斑」類的青星九刺鮨，一般又稱為「紅鱠」或「七星斑」，是本科中兼具觀賞與食用價值的代表種之一，鮮豔的橘紅色魚體上散布著藍色小點。

◆屬於花鱸類的側帶擬花鮨數量甚為稀少

Serranidae

鮨科小檔案

分類：鱸形目鱸亞目鮨科
種類：全世界共有75屬537種，台灣現有31屬121種
生態：底棲，卵生，肉食

● 體色橘紅至紅褐，全身密布藍色小點

● 鰓蓋上有3枚扁平棘

主圖：青星九刺鮨（*Cephalopholis miniata*），最大體長45cm

● 背鰭單一連續，具9枚硬棘，15根軟條

● 側線完整

● 體呈長卵圓形

 生態視窗 ## 食物鏈的最頂層

◆鞍斑石斑魚（又稱龍膽石斑魚）的成魚

　　石斑魚是鮨科中石斑魚亞科魚類的通稱，頭部比一般魚類大，且大部分種類屬於大型種，性情兇猛，白天常在礁區獵食其他魚類，是熱帶珊瑚礁食物鏈的最頂層。由於熱帶地區草食性魚類所攝食的藻類中，許多具有毒素，這些毒素會在魚體內慢慢累積，形成俗稱為「熱帶海魚毒」的「雪卡毒素」（Ciguatoxin），並透過食物鏈，層層往上累積到肉食性魚類體內，如石斑魚，因而造成人們食用肉食性魚類而中毒的事件，所以在澳洲的熱帶地區大家都避免吃重達兩公斤以上的石斑魚。

● 尾鰭圓形

● 臀鰭具3枚硬棘，9根軟條

◆青星九刺鮨身上的藍點十分鮮豔奪目

石斑的繁殖行為

平常石斑魚多半獨來獨往，只有繁殖季才看得到牠們成對出現。求偶時雄魚會出現短暫的婚姻色，並顫動身體以側面吸引雌魚的注意，如果雌魚願意，則會靠著游，再一起往水面衝，就在接近水面的一剎那間，雄魚和雌魚同時排出精子和卵子。受精卵孵化出來的仔魚，有一段在海洋表層漂流的時期，此時頭上會有延長突出的棘，來增加漂浮能力。一般而言，石斑往往聚集在特定的地點產卵，這些產卵場在繁殖季都應該嚴禁人為捕撈，予以保護。

◆石斑魚仔魚

會變性的魚

鱸形目中的鮨、鯛、隆頭魚、鸚哥魚等科魚類都具有「變性」的本領，有些是雄變雌，有些是雌變雄。牠們也可稱為「雌雄同體」，但多半不會同時成熟，也就是說不會同時兼具兩性的功能。鮨科起初全都是雌魚，等到性成熟後（約4～5歲），群體中的某些個體才變性為雄魚。雌、雄魚的外型、體色並無明顯差異，主要判斷方式為：生殖季時雌魚的腹部會膨大，而雄魚的身體則會比雌魚明顯地大很多。

一夫多妻的金花鱸

屬於「花鱸」一族的金花鱸（金擬花鮨），身上色彩亮麗，是台灣南部及離島珊瑚礁區數量較多的一種鮨科魚類。牠們常成群聚集在獨立礁或大礁斜坡的上層水域，少數的粉紫色雄魚盤據的位置最高，第一背鰭明顯延長，胸鰭上還有明顯的紫圓斑；而橙黃色的雌魚及其他

◆金花鱸雌魚

◆金花鱸雄魚

◆在獨立礁或斷崖旁成群游動的金花鱸

未成年魚棲息的位置較低，也較靠近礁盤。金花鱸採一夫多妻制，社會階層明顯，萬一「一家之主」的雄魚被掠食或死亡，幾天之內，排行大房的雌魚就會搖身變性為雄魚，繼續傳宗接代的任務。

分泌毒素的皂鱸

鮨科魚類中，還有另外一類魚叫「線紋鱸」。線紋鱸的鱗片很小，身體看來很光滑，但是受到驚嚇時，體表會分泌一種有毒的黏液來自衛。由於這些黏液能產生類似肥皂泡沫的效果，所以牠們的英文俗名就叫「肥皂魚」，或「皂鱸」。也因為線紋鱸分泌的黏液具有毒素，一般養魚的人都知道不能把牠們和其他的魚一起飼養，

◆六線黑鱸常見於台灣南部海域

◆六線黑鱸

否則會把其他的魚都毒死。

台灣有兩種常見的線紋鱸，就是六線黑鱸和雙帶鱸。在台灣南、北珊瑚礁的潮池或沿岸的洞

◆雙帶鱸常見於台灣北部海域

穴中有時可以看到六線黑鱸，牠幼時身上的條紋很少，長大後才漸漸增多。雙帶鱸俗稱「黃三」，黃色的魚體上有兩道黑褐色的寬橫帶，以北部海域較多，南部非常少見。

 魚類驚人 ## 石斑的利用

在台灣，石斑（也稱「過仔魚」）是生猛海鮮的主要菜色之一，近年來更已成功發展出幾種石斑的人工繁殖技術，例如老鼠斑、瑪拉巴石斑等。除了老鼠斑的幼魚──乳白色的身體上散布著黑圓點的可愛模樣，深受水族館的喜愛外，大多數的人為利用還是侷限

在食用一途上。不過在國外，大石斑已被當成當地生態旅遊的明星、潛水觀光的賣

點，所得的收入遠勝過把牠們拿來當海鮮吃，非常值得我們效法。

俗名「老鼠斑」的駝背鱸

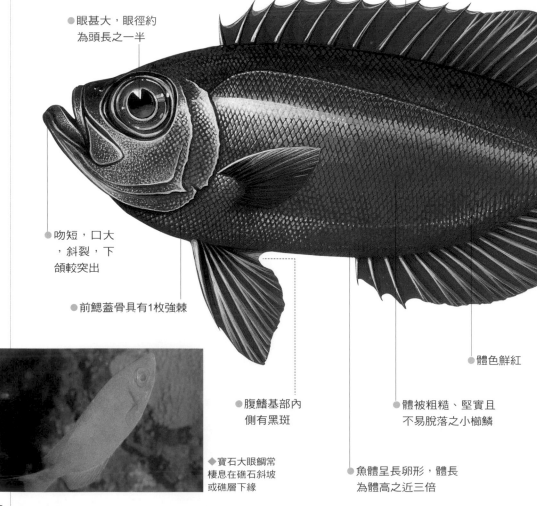

觀察大眼鯛

在春、夏兩季的魚市場上，不難看見身著紅服、杏眼圓睜，俗稱為「紅目鰱」或「大目鰱」的魚鮮，牠們都是大眼鯛科的成員。鮮紅的體色與醒目的大眼正是本科外觀上最突出的特徵，也是「大眼鯛」一名的由來。大眼鯛的身體大致呈長橢圓形，側扁而高。體被堅實的小櫛鱗，觸感猶如砂紙一般；由於表皮很堅韌，在烹調前通常連皮帶鱗一起剝除，因此大家習稱牠為「剝皮魚」。大眼鯛分布於印度-太平洋的熱帶及亞熱帶海域，生活在礁區，晝伏夜出，主要以小魚及甲殼類為食。寶石大眼鯛是大眼鯛中體型較大的一種，主要特徵是尾鰭呈雙凹形，且上下葉延長突出，腹鰭基部的內側有一黑斑。略偏深紅色的體色，可在夜間迅速變換成銀色或有斑塊。

●背鰭單一連續，具10枚硬棘，14根軟條

●眼甚大，眼徑約為頭長之一半

●吻短，口大，斜裂，下頜較突出

●前鰓蓋骨具有1枚強棘

●腹鰭基部內側有黑斑

●體色鮮紅

●體被粗糙、堅實且不易脫落之小櫛鱗

◆寶石大眼鯛常棲息在礁石斜坡或礁層下緣

●魚體呈長卵形，體長為體高之近三倍

158

主圖：寶石大眼鯛（Priacanthus hamrur），最大體長45cm

大眼鯛科小檔案

Priacanthidae

分類： 鱸形目鱸亞目大眼
鯛科

種類： 全世界共有4屬19種
，台灣現有4屬10種

生態： 底棲，卵生，肉食

● 側線完整

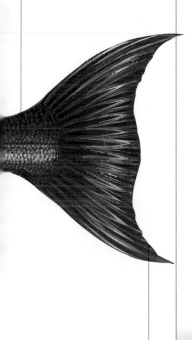

● 尾鰭呈雙凹形
，上下葉尖突

生態視窗

大小通吃的
肉食者

　　大眼鯛擁有一張大口，但
牙齒卻很小。由於口大，應
可吞食不小的獵物，而細小
的牙齒，則能在夜間捕食由
海底較深處垂直洄游到淺

水域的浮游動物。換言之，
大眼鯛的攝食對象從微小的
浮游動物、幼魚，到體型較
大的蝦、蟹等甲殼類及頭足
類的烏賊等均包括在內，食
物來源十分
多樣。

◆大口與大
眼是大眼鯛
的共同特徵

典型的夜行客

　　大眼鯛、天竺鯛（ ▷ P.160
）及金鱗魚（ ▷ P.138）堪稱
是礁區夜行 魚類的三大家
族。牠們多數具有眼睛大、
體色紅或褐等夜行性魚類的
典型特徵。這些夜間游俠的
大眼睛，能幫助牠們在漆黑
的晚上感受海中微弱的光線
，方便覓食和辨識天敵。體
色呈紅色或褐色主要是因夜
間光線微弱，縱使五顏六色
亦無法顯現。

　　大眼鯛除了眼大外，牠的

瞳孔也很大，所以當夜間潛
水者用手電筒照射時，光線
透過瞳孔照射到脈膜和視網
膜間的鳥糞質會反射光線，
就像用閃光燈拍照一樣顯示
出「亮眼」的效應。白天牠
們躲在礁簣下或礁洞中，體
色幾呈一致的紅色調，黃昏
後則出外覓食。本科有些魚
種會在夜晚上演快速變裝秀
，片刻間由一身紅衣換成銀
灰色調的獵裝。大眼鯛在礁
區休息時常是獨行俠，但在
礁緣外較深處則會結隊出沒
，因而常被漁民成群捕獲。

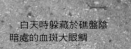
白天時躲藏於礁盤陰
暗處的血斑大眼鯛

觀察天竺鯛

天竺鯛科魚類是珊瑚礁區最大的夜貓族，和大眼鯛（♪P.158）一樣，牠們也擁有一雙適於夜間活動的大眼，因此有「大目側仔」的俗稱。天竺鯛的行蹤隱密，體型袖珍，體長通常小於10公分，卻長著一張大嘴，稍側扁的長橢圓形魚體上，有兩枚分離且直立的背鰭。天竺鯛廣泛分布於全球熱帶和亞熱帶海域，大多集中在珊瑚礁淺海區，少數在深海、沙泥或河口域，在新幾內亞或澳洲也有一些純淡水或可進入河川下游的種類。牠們以浮游動物、小型底棲動物或小魚為食。大部分的種類均有「口孵行為」，是海水魚中極少見的例子。此外，不少天竺鯛還有發光器的構造。

天竺鯛在台灣的分布具有南北差異，主要是因為北部海域水溫在冬天較南部低5～6℃。譬如稻氏天竺鯛在北部數量甚多，但在南部則甚為罕見。

● 背鰭兩枚

● 眼大，靠近吻端

● 口大，斜裂，頜齒細小

● 體側具有3～4條褐色窄縱帶

● 前鰓蓋骨具微鋸齒緣

● 腹鰭胸位，在胸鰭下方

生態視窗

早晚換班的珊瑚礁住客

在珊瑚礁區潛水，白天最常看到的是日行性的各種雀鯛（♪P.196），晚上則換成夜行性的天竺鯛。每到黃昏時分及清晨破曉，可以看到

牠們很有次序的換班行為，亦即白天單獨或成群躲藏在礁洞內、礁簷下或礁石旁的天竺鯛，日落後開始紛紛出外覓食，空出來的棲所剛好讓日行性魚類休息；天亮後，睡了一宿的日行魚類正蓄勢待發，活動了一整夜的天竺鯛則返回原棲所休息。這種「房客」早晚換班、日夜交替的行為，是珊瑚礁魚類為了充分運用有限的空間資源，而發展出來的獨特生活方式，再加上牠們對食物和棲所的喜好各有不同，於是彼此間得以避免競爭，相互和平共存，也因此造就了形形色色、高歧異度的珊瑚礁生物。

◆ 白天躲藏在礁石陰暗處的黃帶天竺鯛

Apogonidae
天竺鯛科小檔案
分類：鱸形目鱸亞目天竺鯛科
種類：全世界共有38屬351種以
　　　上，台灣現有26屬89種
生態：底棲，卵生（口孵），
　　　肉食

● 尾柄長，有一
　明顯黑色圓斑

生態視窗　口孵的海水魚

　　大部分的天竺鯛和若干淡水的吳郭魚（
▷P.194）一樣，有「口孵」的行為，不同的是
：吳郭魚的口孵是由雄魚或雌魚負責，天竺鯛
則幾乎均由雄魚擔任。所謂「口孵」，就是雄
天竺鯛將雌魚所產的卵塊唧入口中進行孵化，
此時可見口孵魚的下頜會些微隆起有如戽斗，
且因滿口含卵，無法攝食，開始過「絕食」的
生活。如此約經數天到一週，卵在親魚口中孵
化成為仔魚後，才被釋放出來，這樣可以大大
降低卵被掠食，並提高繁殖成功及增加下一代
存活的機會。仔魚經過
一段隨波逐流的漂浮
期生活，變態為稚魚
，然後再回到沿岸的
礁區尋找適當的棲所
，沉降下來成為真正的
底棲魚類。

◆下頜鼓突、正在口孵
中的稻氏天竺鯛雄魚。

兩種不同的發光方法

　　海洋生物的發光通常有兩種方式，一是靠發
光器本身具有的螢光素和螢光素酶行生化反應
來發光，另一則是靠發光器中共生的發光細菌
來發光。天竺鯛科魚類兩者兼具，前者如長鰭
天竺鯛屬、箭天竺鯛屬及若干天竺鯛屬的種類
，像黑天竺鯛（*Apogon ellioti*）即行生化反應
發光，牠的胸部胃下方，有一個埋於胸肌內的
前腹發光器，在直腸兩側則有一對梨狀的「後
腹發光器」；而後者如銀腹天竺鯛屬（又稱「
管天竺鯛」屬），牠們利用細菌發光，發光器
是位在胸鰭基部下方和沿
體腹側由峽部至尾柄的黑
色條狀物。

◆天竺鯛的腹部
發光器

主圖：稻氏天竺鯛（*Apogon doederleini*），最大體長14cm

觀察沙鮻

沙鮻多半是屬於在淺海沙岸活動的小型魚，牠們不甚起眼、與沙灘顏色相近的外觀，正好形成極佳的保護，而且個個身懷「鑽沙」的絕技，一受到驚嚇，就會迅速潛入沙中躲藏，「沙腸仔」的俗稱十分傳神。

沙鮻只出現在印度-西太平洋區域，體長一般為15～20公分，短小精幹的身體呈細長圓柱形，錐形的頭部有一張小口，具兩個背鰭，臀鰭和第二背鰭相對，腹鰭在胸位。牠們是台灣西部沙岸、海灣，或河口灘釣最常釣獲的魚種，由於肉質鮮白甜美，成為夜市常見的海鮮料理。多鱗鮻在本科魚類中分布最廣，從日本、韓國到澳洲北部及南非、紅海的沙質沿岸均可見其蹤跡，而在台灣，牠也是數量最豐的一種沙鮻科魚類。

● 第一背鰭具
11枚硬棘

● 頭部錐形，吻
部鈍尖，口小

● 腹鰭在胸位

鑽沙高手

沙鮻錐形的頭部和鈍尖的吻部，配合堅實有力的身體，讓牠們在遇到危險時，能快速施展「沙遁」的本領，亦即潛入沙中，躲避掠食者和漁網的捕撈。漁民在沙地上用曳網拖過時，腳底會感覺到沙鮻在沙地裡逃竄，所以稱牠們為「鑽沙者」（Sandborers）或「沙腸仔」。

沙地上的掠食者

屬於底棲性魚類的沙鮻，以埋藏在沙泥中的小型多毛類（如沙蠶）、蝦蟹、端腳類、小魚或絲狀藻為食，所以頭部和吻部腹面的感覺器官特別敏銳。而且，牠的鰾和石首魚（⇨P.183）一樣，具有相當複雜的形狀構造。牠們的鰾位於腹椎下方，較靠近地面，

因此躲藏於沙地中的獵物所發出的任何聲音或振動，牠都能偵測得到，就好比魚的另一雙內耳，有助於搜尋食物。

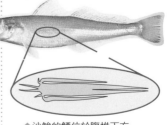

◆沙鮻的鰾位於腹椎下方

主圖：多鱗鮻（*Sillago sihama*），最大體長30cm

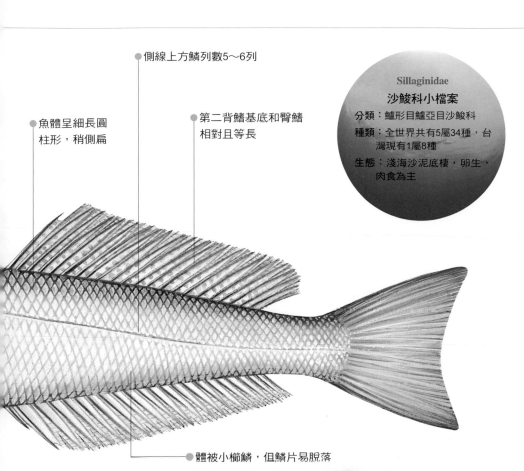

● 側線上方鱗列數5～6列

Sillaginidae
沙鮻科小檔案
分類：鱸形目鱸亞目沙鮻科
種類：全世界共有5屬34種，台
　　　灣現有1屬8種
生態：淺海沙泥底棲，卵生，
　　　肉食為主

● 魚體呈細長圓
　柱形，稍側扁

● 第二背鰭基底和臀鰭
　相對且等長

● 體被小櫛鱗，但鱗片易脫落

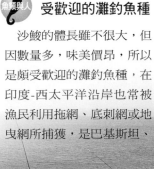

魚類獵人
受歡迎的灘釣魚種

　　沙鮻的體長雖不很大，但因數量多，味美價昂，所以是頗受歡迎的灘釣魚種，在印度-西太平洋沿岸也常被漁民利用拖網、底刺網或地曳網所捕獲，是巴基斯坦、馬來西亞、菲律賓、新加坡、泰國和韓國的重要食用魚類，每年可產兩萬公噸以上。在澳洲，沙鮻是主要的遊釣魚種；在台灣則常見於西岸的魚市場中。

◆ 沙鮻受精卵。沙鮻每次產約2000個卵，一年可多次產卵。

　　印度、日本和台灣曾試圖以人工繁養殖，但目前仍以野外捕獲為主。

◆ 台灣西海岸的灘釣常可釣到沙鮻

◆ 地曳網（牽罟）已演變成一種生態觀光旅遊的休閒活

163

觀察海鱺

在澎湖與小琉球近海，可看到一個個放置在海面上的大型箱網，圈養著不少高經濟價值的魚種，形成「海洋牧場」的特殊景觀。而台灣漁民俗稱「海鯎仔」的海鱺，因體型大、成長快、對環境的適應力強，近年來成為海中牧場最炙手可熱的主角。海鱺科全世界僅此一屬一種。牠廣泛分布在大西洋和印度-太平洋的溫暖水域，只有東太平洋不見其蹤跡，是大洋和沿近海區中、表層的巡游魚種，游泳力強。當大型海鱺在海洋表層游動時，牠那高聳露出的背鰭，有時乍看下會讓人誤以為是鯊魚來襲呢！除了人為養殖外，台灣四周沿近海域也可捕獲野生海鱺，但數量不多。

● 背鰭前方具7～9根短小且相互分離的硬棘

● 頭部略平扁，魚體近圓柱狀

Rachycentridae
海鱺科小檔案
分類：鱸形目鱸亞目海鱺科
種類：全世界僅1屬1種，台灣亦同
生態：中表層，卵生，肉食

● 口大，前位，牙齒發達，下頜稍突出

● 腹鰭胸位

● 側線完整，略呈波狀

 箱網養殖的寵兒

　　過去台灣的水產養殖，主要依賴在海岸濕地開挖的魚塭（半淡鹹水），但由於發展過於迅速，超抽大量的地下水，導致台灣西南部及宜蘭濱海地區的地層嚴重下陷，引起海水倒灌與海堤潰決，付出了極大的社會成本。因此政府自1990年代起，開始推廣淺海的箱網養殖，即把海洋當成牧場，將水產生物直接放養於海上的網具中，投餵人工飼料。目前以有海灣的澎湖和小琉球一帶最多，養殖的魚種包括海鱺、黑鯛、石斑、嘉鱲、鮪等各種海水魚。由於海鱺成長迅速、生命力強、肉質佳、體型亦碩大，因此在1997年成為箱網養殖的新寵，再加上

◆東港大鵬灣箱網養殖海鱺

精緻飼料的餵養，使其肉質益發美味可口，甚至被稱為「台灣的Toro（黑鮪魚）」，因此這種漁民俗稱為「海鯎仔」的魚也就成為時下生魚片的主要材料了。

主圖：海鱺（*Rachycentron canadum*），最大體長200cm

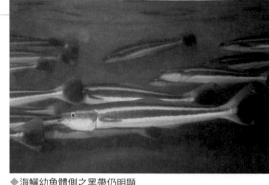

● 體側有3條黑色
縱帶，色澤隨成
長由黑逐漸變淡

◆海鱺幼魚體側之黑帶仍明顯

● 尾鰭深叉或呈新月形，
上葉較下葉略長

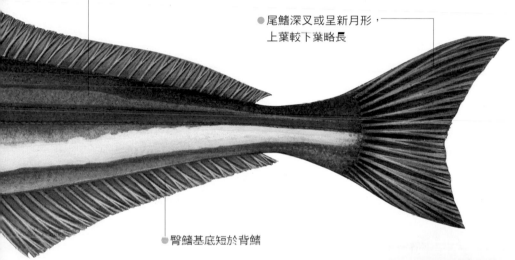

● 臀鰭基底短於背鰭

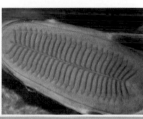

◆印魚靠著頭頂上的吸盤
搭乘大型魚的便車

海鱺的近親——
鬼頭刀與印魚

　　鱰科和印魚科的魚類都算
是海鱺的親戚。鱰就是一般
人熟知的鬼頭刀，海鱺和鬼
頭刀皆屬於在大洋表層快速
游泳的魚類，也都是重要的
拖釣魚種，但在體型、體色

上差異頗大。後來牠們被發
現有親戚關係，是因為兩者
的仔魚形態十分類似：其身
體和頭部均被冠狀小棘所覆
蓋，這是其他科魚類的仔魚
所沒有的特徵。

　　而海鱺的仔魚變態為稚魚
及未成年魚時，其形態則酷
似印魚科（中國大陸稱為「

鮣」科）中的長印魚（Eche-
neis naucrates），尤其兩種
魚類身上皆具有明顯的黑色
縱帶；唯一的不同僅在於印
魚背鰭的第一枚硬棘會變形
成頭頂上的吸盤，以便吸附
在鯊、魟等大型魚類的身上
，一方面搭便車，一方面則
可撿拾大魚吃剩的碎屑殘渣
為食。

◆長印魚

觀察鰺

一看到鰺的外表：流線形的體態，背部體色藍綠、腹部銀白，就知道牠是屬於海洋中表層洄游性的魚類。鰺科遍布世界三大洋之熱帶及亞熱帶海域，由於種類多、數量大、肉質鮮美少刺，而且許多魚種體長可達60公分，甚至超過1公尺，因此是很重要的經濟性食用魚。鰺具有瘦長的尾柄、深分叉的尾鰭，可形成強勁的尾力，幫助牠們快速游泳。此外，大部分魚種的眼部具脂性眼瞼，側線後段的鱗片變形為骨質的稜鱗，都具有減少水流阻力的功能。

六帶鰺是很典型的鰺科魚類，因其幼魚體側有5～6條明顯黑色橫帶而得名；成魚時，體側橫帶消失，鰓蓋上方末端則出現一黑圓點。

● 胸鰭長，成鐮刀狀

● 鰓蓋上方末端具一黑圓點

● 脂眼瞼發達

◆六帶鰺幼魚

◆真鰺屬

◆葉鰺屬

鯧鰺屬

◆逆鉤鰺屬

◆無齒鰺屬

◆平鰺屬

◆各種鰺科魚類

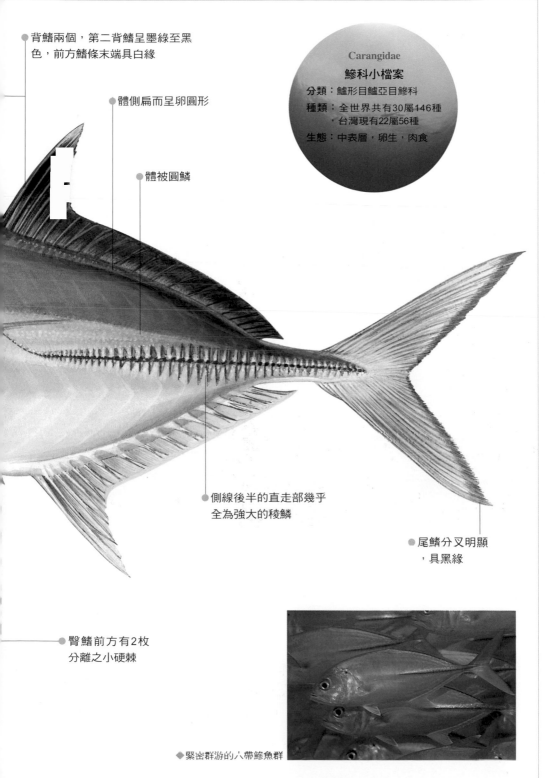

● 背鰭兩個，第二背鰭呈墨綠至黑
色，前方鰭條末端具白緣

● 體側扁而呈卵圓形

● 體被圓鱗

Carangidae
鰺科小檔案
分類：鱸形目鱸亞目鰺科
種類：全世界共有30屬146種
，台灣現有22屬56種
生態：中表層，卵生，肉食

● 側線後半的直走部幾乎
全為強大的稜鱗

● 尾鰭分叉明顯
，具黑緣

● 臀鰭前方有2枚
分離之小硬棘

◆緊密群游的六帶鰺魚群

主圖：六帶鰺（*Caranx sexfasciatus*），最大體長120cm

泳技高超的掠食者

鰺在體型中型的海水魚中可說是泳速最快的一群。牠們有時成群,有時三兩或單獨出現;在礁區外緣活動時,會因應不同的情況而有不同的游泳方式,例如平時通常悠閒緩慢地巡游,遭遇威脅時則呈四角或曲折地快速游竄;當牠們在海中進行掠食時,如果遇到的是單尾獵物就窮追不捨,若是一群獵物則先衝散牠們,再鎖定目標展開攻擊。此外,六帶鰺成魚性喜大群群游於斷崖處,形成壯觀的圓柱形魚群風暴。其可能原因有二,一為攝食,因該處有局部湧昇流,浮游動物的餌料豐富,二是在休息狀態,特別是當牠們繞游的速度很緩慢時。

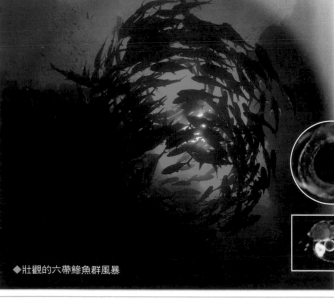
◆壯觀的六帶鰺魚群風暴

產卵洄游與孵育成長

每到繁殖期(一般為春夏季),鰺科魚類如日本的青甘鰺和台灣的紅甘鰺,會群游到某一特定海域去產卵,這些地點通常是較外海的大洋,即牠們原本出生的故鄉,此種遷徙行為稱為「產卵洄游」。

例如,青甘鰺在繁殖開始時,雄魚與雌魚會相互摩擦身體,雄魚甚至會以倒立的姿態來碰撞對方

◆真鰺的仔魚(下)與受精卵(上)

烏鯧與白鯧

烏鯧和白鯧是市場上常見的兩種食用魚,雖然都取名為「鯧」,乍看之下甚至像攣生兄弟,但根據魚類學者的研究,此「鯧」非彼「鯧」,牠們其實分屬兩個不同的科,之間並無直接的血緣關係。

烏鯧就是烏鰺,屬於鰺科,但由於牠的背鰭和臀鰭的鰭棘都已退化,所以看起來不像典型的鰺,反而比較像屬於鯧科的銀鯧(俗稱白鯧)。不過若是仔細觀察,還是能辨識出其中差異,因為白鯧全身的鱗片較烏鯧更為細小,尾柄兩側有隆起的稜脊,吻部較圓鈍,胸鰭亦不呈鐮刀狀。

◆白鯧

◆烏鯧

◆紅甘鰺

，然後雌魚可產下約十萬粒
的卵，雄魚則在卵群中發狂
般地到處游動，並且不斷排
放精子，來達到受精的目的
。而隨波逐流的受精卵，只
需一整天的時間即可孵化，
仔魚在吸收完腹部「卵黃囊
」中貯存的養分後，開始以
浮游生物為食，並隨著海面
漂流的海藻遷移成長。等長
到約15公分大時，便準備離
開孵育場，在浩瀚大洋中初
試身手，進行較長距離的洄
游；大約一午後可長到30公
分，三年後長到65公分，成
為一尾尾飽滿出色的鰺魚。

重要的經濟性魚類

　　對台灣及各個漁業國來說，鰺的漁獲量很大，全球每
年的產量逾五百萬公噸，是相當重要的經濟性魚類。其
中如紅甘鰺、圓鰺、脂眼凹肩鰺等，常可由拖網、圍網
、定置網、一支釣或延漁釣等各種漁法所捕獲。真鰺等
產量多，常被用作釣餌
去拖釣鮪、鬼頭刀、
鰆等大型魚類。而台
灣附近海域常見的紅
甘鰺，和主要分布在
日本及韓國的青甘鰺
，均是箱網養殖的重
要魚種，也是生魚片
料理中極受歡迎的美
味食材。

◆長身圓鰺俗稱四破魚，是家常餐
桌上大家所熟悉的魚鮮。

◆真鰺又叫日本竹莢魚，除了食用
，也用來作釣餌。

◆紅甘鰺俗稱紅甘，屬於高級食用魚（圖為幼魚）。

最側扁的魚
——絲鰺和眼眶魚

　　俗稱「皮刀魚」的眼眶魚
科（Menidae）號稱最側扁
的魚，其實鰺科中的絲鰺屬
（Alectis）魚類身體側扁的
程度可是不遑多讓！不過，
兩者的外觀倒不難分辨：絲
鰺的身體呈菱形，隨年齡的
增長，魚體會逐漸向後延長

◆眼眶魚

，側線後半部有稜鱗；幼魚
時，背鰭和臀鰭前方的數根
鰭條會延長如絲狀，隨成長
而變短。眼眶魚的體型則如
一把半月形的屠刀，背部較

◆印度絲鰺

平直而腹部彎度特別大，體
背為藍色，背鰭及臀鰭均無
硬棘，成魚的腹鰭會延長為
絲狀。

169

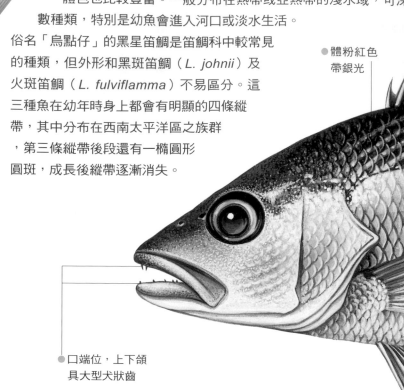

觀察笛鯛

聽過「赤筆仔」嗎？這是不少笛鯛科魚類的俗稱。笛鯛是極具經濟價值的底棲性食用魚，牠們的共同特徵是：體型像鯛（▷P.176），但腹部平直，身體較厚，體色也比較豐富。一般分布在熱帶或亞熱帶的淺水域，可深達550公尺；少數種類，特別是幼魚會進入河口或淡水生活。

俗名「烏點仔」的黑星笛鯛是笛鯛科中較常見的種類，但外形和黑斑笛鯛（*L. johnii*）及火斑笛鯛（*L. fulviflamma*）不易區分。這三種魚在幼年時身上都會有明顯的四條縱帶，其中分布在西南太平洋區之族群，第三條縱帶後段還有一橢圓形圓斑，成長後縱帶逐漸消失。

● 體粉紅色帶銀光

● 口端位，上下頜具大型犬狀齒

Lutjanidae
笛鯛科小檔案
分類：鱸形目鱸亞目笛鯛科
種類：全世界共有5亞科17屬110種，台灣現有10屬52種
生態：多底棲，卵生，多肉食

◆ 火斑笛鯛

◆ 黑斑笛鯛

主圖：黑星笛鯛（*Lutjanus russelli*），最大體長50cm

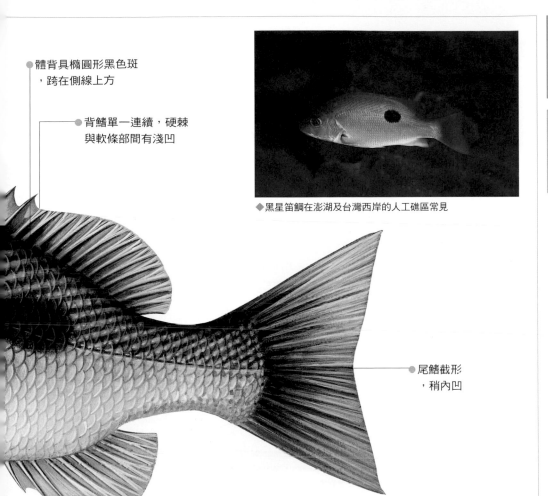

體背具橢圓形黑色斑，跨在側線上方

背鰭單一連續，硬棘與軟條部間有淺凹

◆黑星笛鯛在澎湖及台灣西岸的人工礁區常見

尾鰭截形，稍內凹

識別錦囊

烏尾冬是笛鯛的後裔

　　烏尾冬是笛鯛科中的一亞科，由於體型小（體長不超過60公分），身材圓筒流線，與體型大、體高側扁的其他笛鯛相較下，不僅在形態上，連生態習性都差異很大，例如多數笛鯛為底棲肉食性魚類，而烏尾冬則為中層巡游，並以浮游動物為食，

◆笛鯛仔魚

因此原本分成兩個不同的科。但後來的研究發現，兩者之仔魚形態十分相似，例如鰭棘上之小刺，再加上一些其他相似的特徵，因此推斷覓食浮游動物

的烏尾冬應是由底棲食性的笛鯛所演化而來。

藍黃梅鯛，俗稱烏尾冬，常在礁區附近成群活動。

生態視窗 笛鯛的一生

笛鯛雖是雌雄異體，但雌雄體色相同，只是雄魚之體型略小於雌魚。當魚體生長到約該種最大體長的一半時，即開始成熟，通常一季可產卵多次，產卵時會成群，且雄魚會去摩擦或碰撞雌魚之腹部，然後呈螺旋形上昇到海水表面排精排卵。受精卵隨海流飄送1天左右，即孵化為仔魚，此時卵黃囊尚未被完全吸收，仔魚營養仍靠卵黃囊，稱為早期仔魚或卵黃囊期仔魚；但當卵黃囊消失，鰭條形成，體型均明顯改變（變態），且可自行覓食浮游生物時，稱為後期仔魚，此時期行漂流生活，

◆銀紋笛鯛的受精卵

可長達25～47天，待鱗片開始出現，形態似成魚時，進入所謂的稚魚期，此刻開始沉降回礁區成長，壽命可達4～21年。

體型不同食性不同

笛鯛是夜行性魚類，大多數具有群游及底棲穴居的習性，白天都群聚在獨立礁四周交界處休息，夜間則分散外出到沙泥地上覓食甲殼類、頭足類或小魚，所以是人工魚礁最常聚集的魚種。體型較大較高、尾鰭較平、有較大犬齒的笛鯛魚類，多半在礁區或泥地表覓食；而在礁區水層中快速成群穿梭的烏尾冬，體型呈紡錘型、尾鰭分叉深、犬齒小，則完全以浮游動物為食。

◆青紫體色的蒂爾烏尾l常成群活動

◆墾丁海域難得一見的笛鯛群——五線笛鯛

炸魚的犧牲者

由於笛鯛和烏尾冬多半有成群活動的習性，白天在礁區四周盤旋，因此過去常成為漁民炸魚的對象，以致於壯觀的笛鯛群游景觀在台灣的海底已不復見。炸魚的結果不但會讓四周的海洋生物不論大小悉數死亡，而且經年累月才孕育出來的珍貴珊瑚礁棲地也會受到嚴重破壞，甚至數十年後都很難再恢復舊觀。

◆令人不忍卒睹的炸魚景象

傳統漁業的最愛

笛鯛由於習慣在礁區附近活動，並具有領域性，因此體型大的笛鯛常無法以底拖網或圍網大量漁獲，多半只能在沿岸利用傳統的漁具、漁法，如一支釣、籠具、刺網、小型網具，或潛水鏢射等方法來採捕。不過因其肉多、味美、數量少，所以在所有笛鯛分布的國家都是十分重要的當地消費魚種。根據FAO（聯合國糧農組織）的估計，每年全球產量約在15萬公噸左右，大多屬於笛鯛屬的魚類。在台灣，銀紋笛鯛及川紋笛鯛等已可以人工來繁殖，成為海釣池或水族館的蓄養對象。

◆川紋笛鯛目前已養殖成功

水族新寵
——羽鰓笛鯛幼魚

羽鰓笛鯛的幼魚或未成年魚體背上具有明顯的白圓斑，胸鰭旁之白色條紋直達尾鰭，因黑色腹鰭大，身體黑白分明，當牠停留在海百合羽狀觸手附近時具有擬態作用，不易被發現。因幼年時模樣可愛，常被捕作觀賞魚。但隨著魚體成長，黑白對比的顏色會逐漸調和成一致的暗銀灰色，因而失去觀賞價值。

◆可愛討喜的羽鰓笛鯛幼魚

觀察仿石鱸

仿石鱸是生活在珊瑚礁區的中小型魚類，此科分成兩種類型，其中體型似鯛、背鰭較高者，是俗稱「雞魚」的仿石鱸亞科；體型似鱸、背鰭較低者、體色較鮮豔者，則是俗稱「厚唇魚」的石鱸亞科成員。牠們均為海水魚，偶爾會游入河口及淡水，和笛鯛一樣，是頗受歡迎的地區性底棲經濟食用魚類。而相當著名的磯釣魚種——三線雞魚是屬於仿石鱸亞科，在台灣沿海礁區外圍或人工魚礁區常見到大群巡游的魚群，牠和其他雞魚一樣，會用咽喉齒摩擦發出聲音，再藉由鰾予以放大。推斷牠們發聲的目的可能是為了繁殖求偶，或為了防禦警告，甚至驅退敵人之用。

●體被小櫛鱗

●眼大

Haemulidae
仿石鱸科小檔案
分類：鱸形目鱸亞目仿石鱸科
種類：全世界共有2亞科19屬133種，台灣現有2亞科5屬22種
生態：底棲，卵生，肉食

生態視窗

可愛又可憐的厚唇魚

　　石鱸亞科的魚類俗稱「厚唇魚」，可以想見「厚唇」是牠外觀的一大特色。其中石鱸屬（*Plectorhynchus*）的稚魚，不但體色豐富多變，而且游泳習性特殊，牠會在所棲身的洞中，無目的地、頭尾不停搖擺地游動著，模樣十分可愛，因此成為水族觀賞的寵物，只是牠一旦長大變色後，就失去觀賞價值了。

　　厚唇魚由於生性不機警，體型大，游速緩慢，白天又在礁洞或礁簷下休息，所

以左右扭動方式游泳的暗點石鱸幼魚

◆暗點石鱸長大後，體色花紋改變，且形成厚唇。

以也是潛水鏢魚者最容易、也最喜歡鏢射的對象。目前，台灣四周的厚唇魚不管是種類與數量均已大量減少，甚至不易見其芳蹤了。

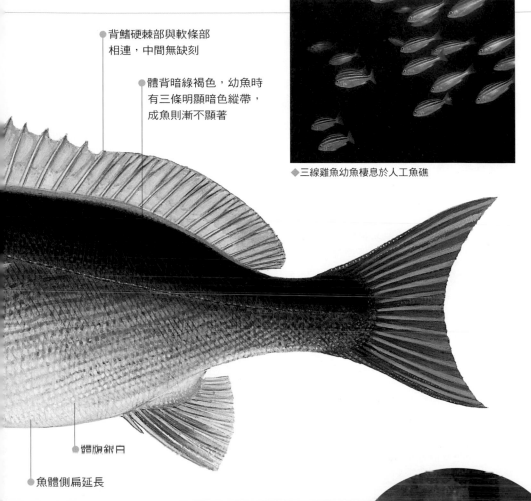

● 背鰭硬棘部與軟條部
相連，中間無缺刻

● 體背暗綠褐色，幼魚時
有三條明顯暗色縱帶，
成魚則漸不顯著

◆三線雞魚幼魚棲息於人工魚礁

● 體腹銀白

● 魚體側扁延長

礁沙交錯地帶的常客

　　石鱸亞科屬於夜行性魚類，白天在礁區單獨或成群休息，夜晚則出外在沙泥地上覓食。某些種類對居住的棲所和覓食的路徑有固定的選擇，所以多半棲息在岩礁或珊瑚礁與沙泥交錯地帶。但仿石鱸亞科中，例如雞魚則屬日行性，白天在礁區上層水域盤旋覓食，晚上則分散躲在礁區內休息。由於人工魚礁多半投放在空曠的沙泥地上，所以成為仿石鱸科魚類最現成的棲所。

◆棲息在礁沙混合區的仿石鱸（下）；棲息於人工魚礁的細鱗石鱸（上）

175

主圖：三線雞魚（*Parapristipoma trilineatum*），成魚，最大體長40cm

觀察鯛

鯛具有大家熟悉的最典型魚型，與笛鯛（⇨P.170）相較，則身體較扁，腹部較弧圓，體色也更具光澤。鯛科在全球各海域的溫帶及熱帶區均有分布，以南非的種類最多，佔全球三分之一的魚種。牠們常成群在沙泥地出現，以底棲性植物為食，僅少數種類生活在淡水或半淡鹹水環境。鯛的肉質鮮美，是相當受歡迎的食用魚，因此也是許多國家重要的經濟性魚類。而俗稱「加臘」的嘉鱲魚又稱為「真鯛」或「正鯛」，因尺寸適當（指盛盤上桌時完整好看），體色漂亮，因此成為台灣民間逢年過節，或普渡建醮時最受歡迎的祭拜用魚。

● 背鰭單一連續，硬棘強壯尖銳

● 體側扁而高

鯛的家族

一般統稱為「鯛」（Sparoids）的魚類，除了鯛科外，還包括：只產於東大西洋及南非的中棘鯛科（Centracanthidae），印度-西太平洋為主的龍占科（Lethrinidae），以及金線魚科（Nemipteridae）三科。這四個科可能形成一個單元體系（monophyletic group），也就是說，牠們有一個共同的祖先。

不過，台灣市場上常見的正宗鯛科魚類，除了嘉鱲魚外，還有赤鯮、血鯛（又稱魬鯛）和黑鯛。赤鯮體色鮮紅，體背有三塊大黃斑；

◆ 血鯛

血鯛的體色亦呈鮮紅，但腹部銀白，且背鰭第3、4棘呈絲狀延長；黑鯛屬家族成員則通體呈銀灰色。

◆ 赤鯮　　　◆ 黑鯛

主圖：嘉鱲（Pagrus major），最大體長100cm

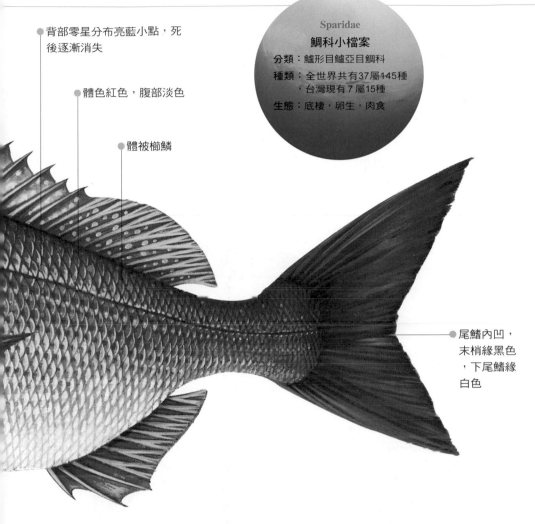

● 背部零星分布亮藍小點，死後逐漸消失

● 體色紅色，腹部淡色

● 體被櫛鱗

Sparidae
鯛科小檔案
分類：鱸形目鱸亞目鯛科
種類：全世界共有37屬145種，台灣現有 7 屬15種
生態：底棲，卵生，肉食

● 尾鰭內凹，末梢緣黑色，下尾鰭緣白色

魚類與人

鯛魚小型化的隱憂

鯛科是高級海鮮魚，因肉質細嫩美味，是生魚片、煎炸、紅燒、碳烤、魚湯的上等材料，只要以鯛為名，幾乎就是人們心目中美味的代稱。因漁獲量大，因此是市場上常見魚種，但由於過漁，特別是網目小，大小通抓毫無選擇性的底拖網漁業，不但浪費了許多鯛科的小魚資源，而且已造成鯛科魚體小型化的趨勢（也就是說，提早成熟生殖的個體逐漸佔優勢，因此體型變小），十分可惜。鯛可用流刺網、定置網、底拖網、延繩釣等漁獲，同時也是休閒海釣釣友

◆正在作業中的底拖網船

的最愛。台灣北部、西部及澎湖海域盛產，但南部則少見。

觀察龍占

英文名稱「皇帝魚」（emperors）的龍占科魚類，不管中西名號都顯得氣勢不凡。牠的外型近似鯛或笛鯛，但身體和吻鼻部更長，眼睛的位置也較偏頭部的後上方，頭頂完全沒有鱗片覆蓋。龍占主要分布在印度洋和西非的沿岸礁區及外圍的沙泥地，由潮間帶到120公尺深，最大體長可達1公尺。台灣有24種龍占，佔了全世界超過一半的種類，是本地高經濟價值的魚種。台語俗稱「豬哥仔」的長吻龍占，是本科中吻部和身體最長的魚種。分布在紅海及印度洋、西太平洋的沿岸及礁坡，可達185公尺深，幼魚則在淺水域，常成群活動。

● 胸鰭黃色，半透明

● 口在吻端，略可伸縮，內呈鮮紅色

○ 吻部長

○ 眼之左下方有數條暗帶

● 腹鰭暗褐色

● 體長約體高的3倍

◆ 長吻龍占主要以小魚和小型底棲無脊椎動物為食

主圖：長吻龍占（*Letherinus olivaceus*），最大體長100cm

● 背鰭單一連續，
呈紅褐色

● 體背呈青綠色，
近腹部體色較淡

Lethrinidae
龍占科小檔案
分類：鱸形目鱸亞目龍占科
種類：全世界共有5屬40種，
　　　台灣現有5屬24種
生態：底棲，卵生，肉食

重要的食用魚

　　龍占和鯛或笛鯛一樣，同屬各國重要的當地沿岸食用或遊釣魚種，可用手釣、延繩釣或拖網、刺網所捕獲。每年全球總產量估計應在10萬公噸以上。有些地區龍占也是箱網養殖的魚種，如青嘴龍占（*L. nebulosus*），牠對鹽度的容忍性相當強。

◆ 青嘴龍占

● 尾鰭深凹

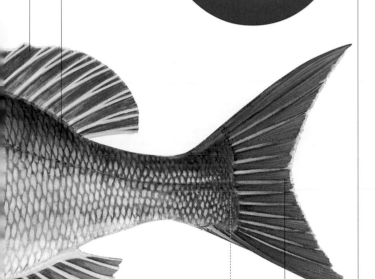

超級變變變

　　龍占科龍占屬中大多數的種類遭到敵人威脅時，會隨著棲息環境的背景及光線的明暗，快速地改換體色，變成斑駁或網紋狀以隱藏自己，而且當威脅消除，又可以很快地變回來。這種快速變裝的本領在其他魚類還不多見。

◆ 珊瑚礁水層上群游的金帶鯛

日夜行性均有的掠食者

　　龍占多棲息於礁區的外緣，小魚分布的水域較淺，在珊瑚礁區或海草床一帶常可發現。大型的龍占也會掠食其他的小魚，但一般多以躲藏在沙泥地中的腹足類、多毛類、蝦蟹等貝介類無脊椎動物為食。龍占有時獨游，有時群游，有些種類在夜間覓食，有些則白天在礁區巡游覓食，屬於日夜行性均有的礁區掠食者。

觀察金線魚

金線魚科具有較矮而瘦長的鯛型魚體，體色明亮，帶有粉紅、黃或金色的縱帶。尾鰭叉形，上葉或下葉末端有時呈絲狀延長。金線魚是印度-西太平洋熱帶地區重要的經濟性魚類，但也是分類鑑定最困難的魚種之一，主要是因為牠在新鮮時尚有鮮明的色彩可供辨識，但標本固定後，就顏色盡褪，以致常常造成鑑定的錯誤。與科同名的金線魚，俗名「金線鰱」，體側有數條明顯易見的金黃色縱帶，尾鰭上葉則延長為絲狀，容易和其他同屬的魚種區分。主要棲息在40～100公尺的沙泥底海域，每年5、6月為產卵期，因此常成群被捕獲或釣獲。

● 體頭部上方及體背呈紅色，往下色漸淡

Nemipteridae
金線魚科小檔案
分類：鱸形目鱸亞目金線魚科
種類：全世界共有5屬67種，台灣現有4屬26種
生態：底棲，卵生，肉食

● 側線起點處有一長卵形小紅斑

● 腹鰭基部有腋鱗

● 腹部銀白，略帶光澤

地區性最受歡迎的海鮮

金線魚屬魚類是重要的經濟魚種，常可由延繩釣或底拖網所漁獲，估計全球每年產量超過12萬公噸。此數字應為低估，因金線魚和其他沿岸鯛、龍占、笛鯛一樣，是地區性最受歡迎的海鮮，許多漁獲並不經由魚市場交易，所以缺乏完整的漁獲統計資料。

◆ 魚市拍賣的金線魚

主圖：金線魚（*Nemipterus virgatus*），最大體長35cm

● 體側有6～7條金黃色細縱帶

● 尾鰭叉型，上葉先端呈絲狀延長

生態視窗　**性轉變與雌雄比例**

　　金線魚的雄魚與雌魚的比例隨體長而不同，未成熟時以雌魚居多，成熟後則以雄魚較多。除了因為牠是屬於「先雌後雄」的性轉變模式所致外，也可能是雄魚成長比雌魚快的緣故。

一停一游的游泳行為

　　金線魚科魚類大多有一游一停的習性，但游速快，行動十分敏捷，這種游泳行為在其他魚科並不常見到。牠們算是日行性魚類，以躲在底床下的多毛類、蝦蟹為主食，其他像端足類、等足類、介形類、橈足類等也是牠攝食的對象。

◆錐齒鯛和三帶赤尾冬（上）都是以一停一游的方式活動

觀察石首魚

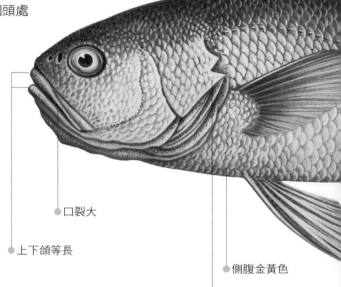

石首魚科包括一般人所熟知的黃花魚、白口、黑口、鮸魚等上等魚鮮，是中國大陸沿海陸棚區最重要的近海經濟性魚類。石首魚體型多半側扁延長，吻部圓鈍，背鰭長，有一深的凹刻將硬棘和軟條部分開，側線明顯且延伸到尾鰭後緣，吻、頰部常會有一些孔洞。由於本科魚類頭部的耳石特別大，因此稱為「石首魚」，耳石的形狀同時也是石首魚屬與種間的分類依據之一。石首魚主要棲息在熱帶和亞熱帶沙泥底質的陸棚區，口小而下位的，多以沙泥中的無脊椎動物為食，牠們的咽頭處有大型臼狀齒可以咬碎帶殼的無脊椎動物；口大而斜裂者，則泳速快，多以追逐小型魚類或其他游泳性甲殼類維生。多數石首魚都能利用魚鰾發聲。下腹部金黃色的大黃魚是台灣魚市場過去常見，但現已極珍罕的一種黃花魚。

● 口裂大

● 上下頜等長

● 側腹金黃色

● 鰓蓋上有2枚扁平棘

◆耳石

 ### 中國沿海最有身價的漁獲物

石首魚，尤其是大黃魚、小黃魚，是中國沿海大陸棚最重要的近海經濟漁獲，產質與產量都相當高，其中的大黃魚每年產量即高達5萬噸左右。主要漁法是底拖網與底刺網，延繩釣與定置網亦常可捕獲，台灣以西部沿

◆小黃魚

海較多，特別是濁水溪等中西部河口之外海的繁殖場所，可捕獲許多大型的親魚。

外來種的紅鼓魚——眼斑擬石首魚

俗稱「紅鼓魚」或「美國紅魚」的眼斑擬石首魚，原

本分布在美國大西洋一帶，抗病力強、成長快速、存活率高、又耐低氧，非常適合高密度的養殖。牠一年半即可長到36公分，兩年則達55公分。台灣是在1987年由水試所引進魚卵，1989年繁殖成功後，開始推廣到民間養殖。但由於宗教放生的行為，自1998年起即已在台灣彰化一帶的西海岸

主圖：大黃魚（*Larimichthys croceus*），最大體長80cm

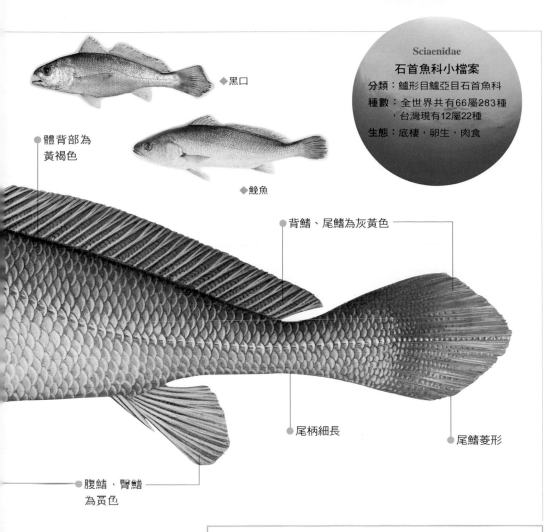

◆黑口

●體背部為
黃褐色

◆鮸魚

Sciaenidae
石首魚科小檔案
分類：鱸形目鱸亞目石首魚科
種數：全世界共有66屬283種
，台灣現有12屬22種
生態：底棲，卵生，肉食

●背鰭、尾鰭為灰黃色

●尾柄細長

●尾鰭菱形

●腹鰭、臀鰭
為黃色

所釣獲，正式成為台灣海水
魚的外來種，可能會對台灣
海洋生態造成不利的影響。

◆紅鼓魚的尾鰭基部上方有一明顯
的黑色眼斑

 發聲求偶的石首魚

　　多數石首魚均能利用鄰近鰾的「鼓肌」發出近似擊鼓
或「蛙－嘎」的聲響，因此被稱為 "drum" 或 "crocker"。
牠們在春夏之交的繁殖季節，常會聚集並集體發出求偶
的聲音，在水面下用麥克風即可監聽收到。也因此台灣
西海岸一帶的漁民就發明了「音響集魚法」，利用水下
偵聽裝置把聚集產卵的石首魚一網打盡。早期有數百艘
漁船專門從事此一漁法，據說當時每天可捕獲 5 ～ 6
萬尾親魚（每尾重達20～30公斤），而過漁的結果導致
資源面臨絕滅，目前只剩數艘船每天僅能捕獲數百尾而
已，亟待政府將石首魚的產卵區劃設保護區，禁止不永
續的音響集魚法。

觀察羊魚

看到羊魚的模樣，大家一定不難理解這個科名的由來吧！俗稱「秋姑」，又稱為鬚鯛的羊魚科魚類，正是因為牠們下頜的一對肉質狀長鬚形似山羊而得名。羊魚的身體延長，除下頜的長鬚外，具有分叉的尾鰭和兩個分離的背鰭，也是本科主要的辨識特徵。羊魚的體型不大，一般僅約20～30公分，因多半成群在珊瑚礁區活動，所以體表大都帶有豐富的色彩。單帶海緋鯉是本科很容易辨認的種類，因為牠從吻部、眼睛一直到尾柄處，有一條明顯的暗褐至紅色的縱帶，而在尾柄處有一比眼睛還大的暗色圓斑。其分布範圍從東非到玻里尼西亞，棲息深度可達100公尺，以藏身在沙泥地中的無脊椎動物為食。

● 頭與體被櫛鱗，鱗片大

● 頭部長而尖

● 眼小

● 口小

● 下頜具頜鬚一對

● 腹鰭基部有腋鱗

● 體色銀白

● 體型側扁略延長

◆ 單帶海緋鯉以下頜鬚偵測獵物

主圖：單帶海緋鯉（*Parupereus barberinus*），最大體長60cm

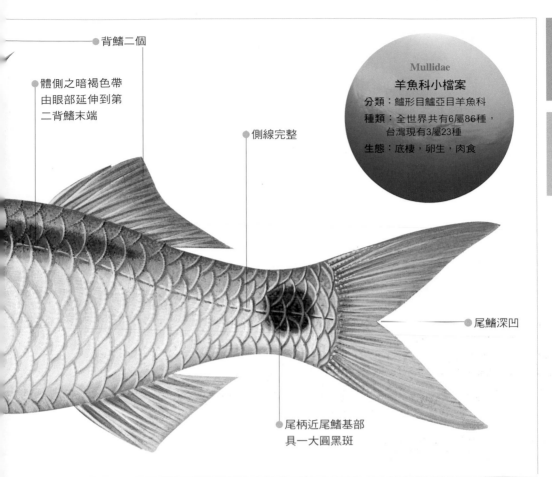

背鰭二個

體側之暗褐色帶由眼部延伸到第二背鰭末端

側線完整

Mullidae

羊魚科小檔案

分類：鱸形目鱸亞目羊魚科

種類：全世界共有6屬86種，台灣現有3屬23種

生態：底棲，卵生，肉食

尾鰭深凹

尾柄近尾鰭基部具一大圓黑斑

生態視窗

偵測沙地獵物的高手

羊魚下頜的長鬚，前端具有敏銳的化學感受器，可以深入沙泥中探測是否有多毛類、甲殼類、陽隧足、軟體動物或心型海膽藏身其內。一旦發現獵物，牠會立刻用吻部及頦鬚把牠們翻掘出來，並加以捕食。

有趣的帶隊覓食行為

大部分的羊魚屬於群游性，偶爾也會單獨活動；有時在日間，有時在夜間覓食。有趣的是，常可在珊瑚礁區看到兩三尾羊魚帶頭，後面跟著一群刺尾鯛、蝴蝶魚、臭肚魚、隆頭魚，沿路撿食羊魚所翻攪出來的食物。據說這是一種節省覓食精力的生態適應策略。

◆正在帶隊覓食的羊魚

◆一群羊魚正用其頜鬚在沙地上偵測覓食

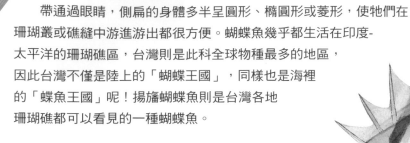

觀察蝴蝶魚

有著小巧嘴巴、豐富色彩的蝴蝶魚，可說是水族館中最賞心悅目的魚族。

牠們優雅地穿梭在珊瑚礁區，就如同蝴蝶般為海中花園增添顏色。牠們身上的色彩也正是辨別種類的依據。蝴蝶魚的體型不大，頭部有一條黑色縱帶通過眼睛，側扁的身體多半呈圓形、橢圓形或菱形，使牠們在珊瑚叢或礁縫中游進游出都很方便。蝴蝶魚幾乎都生活在印度-太平洋的珊瑚礁區，台灣則是此科全球物種最多的地區，因此台灣不僅是陸上的「蝴蝶王國」，同樣也是海裡的「蝶魚王國」呢！揚旛蝴蝶魚則是台灣各地珊瑚礁都可以看見的一種蝴蝶魚。

●體前部白色

●體側有5條由頭部向後上方延伸之黑褐線，另有10～11條向後下方延伸

●吻圓錐狀、中長

●黑色縱帶通過眼睛

◆揚旛蝴蝶魚身上條紋呈人字型

主圖：揚旛蝴蝶魚（*Chaetodon auriga*），最大體長23cm

體後部黃色

第5和第6軟條延長成
絲狀，甚至超過尾鰭

背鰭緣黑色，軟條上
有一個比眼徑大的黑
色假眼斑

尾鰭截形，後
緣前有一鑲黑
邊之黃色橫帶

臀鰭緣黑色

Chaetodontidae
蝴蝶魚科小檔案
分類：鱸形目鱸亞目蝴蝶魚科
種類：全世界共有12屬129種
　　，台灣現有6屬46種
生態：底棲，卵生，肉食（珊
　　瑚蟲、浮游動物或無脊椎
　　動物）

令人稱羨的 海中鴛鴦

許多蝴蝶魚常成雙成對在珊瑚礁區覓食，而且覓食的時候，牠們會不時抬頭與對方互望，就像是恩愛夫妻般互相深情凝視。不過，科學家解釋為這種行為主要是為了避免與對方遠離，如此在危機四伏的珊瑚礁中可彼此照應，減低危險。

◆儷影雙雙的蝴蝶魚

蝴蝶魚的繁殖

蝴蝶魚大部分都生活在20公尺以內的淺水水域，是很典型的日行性魚類，白天出來找東西吃、交配，晚上才躲在礁洞裡面休息。蝴蝶魚在求偶和交配的時候，通常是一對一。先由體型較大的雄魚引誘雌魚離開海底，然後雄魚用頭及吻去碰觸雌魚的腹部，再一起游向海面，同時排精排卵，接著再竄回海底，卵在受精以後，大概一天半就可以孵化，但通常要經歷一兩個月的仔魚漂浮期，才會再度回到珊瑚礁區居住。

幼魚的自保策略

蝴蝶魚的仔魚頭部長了許多刺，是癒合成骨質板的頭盔，可保護自己。仔魚漂到礁區後就變態成為幼魚，幼魚游泳慢，抵抗力也較弱，所以有許多種蝴蝶魚幼魚在背鰭後端，靠近身體和尾巴連接的地方，有一個像眼睛一樣的斑塊，叫「假眼」，而真正的眼睛反而以一條黑色色帶來掩飾。這是蝴蝶魚誘使敵人誤將尾部認作頭部的障眼法，等到長大後，多數種類的假眼就逐漸消失不見了，但黑眼帶卻是終身保持。

容易辨識雜種的蝴蝶魚

「生物種」的概念是指種與種間有生殖的隔離，而無法產生第一代或第二代，但事實上，地球上的物種間仍有許多雜種的出現。在海洋魚類中，較容易被發現雜種的莫過於蝴蝶魚了。這是因為蝴蝶魚的體色鮮豔，種間差異大，容易辨識，因此一旦發現有中間型體色的個體，就可猜出牠應是由哪兩種蝴蝶魚雜交而來。

◆蝴蝶魚幼魚以假眼斑混淆視聽，以求自保。

蝴蝶魚的五類食性

　　蝴蝶魚的口很小，長在前端，大部分種類的上下顎都比較短，有些種吃石珊瑚上的水螅體；有些則會吃軟珊瑚；成群在水層中游動的蝴蝶魚則是吃浮游動物；還有些蝴蝶魚（如長吻蝶魚）的吻比較長，就可以在海膽的刺叢或珊糊的枝椏中掠取躲藏在裡面的多毛類、小蝦、蟹等無脊椎動物。最後一類則是機會雜賓者，什麼都可以吃，包括海藻在內。因為多數蝴蝶魚必須在水質清澈而且有活珊瑚分布的地方才能存活，所以蝴蝶魚數量的多少，也就成為珊瑚礁區是否健康的生物指標。

◆吃珊瑚蟲的川紋蝴蝶魚

◆黃長吻蝶魚以底棲無脊椎動物為主食

◆揚旛蝴蝶魚吃食珊瑚上的水螅體

◆點斑橫帶蝴蝶魚屬雜食性

魚類與人　**特有種更需要保育**

　　蝴蝶魚的地理分布，有些種很廣泛，遍及整個印度洋及太平洋，但也有許多種類分布很狹窄，只分布在紅海（7種）、澳洲（6種）、夏威夷（3種）及太平洋、印度洋或大西洋的小島（14種）。這些居住著許多特有種生物的地區，稱為「熱點區」（hot spots），其生物多樣性應優先保護，即必須劃設保護區且禁止捕撈的地區。

◆銀斑蝴蝶魚以短尖的口啄食潮水帶來的浮游動物

觀察蓋刺魚

珊瑚礁魚類中外形最雍容華貴的莫過於蓋刺魚了。牠們的數量不多，但卻最受潛水者和水族業者歡迎。蓋刺魚和蝴蝶魚在形態和血緣關係上都非常相近，但是蓋刺魚的體型較卵圓，色彩更豔麗，幼時的體色也與成魚不同。此外，蓋刺魚前鰓蓋骨角有一枚向後的強棘，因此稱為蓋刺魚。許多體型較大種類的背鰭和臀鰭，後緣還有一細長的延長部分。蓋刺魚絕大多數都分布在20公尺以內的珊瑚礁區。台灣目前記錄29種，和蝴蝶魚一樣，是種數全球排名第一的地區。甲尻魚則是本科體色最光鮮奪目、最常在水族館中看到的大型觀賞魚類，台灣海域亦偶可見到，特別是南部的珊瑚礁區。

● 魚體長卵形

● 前鰓蓋骨有一強棘

● 體被中小型櫛鱗

● 體色為亮麗的橘黃色，且具有鑲黑邊的藍白色橫帶

◆ 甲尻魚的成魚（右）與假眼明顯的幼魚

主圖：甲尻魚（*Pygoplites diacanthus*），最大體長26cm

● 背鰭與臀鰭軟條後部
圓形或稍鈍尖

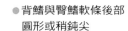

Pomacanthidae

蓋刺魚科小檔案

分類：鱸形目鱸亞目蓋刺魚科

種類：全世界有8屬89種，台灣
現有7屬29種

生態：底棲，卵生，肉食（以
無脊椎動物為主）

●─ 尾鰭圓形

─● 臀鰭褐色，具數條青色縱紋

生態視窗

幼魚及成魚
體色不同

　　蓋刺魚和牠的近親蝴蝶魚
在小時候有兩點頗不相同，其一是牠的仔魚頭上並沒有像蝴蝶魚那樣有棘狀突起，二是牠們的幼魚的體色圖案和成魚常不相同，而有漸漸的轉變過程。蝴蝶魚的體色就沒有這樣隨成長造成的形態差異。

◆條紋蓋刺魚幼魚（右）、中間型（中）與成魚（左）體色的變化
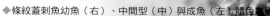

嬌貴的住客

蓋刺魚的數量少，除了人為的過度捕撈所致外，牠對棲所的要求條件特別嚴格也有很大的關係，通常珊瑚礁要有很隱密的洞穴，像獨立礁、大石塊或礁洞等，有較多孔洞者才能夠吸引蓋刺魚的定棲。此外，蓋刺魚也有明顯的領域行為，例如體型較小的刺尻魚屬大概只有幾平方公尺，但大型的蓋刺魚屬則可管轄達一千平方公尺的範圍。

◆疊波蓋刺魚喜於礁體邊緣陰暗處活動，具領域性。

三類不同的食性

蓋刺魚科魚類的食性各不相同，其中體型較小的刺尻魚屬幾乎都是啃食藻類，而較大的蓋刺魚屬則以海綿為主食，再輔以海藻及海葵、海鞘、海雞頭、魚和無脊椎

◆半紋背頰刺魚以浮游動物為主食

動物的卵粒、水螅體和海草等。另外，月蝶魚屬則是白天在礁盤上盤旋，以浮游動物，特別是海桶類為主食，再輔以底棲的苔蘚蟲、多毛類和海藻等。甚至有一種斷線刺尻魚專門撿食雀鯛或金花鱸的排遺哩！

◆鐵紅刺尻魚體型袖珍，以藻類與附著生物為主食。

相互模仿的奧妙

　　魚類的擬態一般都是模擬環境背景的顏色與底質的型態，以便把自己完全偽裝起來，讓掠食或被掠食者都不易發現。但其中也不乏模仿其作為棲所或避難所的無脊椎動物形態的例子，如鰕虎模仿海鞭、海綿、珊瑚；姥姥魚模仿海羊齒；頰棘魶模仿珊瑚，侏儒海馬模仿角珊瑚等。但不同科魚類彼此互相模仿的例子就不多了，除了著名的魚醫生（裂唇魚）及冒牌魚醫生（二帶盾齒鯯）外，刺尾鯛科火紅刺尾鯛的幼魚，會在形態及游姿上均模仿蓋刺魚科的蓋刺尻魚、海耳刺尻魚及伏羅氏刺尻魚；而印度洋的暗體刺尾鯛會模仿虎紋刺尻魚。這種現象十分有趣，但迄今原因仍不明。

◆火紅刺尾鯛幼魚（右）與海耳刺尻魚極相似（上）

蓋刺魚的生殖模式

　　蓋刺魚的人工養殖雖然尚未成功，但是牠們的生殖行為卻有不少觀察報告，特別是小型的刺尻魚及月蝶魚屬。牠們除了成雙成對外，也常有三妻四妾的情形，也就是說，一尾雄魚在牠的領域內會同時擁有二至五尾雌魚為伴。

　　熱帶地區的魚類通常可終年繁殖，特別在黃昏時刻。交配時，雄魚會間歇地追逐雌魚，再竄游到上方暫停並展示其體側面，被打動芳心的雌魚則會尾隨上游。然後雄魚會用吻部溫柔地摩擦雌魚的腹部，再一起游到離海底3～9公尺的水層中，同時排精排卵。受精卵大約1～2天孵化，仔魚漂流17～39天後變成幼魚，再沉降到海底定居，1～2年後成熟。蓋刺魚是屬於先雌後雄的性轉變，和金花鱸一樣，當雄魚死後，排名第一的雌魚會性轉變為雄魚來取代之。由於求偶不易，所以蓋刺魚和蝴蝶魚一樣，會有不少因「飢不擇食」而產生雜種的例子。

觀察慈鯛

談到慈鯛，也許不少人還不甚了解，但說起吳郭魚，大概就少有人不知了，「吳郭魚」其實已經變成台灣慈鯛科魚類與其雜交種的泛稱。慈鯛原產於熱帶中南美洲、非洲及西印度群島，因具有養殖食用及觀賞用途而被引進全球各地，如今已是熱帶與亞熱帶地區最常見的外來魚種。目前估計全球慈鯛至少有2000種以上，是硬骨魚類中種類數名列前茅的家族。慈鯛科魚類體型變化不小，但大多長的像鱸，只是身體較高而側扁。尼羅口孵魚是五○年代引進台灣的慈鯛科魚類，外形與其他吳郭魚十分近似，從名字就知道，牠們可是具有「口孵」絕技的好父母呢！

● 魚體橢圓形，側扁，背部輪廓隆起

● 體色隨環境而異，一般為暗褐色，背部暗綠，腹部銀白

● 體被大櫛鱗

◆吉利慈鯛也是台灣常見的一種吳郭魚，原產於非洲。

慈鯛的護幼行為

慈鯛有嚴密的護幼行為，所以被稱為「慈鯛」。牠有三種照顧下一代的方式，一為口孵，即由雌魚把受精卵含在口中孵化；二為基底孵卵，由雄魚或雌魚共同護衛；另有一些種類則是併用上述兩種方式，將卵產在巢穴底床中，待孵化後，再把新孵出的仔魚含在口中保護。

◆正在口孵的慈鯛

主圖：尼羅口孵魚（*Oreochromis niloticus niloticus*），最大體長60cm

Cichlidae
慈鯛科小檔案
分類：鱸形目隆頭魚亞目慈鯛科
種類：全球共有212屬1,686種以
　　　上；台灣在淡水域中所有出
　　　現的種，均為外來種
生態：底棲，多為卵生口孵，
　　　肉食、雜食或草食

● 背鰭單一，無缺刻

● 體側具8～12
　條暗色橫帶

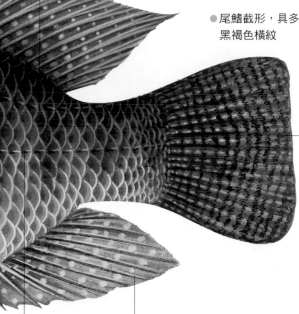

● 尾鰭截形，具多條
　黑褐色橫紋

● 臀鰭、背鰭、尾鰭
　具灰色小點

● 側線分成
　上下兩段

◆經人工育種改
　良的紅尼羅魚

魚類與人

入侵種的憂慮

　　台灣最早的慈鯛是1946年由吳振輝和郭啟彰兩位先生從印尼引入的，所以稱為「吳郭魚」。之後，其他學者及水試所陸續引進其他種類，並進行雜交繁殖，因此種系十分混亂。迄今至少引進50種以上的觀賞性慈鯛，4種以上的食用種，及各類雜交種或品系。吳郭魚因其適應力、繁殖力強、體型亦大，已成為熱帶國家重要的養殖或食用魚類。雖然牠能提供當地民眾物美價廉的動物性蛋白質來源，但也因任意引進，在野外過度繁殖，而排擠許多原生種魚類生存的空間，已造成入侵種之問題。

演化舞台

慈鯛的爆炸演化

　　慈鯛外表共同特徵很少，但牠們在喉部卻都有一組稱為「咽頜」的構造，加上牙齒形態的分化，更方便牠捕食並咀嚼各類不同食物，因此慈鯛在淡水水域中佔儘優勢，並得以迅速演化出許多不同的魚種。

　　例如：科學家發現，在非洲的馬拉維湖（Lake Malawi）中即可能有500種以上的慈鯛，而東非的維多利亞湖（Lake Victoria）至少有400種，坦干伊喀湖（Lake Tanganyika）則有300種以上，上述湖泊中有99%的種類都是該湖的特有種。在短時間內，同一個湖中可以演化出這麼多不同種類的慈鯛，是因為慈鯛在掠食器官（如口型及牙齒）的形態和功能上，已發展出許多不同的型式，可以將資源作有效分配，使食性多樣化而不會相互競爭，因此可以和平共存。

觀察雀鯛

體型長的像鯛，但宛如麻雀般嬌小，體色亮麗多彩，加上一張小嘴，這就是雀鯛科的魚類。牠們是典型的珊瑚礁小型魚，更是其中數量最龐大的一群！通常以附著在珊瑚礁上的小型甲殼類和浮游動物為食。雀鯛共有4個亞科，其中的雙鋸魚亞科，就是鼎鼎有名、與海葵共生的小丑魚；而雀鯛亞科的身體比較圓，其中的豆娘魚屬是沿岸潮間帶或水深10公尺以內礁區，最常見的中水層浮游動物食性魚類，偶爾在魚市場也可見到。條紋豆娘魚則為台灣礁區岸邊最常見的珊瑚礁魚類。

● 頭部全被有鱗片

● 體背為顯著之黃綠或藍綠色

● 體被櫛鱗

● 前鰓蓋骨後緣平滑

Pomacentridae
雀鯛科小檔案

分類：鱸形目隆頭魚亞目雀鯛科

種類：全世界共有 4 亞科29屬389種，台灣現有 4 亞科18屬104種

生態：珊瑚礁底棲，卵生，浮游動物食性、雜食、藻食

棲所食性各有所好

珊瑚礁環境之所以能在幾公尺的範圍內同時居住上百種魚類，主要是因為這些不同的魚類為避免競爭，已發展出各自不同的棲地喜好與食物資源（如：浮游動物、海藻、甲殼、珊瑚、雜食、

主圖：布條紋豆娘魚（*Abudefduf vaigiensis*），最大體長20cm

●體側有4～5條黑色橫帶

●背鰭單一連續，淡黃色

◆條紋豆娘魚是岸邊
浪拂區常見的魚類

●尾鰭凹入

碎屑、食魚(等)，因此得以
和平共存，將礁區的資源做
最有效和充分的利用。
雀鯛科魚類中不同的屬
或種，在這方面的分
配利用更是發揮得淋
漓盡致。

肉食性，以浮游動物為
主食的黃背寬刻齒雀鯛。

草食性，以藻類為主食的
雷克斯克齒雀鯛。

在熱帶珊瑚礁區特別是有颱風侵襲的地區，魚種的組成並非一成不變，主要是因為每當原來棲所空間的佔有者不幸死亡或被掠食後，接下來能佔有這騰空棲所的屋主並不一定是原來的魚種，而是視當時哪一種幼魚正要從水層中沉降到礁區定居而定。也就是先佔先贏，此稱為「彩票理論」，所以熱帶珊瑚礁區的魚種組成往往難以預測。

與海葵、珊瑚
　共生的小丑魚

小丑魚就是海葵魚，因模樣如小丑般可愛而得名，牠和海葵共生的傳奇最為人所熟知。平常小丑魚都躲在海葵的觸手叢中，靠海葵有毒的刺絲胞來保護，而牠自己身上所分泌的黏液則有免疫的功能。此外，小丑魚會將黏著　的卵產在海葵的根足

部附近，接受海葵的保護，而小丑魚則以幫海葵清除病變的觸手或殘渣來回報。

圓雀鯛屬或光鰓雀鯛屬的種類通常都住在尖枝列孔（軸孔珊瑚）或鹿角狀珊瑚的枝叢中，以水層中的浮游性物為食。而約島固齒雀鯛或迪克氏固曲齒鯛則會以珊瑚的水螅體為食，這種會對房東──珊瑚造成危害的情形，就不叫互利共生，而是片利共生了。

◆約島固齒雀鯛平常只在珊瑚叢附近活動

◆與海葵共生的兩種小丑魚（上、左）

◆生活在珊瑚叢中的藍綠光鰓雀鯛

小時了了

雀鯛也會性轉變，海葵魚屬是先雄後雌，其他屬則是先雌後雄。但雀鯛和隆頭魚、鸚哥魚不同，牠雌雄的體色都一樣，沒有什麼差別。不過，有幾個屬的雀鯛，如固齒雀鯛和新刻齒雀鯛，幼時體色明亮可愛，常被捕撈作為海水觀賞魚，只是長大後體色就變成不起眼的暗淡灰黑色了。

◆網紋圓雀鯛幼魚體色明亮；成魚卻黯淡不起眼（上）

199

觀察隆頭魚

隆頭魚科是僅次於鰕虎的第二大海水魚家族。但牠們的體型大小差異很大，外形輪廓則從細長梭型、葉片型到一般的鯛型都有。某些隆頭魚到了老年時，頭部會隆起，有些只是微凸，有些則前額明顯突出，這應該是當初稱此科為「隆頭魚」的原因。隆頭魚大多為肉食性，口吻一般略長，可自由伸縮，唇上有肉，口內有尖齒，具有一枚連續且長的背鰭。

隆頭魚和鸚哥魚都屬於隆頭魚亞目，但隆頭魚的地理分布比鸚哥魚更廣，牠們可分布到溫帶的冷水區，是溫帶礁區的主要成員。體型大的隆頭魚為高價值的食用魚類，體型小具鮮豔色彩者則成為水族飼育寵兒。隆頭魚以貪睡聞名。而成員中的裂唇魚屬，則是備受魚族禮遇的「魚醫生」。橫帶唇魚是台灣隆頭魚科魚類中體色最鮮豔的一種。

●上下頜突出，成魚的犬齒會露出口外

●頭胸部有大塊橙紅色橫斑

◆體小鮮豔的六帶擬唇魚是受歡迎的觀賞魚

◆曲紋唇魚的老成魚額頭會明顯隆起突出

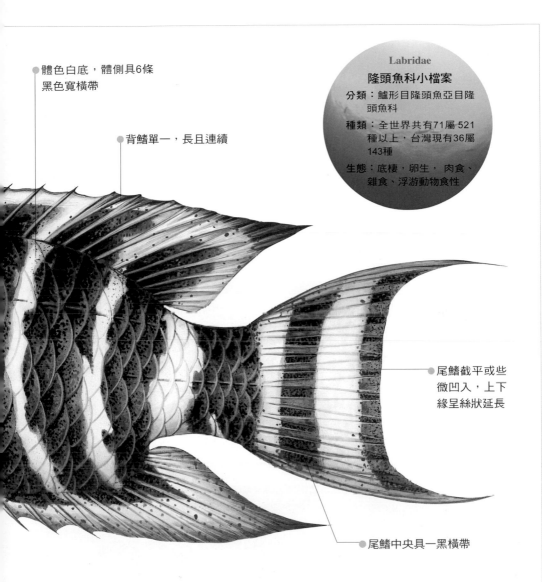

● 體色白底，體側具6條
黑色寬橫帶

● 背鰭單一，長且連續

Labridae

隆頭魚科小檔案

分類：鱸形目隆頭魚亞目隆
頭魚科

種類：全世界共有71屬521
種以上，台灣現有36屬
143種

生態：底棲，卵生，肉食、
雜食、浮游動物食性

● 尾鰭截平或些
微凹入，上下
緣呈絲狀延長

● 尾鰭中央具一黑橫帶

 **最有效率的
捕食者**

在珊瑚礁魚類中，隆頭魚
可說是日間最有效率的肉食
者，牠不停地在珊瑚礁盤或
外圍沙泥地上搜尋小型無脊
椎動物，由於其攝食器官多
變化，加上具有敏銳的感覺

器官，使隆頭魚得以獵捕具
有偽裝或擬態本領的各種小

型蝦貝介類。有不少隆頭魚
類喜歡盤旋在獨立礁的上方
水層，啄食浮游動物
，也有一些隆頭魚會
吃活的珊瑚蟲、小魚
，甚或只吃魚身上的
寄生蟲。

◆以小型底棲無脊椎動物
為主食的西俚伯斯鸚鯛

主圖：橫帶唇魚（*Cheilinus fasciatus*），最大體長40cm

備受禮遇的魚醫生

隆頭魚科裂唇魚屬（*Labroides*）的魚類是魚族中備受禮遇的「魚醫生」，許多兇猛的鱔、石斑、鮋等，乃至於群游的笛鯛、雞魚、烏尾冬等，到了礁區都會停下來，輪流請「魚醫生」來啄食牠們體表、口腔、鰓腔內的寄生性橈足類。所以牠又被稱為「清道夫魚」（

◆魚醫生（裂唇魚）正在為雀鯛服務

cleaner wrasse）。魚醫生可說是珊瑚礁的生態關鍵種，

少了牠，據說該礁區的其他魚類也會跟著搬家呢！

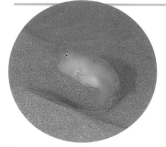

◆遇到危險準備鑽入沙中躲藏的彩虹魚

最貪睡的魚

隆頭魚屬於日行性魚類，白天四處覓食，夜晚則在礁區或沙地休息。牠是黃昏時分最早就寢，早上卻最晚起床的魚類，也可以說是珊瑚礁魚類中較貪睡的一群。生

活在礁區外沙地的小型隆頭魚、彩虹鯛屬（*Xyrichthys*）、新隆魚屬（*Novaculichthys*）等，平常都有潛入沙泥地睡眠的習慣，白天遇到危險時也是鑽入沙泥地避難；而大型的隆頭魚則多半躲入礁穴、礁洞中的較深處就寢。

躲在礁盤下就寢的染色光嘴魚（雌魚）

◆帶尾新隆魚夜晚潛沙而眠

◆月斑葉鯛正奮力地用胸鰭滑水前進

只靠胸鰭划
的奇特游姿

大部分魚類在游泳時，主要都是靠身體後半部和尾鰭的擺動向前方推進，而胸鰭、腹鰭、臀鰭與背鰭則負責控制方向和上升下潛。但也有少數魚類是靠著其他鰭來運動，例如魟類靠著擴大為體盤的胸鰭呈波浪式運動前進；海馬和扳機鈍靠背鰭來行動；有些屬的隆頭魚，尤其是葉鯛屬（*Thalassoma*），主要是靠胸鰭奮力划動，而瘦長的身軀則維持水平方向，或身體後半部下垂，動也不動，彷彿掛在那裡一般，模樣十分有趣。

不可思議的性別奧祕

許多魚類都會行各式各樣的變性，但隆頭魚的變性與體色轉變機制尤其複雜。依照成熟的程度，某些隆頭魚的體色可分為三種型態，分別為體色平淡（群游種）或體色鮮豔（獨游種）的「稚魚型」（juvenile phase）；體色平淡的「初始型」（initial phase）；以及最後色彩鮮豔的「終期型」（terminal phase）。大部分的種類在稚魚型時性別尚未決定。初始型時多為雌魚，只有極少數扮演衛星雄魚角色的初級雄魚個體（primary male）。隨著成長，初始型的雌魚會經歷性別轉換變成雄魚，而外表亦會因為雄性荷爾蒙的提升逐漸變成色彩多變的終期型。換言之，雄魚可分為一輩子為雄性之初級雄魚（primary male），以及由雌魚性轉換來的次級雄魚（secondary male）兩類，初級雄魚是否會轉變成體色鮮豔又稱終期型的次級雄魚，則目前尚未研究清楚。

◆同一種魚之稚魚型（左）、初始期（右下）、終期型（右上）

觀察鸚哥魚

在魚市場或海產店裡常會看到一種被喚做「青衣」或是「綠仔」的魚，牠們的鱗片很大，身上具有鮮豔的青色或綠色斑紋，這就是鸚哥魚科的雄魚。鸚哥魚一般體長20～50公分，是珊瑚礁區內體型較大的魚。牠們最大的特徵是大多數種類的上下頜齒已經癒合為齒板，像鸚鵡嘴般，可用來啃食珊瑚礁上附生的藻類，所以又稱牠們為鸚鵡魚、鸚嘴魚。鸚哥魚的幼魚期時體色多半為灰褐色，不易辨識種類，長大後雖然色彩較為鮮豔，但五顏六色混雜在一起不易描述，也造成分類上的困難。鸚哥魚分布於熱帶及亞熱帶三大洋的珊瑚礁區、岩礁區、海藻或海草區，以印度洋及太平洋的種類最多。青鸚哥魚則是鸚哥魚家族中體色最鮮明的代表，雄魚甚至贏得「青龍」之稱，是老饕眼中青衣的極品。

● 自頸部有橙色小斑向後延伸至臀鰭基部

● 體呈長卵圓形，稍側扁

● 吻鈍圓，具鳥喙般癒合齒版，上有顆粒狀突起

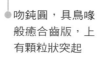
◆變色鸚哥魚雄魚

◆紅紫鸚哥魚雄魚

◆新月鸚哥魚雄魚

● 自上唇有一橙色線延伸至臀鰭前緣，此線上方有橙色小斑分布

● 胸鰭從藍紫色到黑色

● 腹鰭黃色，外緣綠色

主圖：青鸚哥魚（*Cetoscarus bicolor*），♂，最大體長90cm

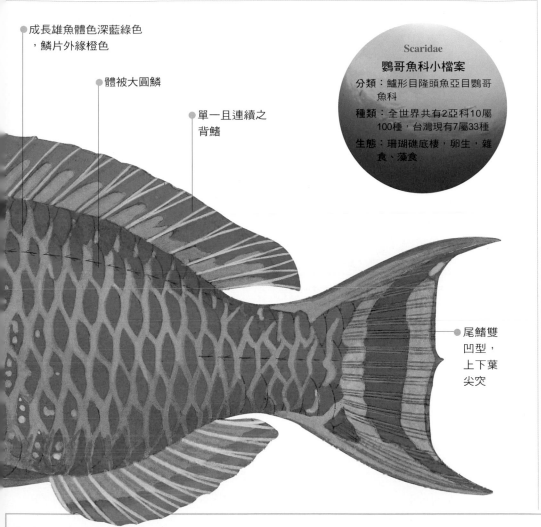

● 成長雄魚體色深藍綠色，鱗片外緣橙色

● 體被大圓鱗

● 單一且連續之背鰭

Scaridae

鸚哥魚科小檔案

分類：鱸形目隆頭魚亞目鸚哥魚科

種類：全世界共有2亞科10屬100種，台灣現有7屬33種

生態：珊瑚礁底棲，卵生，雜食、藻食

● 尾鰭雙凹型，上下葉尖突

 超級變變變

鸚哥魚和隆頭魚一樣，會隨著成長改變性別與體色，一生可能包含四個時期：首先是透明的「漂浮期仔魚」；接著是未成熟的幼魚，此時性別尚未決定，其「稚魚型」體色會依活動行為而有不同，成群活動的種類體色大多為灰褐色，如雜紋鸚哥魚，而單獨活動的種類，體色卻鮮豔而亮眼，如青鸚哥魚；長大後的「初始型」體色大多為灰色、紅色或褐色，此時大多數個體為雌魚，少數為雄魚；雌魚成長到一定體型後，即會性轉變為色彩鮮豔的「終期型」雄魚，以青色和綠色為主。

◆青鸚哥魚幼魚（左）、雌魚（上）與雄魚（下）

 珊瑚砂的生產者

鸚哥魚除了用堅硬的門齒來啃食或刮食死珊瑚上所附生的藻類外，牠們在喉部還有一套更堅硬的咽頭齒，用來研磨吃進去的礁石碎片，磨碎的珊瑚砂再排泄出來，成為珊瑚礁區細砂沉積物的重要來源。原則上，大多數

鸚哥魚的成魚和所有鸚哥魚的幼魚都啃食死珊瑚上的藻類，只有極少數種類的鸚哥魚，在變成大型雄魚後，會變成啃食活珊瑚，如白斑鸚哥魚和青鸚哥魚。此外，凸額鸚哥魚在郊區活動時，也會啃食活珊瑚。一般草食性魚類，為了消化藻類的細胞壁，腸道都特別長（體長的

◆卵頭鸚哥魚的排遺含沙量高，是珊瑚礁區沙地的主要供應來源。

2～5倍），鸚哥魚沒有胃，雖然腸道不算特別長（只有體長的1.4倍左右），但迂迴曲折，同樣具有延長食物通過時間的效果。

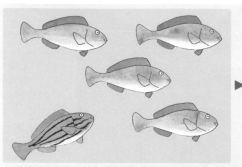

◆混游時鸚哥魚幼魚會少數服從多數，變換成同樣的體色。

隨同伴換裝的幼魚

許多海洋生物都有變色的本領，譬如比目魚因為要模擬周圍環境而變色；章魚則是不只隨環境，也會隨情緒

在一起混游的許多種鸚哥魚的幼魚

而變色。但鸚哥魚幼魚則是目前生物界已知，極少數因為社會行為而變色的例子，就像上學穿制服，只要群游在一起，不論種類一律呈現一致的灰褐色或是縱紋；一旦落單，即刻換裝成美麗鮮豔的便服，而且所有變色都在瞬間完成。

特殊的滑翔式游技

鸚哥魚不是靠尾鰭來當游泳的推進力，反而依賴槳狀的胸鰭來划水，而且前進的路線不是直線狀，而是上下起伏的波浪狀，以類似鳥類滑翔的方式，半游泳半滑翔來前進。

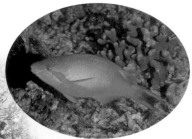

東沙島的爪哇鸚哥魚以胸鰭划水前進

自備睡袋的鸚哥魚

　　鸚哥魚白天有時單獨行動，有時則以同種或不同種混雜在一起的方式，成群在礁區四處覓食活動，到了夜間則各自在礁區內尋找近底部的礁洞中就地而眠。為了保護自己不被掠食者發現，牠們還會從口中吐出黏液，做成一個透明的「睡袋」把自己包裹起來。因為海鱔（薯鰻）夜間是靠嗅覺出來獵食，所以用「睡袋」把自己的氣味包起來，就可以高枕無憂了。當然為了讓呼吸順暢，黏液囊會留下兩個孔以保持內外水的交換。這種吐黏液的行為受光週期所控制。

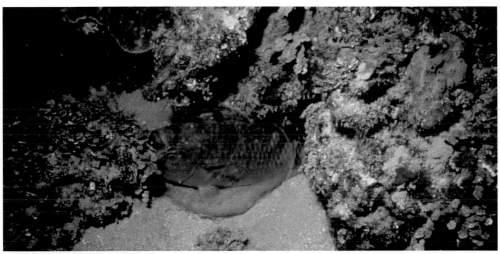

◆包裹在黏液泡囊裡的橫紋鸚哥魚雄魚

鸚哥魚的交配與生殖

　　鸚哥魚的交配方式會隨著週邊可利用的資源多寡而有不同。在礁區寬廣的地方，雄魚會建立自己獨有的領域，大多以一尾雄魚對三至四尾雌魚方式配對。但是在礁區狹窄資源有限的區域內，雄魚無法劃清彼此的地盤，所以主要以多尾雄魚對多尾雌魚的交配方式進行。

　　鸚哥魚在水層中產卵、排精，除鸚鯉亞科的受精卵是圓形卵外，大多數種類的卵都是橄欖球狀，跟一般魚很不一樣。經過2～3天之漂流後，孵化為仔魚，再經過一段漂浮期後（約30～40天），即伺機回到礁區定居下來。鸚哥魚的仔稚魚在漂浮期仍吃浮游動物，待沉降定居至礁區後，就開始變成啃食礁石表面藻類為主的草食性魚類。

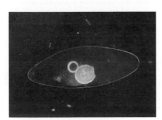

◆橄欖球狀的鸚哥魚魚卵

 辨識鸚哥魚與隆頭魚

　　鸚哥魚常被誤認為隆頭魚，其實牠們長的非常像，許多生態習性也很類似，早期學者認為牠們都是隆頭魚，但因為鸚哥魚牙齒癒合，咽頭齒很發達，所以被獨立出來成為獨立的鸚哥魚科。

◆鸚哥魚的牙齒癒合成齒板

觀察鳚

鳚住在岩礁或珊瑚礁潮間帶，長相和住在紅樹林裡的彈塗魚（⇨P.212）相似，身體呈長條狀，眼睛接近頭頂上方，嘴角上揚，彷彿在微笑，而且同樣會以跳躍的方式行動。

不過，鳚的身體稍微側扁，不像彈塗魚那麼圓，而且只有一個背鰭，部分種類還有頭冠。鳚大多沒有鱗片，或是僅有變形的鱗片。一般體型都不大，只有七、八公分左右。屬於底棲性的鳚科成魚，由於不需要經常控制浮沉，所以沒有鰾的構造。在台灣的潮間帶，常可見到屬於「唇齒鳚族」的條紋蛙鳚。

- ●背鰭與臀鰭有淡藍色縱紋或布滿紅褐斑點
- ●眼上及頸上鬚不分支
- ●雄魚有頭冠
- ●眼大突出
- ●鼻鬚掌狀分支

Blenniidae

鳚科小檔案

分類：鱸形目鳚亞目鳚科
種類：全世界共有58屬400種，台灣現有25屬68種
生態：底棲，卵生，草食或肉食

- ●上下唇平滑

識別錦囊

鳚的家族

鳚科可依體型、頭型、口型和尾鰭條分支數目等外觀特徵，分成六族（族是介於科與屬間的分類階層），分別為唇齒鳚族、蒙鳚族、副鳚族、鳚族、肩鰓鳚族及劍齒鳚族。其中，以唇齒鳚族的屬最多，主要分布在印度-西太平洋，有些種類可離水一段時間，通常我們在潮間帶看到的是其中的蛙鳚和間頸鬚鳚，而頸鬚鳚、無鬚鳚及多鬚鳚則多半只生活在亞潮帶。劍齒鳚族具有犬齒，平時在亞潮帶的水層中活動。肩鰓鳚族和鳚族在潮間帶亦常見。

◆鳚族

主圖：條紋蛙鳚（*Istiblennius edentulus*），♂，最大體長14.4cm

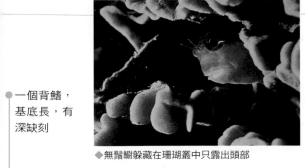

◆無鬚䲁躲藏在珊瑚叢中只露出頭部

◆具有明顯皮質頭冠的斑頭肩鰓䲁

一個背鰭，
基底長，有
深缺刻

體色棕綠、深褐至黑色，具
6條以上不明顯的深色橫帶

體側後半部、背鰭、
臀鰭有時有黑點

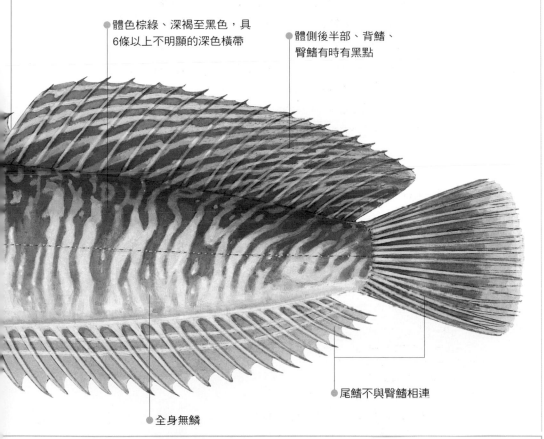

全身無鱗

尾鰭不與臀鰭相連

◆肩鰓䲁族

◆唇齒䲁族

◆劍齒䲁族

◆副䲁族

盤坐露小臉的唇齒鳚

唇齒鳚住在沿岸浪濤較大的潮間帶，體色和潮池背景相似，不易發現。平常躲進小洞時，牠總是先把尾巴伸進洞裡，盤好身子，只露出頭部。為了偵測洞外周圍環境的變化，唇齒鳚的側線和感覺孔，集中在頭部和身體前半部。牠的頭圓鈍，嘴大，多以潮池裡的海藻維生。

◆棲息於潮池中的唇齒鳚

繁殖季時，成雙成對的公魚和母魚會在礁洞中產卵，母魚產卵後，公魚會用身體或尾部圍繞住卵塊，負責護卵。

爭奇鬥豔的劍齒鳚

鳚科的另一大類是生活在亞潮帶水層中，體色鮮豔美麗的劍齒鳚族，牠們經常住在像管子一樣的小洞中，偶爾從洞口突然露出一個臉來，模樣十分逗趣可愛。有時候，牠們也會把海裡漂流的垃圾空罐當作「家」。這類魚的口很小，下顎後方長著兩枚向後彎的銳利犬齒，可以幫助牠防禦、攻擊和偷襲。牠常常偷咬其他魚的鰭、皮膚或鱗片，甚至身上的黏液來吃。因為攻擊性強，大魚都不敢招惹牠，所以牠身上不必穿「迷彩裝」，也無須躲躲藏藏，可以大方地在水層中巡游。

◆住在管子裡的劍齒鳚（上）（下）

◆杜氏劍齒鳚與鈍頭葉鯛（後方）一齊群游

鳚科的小不點

　　在潮間帶生活的唇齒鳚或肩鰓鳚等種類體型都較大，身體較長。而潮間帶以下的珊瑚礁區，還可見到一些體

◆大眼睛咕碌碌轉的無鬚鳚

◆在馬尾藻叢中的跳岩鳚

型更嬌小的鳚科成員，例如無鬚鳚，牠的眼睛長在頭部的正上方，可以各自獨立轉動，非常神奇；另有一種跳岩鳚，常在馬尾藻叢中出現；還有一種身體特別短胖、顏色較花的短多鬚鳚則愛吃珊瑚的水螅蟲。

冒牌魚醫生
——三帶盾齒鳚

　　人類世界裡，只要正港貨一紅，冒牌貨往往就趁機而出，想不到魚類世界也有這樣的實例：三帶盾齒鳚就是所謂的「冒牌魚醫生」，牠的外型、體色和真正的魚醫生「裂唇魚」（⇨P.202）極相似。牠總是趁著魚兒被騙過來看病時，出其不意地狠咬一口。「裂唇魚」屬於隆頭魚科，而三帶盾齒鳚卻是鳚科。血緣關係完全不同的魚，在形態上卻模仿別科的魚，得以逃避天敵或誘騙獵物，稱之為「擬態」。

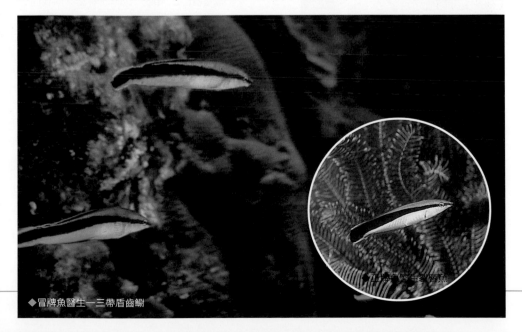
◆冒牌魚醫生—三帶盾齒鳚

觀察鰕虎

鰕虎是所有魚類中種類最多的一科。牠們的分布範圍上達2000公尺的高山，深抵800公尺的海洋，除了南北極和深海底部之外，幾乎各地都有鰕虎的蹤跡，其中有半數的種類棲息於珊瑚礁區，三分之一在河口泥灘，十分之一在淡水，其餘的在岩礁、沙灘或大陸棚。大部分的鰕虎身體呈長圓筒形，頭鈍，口大，有兩個背鰭，兩個腹鰭有時會癒合成吸盤，可用來吸附在岩石表面。鰕虎身上沒有側線，但在頭部有感覺孔或乳突，是重要的分類依據。鰕虎體長大多介於4～10公分，體型最小的微鰕虎，成魚體長甚至只有8～10毫米，是地球上最小的脊椎動物。常在台灣西海岸紅樹林的泥灘地上見到的大彈塗魚，不但是鰕虎中的跳躍高手，也是極少數可以暴露在空氣中生活的魚類。

● 眼大突出

● 頭鈍

● 口大

● 胸鰭基部肌肉發達，呈圓盤狀

● 左右兩枚腹鰭癒合成吸盤

◆極樂吻鰕虎是生活在淡水的底棲魚類

◆石壁范氏塘鱧常棲息於礁沙混合區的沙地上

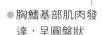

 生態視窗　**泥灘上的彈跳高手**

棲息於潮間帶的彈塗魚有許多特異功能，包括：胸鰭的基部肥厚，具備攀爬的能力；鰓蓋發達，有短暫的蓄水功能；尾部強而有力，利於在泥灘上彈跳。彈塗魚的兩個眼睛突出於頭頂，因此不論是停棲在泥灘上或沉浸在水裡，牠們的雙眼都會露

主圖：大彈塗魚（*Boleophthalmus pectinirostris*），最大體長16cm

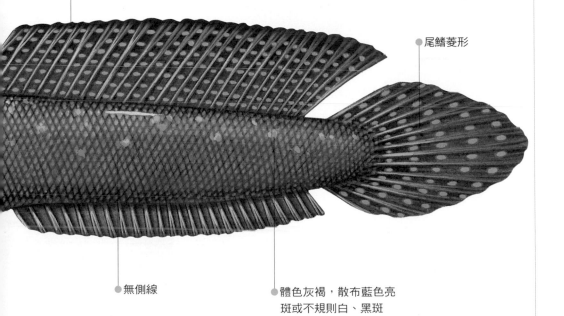

Gobiidae

鰕虎科小檔案

分類：鱸形目鰕虎魚亞目
鰕虎科

種類：全世界共有247屬
1,733種以上，台灣
現有77屬247種以上

生態：多底棲，卵生，多
雜食或肉食

兩個背鰭分離
，第一背鰭末
端延長

尾鰭菱形

無側線

體色灰褐，散布藍色亮
斑或不規則白、黑斑

出水面，隨時注意空中是否有天敵——鳥類出沒。牠們的擬態本領高強，靜止不動的時候，不易發現。

台灣有四種彈塗魚，其中數量最多的是「彈塗魚」，身體的長度大多六、七公分，又稱「泥猴」或「石貼仔」，全身灰褐色，有深色的斑紋，在臺北縣的淡水　帶常可看見。還有一種是體型可以大到16公分的「大彈塗魚」，俗稱「花跳」，比較少離水活動，全身有淺藍色斑點，很容易辨識。大彈塗魚在求偶或是向侵犯地領域的招潮蟹示威時，會豎起美麗的背鰭和尾鰭。為了獲得母魚的青睞，公的大彈塗魚常會在泥灘地上，連續跳上好幾回「求偶舞」。

◆彈塗魚體色灰褐，不易被發現。

「同居」生活妙趣多

珊瑚礁區的鰕虎和無脊椎動物之間的共生現象非常普遍，其中又以槍蝦與鰕虎的共生最為有趣。槍蝦負責清理巢穴，鰕虎則擔負守衛，平時槍蝦將長鬚搭在鰕虎身上，如遇危險，鰕虎身體動一下，槍蝦便立刻躲入洞穴，斑點鈍鯊、白頭鰕虎、黃

◆斑點鈍鯊和槍蝦共生

莫三比克飄鰕虎體色和共生的海綿相似

斑櫛鰕虎、斑紋猴鯊都是此類型的典型代表。

有些鰕虎一生都和無脊椎動物，如珊瑚、海綿、海鞭等住在一起，牠們的體型通常較小，體色近似同居的無脊椎動物，具有偽裝隱蔽的作用，例如莫三比克飄鰕虎；而有些種類，如紡錘鰕虎的身體甚至是透明的，身上

的斑紋則和周圍的沙礫地或珊瑚背景相近，難以發現。有的則乾脆躲在洞裡面、礁縫內或是珊瑚叢中，很少出來，如磨鰕虎或短鰕虎等。

紡錘鰕虎的身體近乎透明

米奇鰕虎棲息在石珊瑚上，與其共生。

鰕虎的生活史

鰕虎傳宗接代的型式都差不多,通常是一夫一妻或一夫多妻。最近才發現少數鰕虎也會有由雌變雄的性轉變,例如短鰕虎。母鰕虎每次可產數顆到數百顆卵,產卵時,將卵黏附在海藻床、岩石、或珊瑚礁中,再由公蝦虎進行體外受精。產畢母魚離開,公魚則留下來負責守衛,除了用胸鰭等來搧卵增加水流交換外,還會啄卵,清除壞死的卵粒。

數天後,仔魚孵化,開始過三天至半年的漂流生活,直到適當的棲地,再沉降定居下來。在熱帶地區,小鰕虎經過一週或幾個月即可長大為具有成熟特徵的個體。

鰕虎中也有不少種類在淡水產卵,仔魚孵化後,順著水流而下,在海中漂流幾週

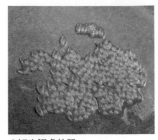

◆短吻鰕虎的卵

或幾個月,成長至二、三公分,再大規模地集體溯河而上,回到牠們出生的溪流棲息。

小鰕虎的溯河洄游

台灣東部的河川,像立霧溪、秀姑巒溪在每年農曆的三、四月時,一些河海洄游性的鰕虎,如日本禿頭鯊或大吻鰕虎會和其他溯河的蝦蟹類一齊出現大規模成群由河口溯河而上的生態奇景。由於牠們的溯河能力很強,若無水庫或大型攔河堰的攔阻,不但可以爬越攔沙壩或小型瀑布,上溯至中上游水域,甚至到達離河口超過五十公里的上游區。由於日本禿頭鯊溯河時數量龐大,當地居民便在河口或溪流旁設陷阱捕撈食用,成為他們最喜愛的鰍仔魚。日本禿頭鯊在溪流的中上游產卵,孵化後仔魚隨溪流漂送

◆剛進入河口的日本禿頭鯊幼魚

到河口或海洋中成長,二、三個月成長到三公分左右時,又開始溯溪洄游。

腹鰭的適應

鰕虎的形態變化大,生活在不同棲地的鰕虎,特別是在水流強弱不一的河川的上、中、下游的淡水鰕虎,或是在潮間帶受到潮水沖擊的岩礁帶,牠們的腹鰭有些會癒合為吸盤,緊貼著岩石表面,以免被浪濤或急流所沖走。腹鰭左右兩枚的癒合程度隨種類而異,大體上,吻鰕虎是完全癒合為吸盤,硬皮鰕虎或鈍塘鱧在基部有癒合膜,而塘鱧(屬於塘鱧科)或磯鰕虎、磨鰕虎則是完全分離的。

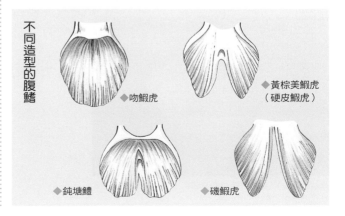

不同造型的腹鰭

◆吻鰕虎

◆黃棕美鰕虎(硬皮鰕虎)

◆鈍塘鱧

◆磯鰕虎

觀察刺尾鯛

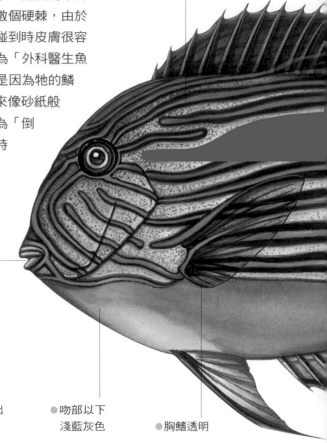

●吻部以上體色黃色，並具6～8條淺藍鑲黑邊縱帶

刺尾鯛科科名的由來，是因為本科魚類尾柄上具有一個或數個硬棘，由於鋒利如外科手術刀，不小心碰到時皮膚很容易被劃破流血，因此在國外稱牠為「外科醫生魚」。刺尾鯛又名「粗皮鯛」，這是因為牠的鱗片小且緊緊附著在皮膚上，摸起來像砂紙般粗糙的緣故。海釣客則習慣稱牠為「倒吊」，這可能和牠們在礁區休息時喜歡頭下尾上的行為有關，或因尾柄上的棘呈倒勾狀之故。刺尾鯛科的魚類體型高而側扁，有些種類體色十分鮮豔。分布在熱帶及亞熱帶三大洋的珊瑚礁區，以印度-太平洋的種類最多。線紋刺尾鯛為本科中體色鮮豔的代表之一，常成群出現在熱帶淺水珊瑚礁平台上刮食藻類。

●口小，略突出

●吻部以下淺藍灰色

●胸鰭透明

◆線紋刺尾鯛身上的條紋十分醒目，牠們都在岸邊潮間帶及浪拂區活動。

 生態視窗 ## 吃素的魚

大部分的刺尾鯛都是素食主義者，牠們的口很小，門齒緣呈鋸齒、波浪狀，有的牙齒甚至長得像一把細細長長的剛毛刷，很適合刮食附著在珊瑚礁上的藻類，常成群結隊在珊瑚礁區覓食。除了用肌胃來磨碎藻類外，有些種類在腸的末端會膨大為「

主圖：線紋刺尾鯛（*Acanthurus lineatus*），最大體長38cm

● 鱗片細小，表皮
　如砂紙般粗糙

● 尾柄兩側各
　有一毒棘

Acanthuridae

刺尾鯛科小檔案

分類：鱸形目刺尾鯛亞目
　　　刺尾鯛科

種類：全世界共有2亞科6
　　　屬82種，台灣現有2
　　　亞科6屬41種

生態：底棲，卵生，草食
　　　或浮游生物食性

● 尾鰭呈月型
　，深藍色

◆以浮游動物為主食的擬
刺尾鯛，是刺尾鯛家族中
少數的肉食者。

盲囊」（醱酵腔），內有共
生菌負責消化藻類。有少數
幾種刺尾鯛以水層中的浮游
動物為主食，而櫛齒刺尾魚
屬則是碎屑食性。

◆全身黃色的
一字刺尾鯛幼
魚正成群在礁
石表面啃食海
藻

繁殖與生活史

刺尾鯛不會變性，雄魚和雌魚的外型也沒有差異，所以不容易分辨。繁殖季節，成熟個體會在黃昏時成群集結，但是如果碰到陰天，也可能在白天進行產卵，顯然影響的因素是當時的光線，而非溫度。

產卵時通常是其中一群魚會變得異常活躍，接著便一起往上衝，精子和卵子隨之排出。快速上衝的過程會使牠們的鰾略為膨大，有助於卵和精子的排出，另外，也可以藉助上層較強的水流把受精卵帶離礁區，當然也避開底層眾多的獵食者。

刺尾鯛的形態、體色會隨成長而變化。剛孵化的仔魚在海上漂流時呈透明或銀白色，體型高，背鰭和臀鰭上各有一根長棘，適合漂浮，而且可以保護自己。在海上漂流36～70天，才沉降下來到珊瑚礁定居，此時則變態為與成魚形態相近的稚魚，有些種類的刺尾鯛體色還會黃化，迄今原因不明。由於

◆刺尾鯛雌雄外型沒有差異。圖為澎湖及台灣北部常見的黑豬哥。

刺尾鯛的漂浮期比其他珊瑚礁魚類長，所以有機會到達比較遠的地方，地理分布也比其他魚類廣。

刺尾鯛的體型介於10～20公分，成熟約需2～3年的時

花紋大賞

全世界的刺尾鯛約七十種，而台灣就有四十種，佔一半以上的種類，

◆一字刺尾鯛的眼後有橘色長條斑紋，很容易辨識。

◆體色豔黃，體型特殊的黃高鰭刺尾鯛。

其中有許多體色鮮豔、花紋特殊的魚種。例如：臉頰上有一條橘色縱帶的一字刺尾鯛，看起來很像印地安人；身體略呈菱形，一身鮮黃的是黃高鰭刺尾鯛（俗稱三角倒吊）；披著寶藍色外衣，背部有黑色縱帶的擬刺尾鯛（俗稱藍倒吊）；另外，還有張開背鰭及臀鰭時很像帆船的高鰭刺尾鯛（俗稱大帆），和色彩搭配均勻像一幅水彩畫的日本刺尾鯛。

◆彷彿張著條紋風帆的高鰭刺尾鯛

◆體色如畫的日本刺尾鯛因被捕作觀賞魚，數量已愈來愈少。

間，壽命則可達20～30年，遠勝其他草食性魚類，如臭肚魚、鸚哥魚、雀鯛等。

幼魚的喬裝術

有些刺尾鯛的幼魚會模仿蓋刺魚的體色。據研究，當附近有牠的模仿對象時，刺尾鯛的幼魚會一直維持模仿色，並且與蓋刺魚一起行動一起覓食，直到尾柄的棘夠強硬時才變成與成魚一樣的體色。但如果週遭沒有蓋刺

◆火紅刺尾鯛幼魚，尾鰭圓形，體色全黃，模仿蓋刺魚科的海耳刺尻魚。

魚，或是鄰近有同類的成魚時，牠就會選擇很快的變色。因為蓋刺魚本身並沒有毒，刺尾鯛這種行為除了與蓋刺魚同游的作用外，是否還牽涉到其他好處，目前仍不清楚。

◆火紅刺尾鯛成魚體色黑褐，尾鰭也變成截平。

◆俗稱藍倒吊的擬刺尾鯛一身寶藍，大方貴氣。

◆身體有五條黑橫帶的綠刺尾鯛，都出現在岸邊湧浪區。

◆雙般櫛齒刺尾鯛的尾柄上下有黑斑，尾柄上有銳棘。

盾板一族

刺尾鯛家族大部分成員的尾柄都具有收放自如的硬棘，遭受威脅時可用來攻擊敵人。但俗稱「黑豬哥」的鋸尾鯛亞科和「天狗鯛」的鼻魚亞科，尾柄兩側的硬棘則已變形為 3 ～ 6 和 1 ～ 2 個骨質盾板。有些天狗鯛成長到某一種程度時，頭上甚至會長出獨特的角，遠遠看去就像一隻獨角獸，所以也有人叫牠「獨角獸魚」（unicorn fish）。

◆六棘鼻魚的尾柄兩側各有兩枚盾板

◆環紋鼻魚成魚尾柄兩側各有二枚盾板，且頭頂上會有長角狀突起。

觀察臭肚魚

● 體色黃褐或黃綠

● 頭小

臭肚魚喜歡啃食附生在礁岸的海藻，因此細長的腸子，經常塞滿尚未消化的海藻，每當漁人捕撈上岸清理魚肚時，一股臭腥味便撲鼻而來，因此「臭肚」之名不逕而走。由於喜群游，常成籃被捕獲，中國大陸稱牠為「籃子魚」。臭肚魚的體形像一粒側扁的橄欖球，乍看有點像刺尾鯛，但牠上唇較下唇寬，口略朝下，形似兔唇，因此英文俗名為「兔子魚」，其中羅籃子魚亞屬的吻部又特別突出。臭肚魚科的魚，鰭條數都一樣，背鰭有13枚硬棘、10根軟條；臀鰭7枚硬棘、9根軟條。牠和其他魚類最大的不同在於腹鰭，兩端為硬棘，中間夾著三根軟條。褐籃子魚則是台灣港口、海灣或河口最常見的一種臭肚魚。

Siganidae
臭肚魚科小檔案
分類：鱸形目刺尾鯛亞目臭肚魚科

種類：全世界共有1屬29種，台灣現有1屬12種

生態：底棲，卵生，草食、少數肉食

● 上唇較下唇寬，口略朝下，形似兔唇，但不呈管狀突出

● 腹鰭有2枚硬棘，3根軟條居間

● 被細小圓鱗，外表看來十分光滑

體色多變辨識不易

由於臭肚魚科的魚，鰭條數都一樣，因此體色就成為分辨此科中不同種類的重要依據，偏偏臭肚魚經常會隨著棲息環境或活動狀態（比方晚上睡眠時）變換體色，讓敵人不易察覺，使得識別的難度倍增。此外，當魚活著的時候，體色還勉強可辨，一旦死亡或標本固定後，魚體就會褪色，識別難度就更高了。因此臭肚魚科可說是讓分類專家相當頭痛的魚類。

◆休息時體色變黯淡的臭肚魚

主圖：褐籃子魚（*Siganus fuscescens*），最大體長40cm

● 全身散布白色或淡色小圓斑，夾雜小黑斑

● 一個背鰭，具13枚硬棘，10根軟條，硬棘與軟條間有一深缺刻

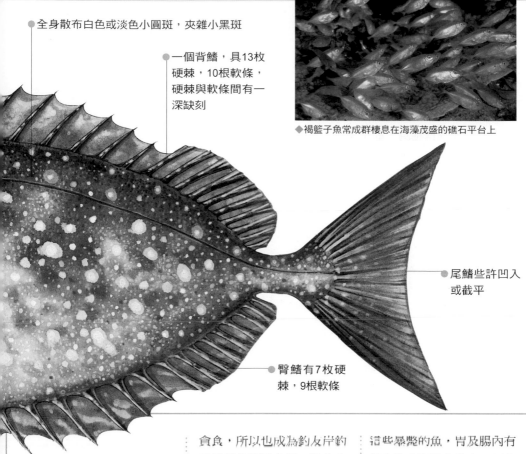

◆ 褐籃子魚常成群棲息在海藻茂盛的礁石平台上

● 尾鰭些許凹入或截平

● 臀鰭有7枚硬棘，9根軟條

礁岸最常釣獲的草食性魚

魚類與人

臭肚魚大多為草食性魚，白天時常成群隨潮水靠岸，啃食港堤或礁岸上附生的海藻，也有少數棲息於珊瑚礁的種類會吃海鞘、海綿等無脊椎動物。臭肚魚的數量多，肉味鮮美，是沿岸常見的食用魚種，加上臭肚魚生性

臭肚魚是岸釣最常釣獲的魚種

貪食，所以也成為釣友岸釣時最常釣獲的魚種。許多人喜歡用臭肚魚煮魚湯，但清理時得特別小心，因為臭肚魚的背鰭、腹鰭和臀鰭的硬棘都具有毒腺，雖然不會致人於死，但不慎被刺到時會非常疼痛。臭肚魚因為價格高，生長快，所以也是淺海養殖的魚種之一。

臭肚魚和宮脂線蟲

民國90年，台灣北部、東北部和澎湖的岩礁區均發現大量暴斃的臭肚魚屍體，其中還夾雜了一些其他魚種。經過學者專家的研究，發現

這些暴斃的魚，胃及腸內有甚多的宮脂線蟲寄生。這些寄生蟲是以浮游動物的矢蟲類（毛頜類）為中間寄主，再轉移到魚的身上。至於何以會有大量的寄生蟲感染，迄今原因還不甚清楚。或許是因為近年來全球氣候變遷、聖嬰效應、環境污染、過度捕撈大型掠食性魚類，以及棲地破壞等因素，使珊瑚白化死亡，於是與珊瑚競爭空間的海藻得以大量繁生，草食性的臭肚魚在缺少掠食的天敵及食物豐富的情況下，魚群暴增，寄生蟲的產生可能是大自然生態系物極必反的一種自我調節。

221

觀察帶魚

帶魚的身體扁長，宛如一條帶子。不過英文俗名"ribbonfish"，卻是指屬於深海魚的粗鰭魚科（⇨P.122），而"cutlassfish"（短刀魚）或"hairtail"（髮尾魚）才是帶魚的英文俗名。帶魚平時棲息於大洋或近海的中水層，休息時頭上尾下，垂直靜立於水中，不論白天或晚上應都有攝食行為。有紀錄顯示牠們在夜晚即上浮至中表層捕食燈籠魚，或趨近沿岸捕食鯡、鰮等小型魚類。牠全身無鱗，呈銀白色。口大，下頜前突，齒尖銳且呈側扁狀。背鰭很長；尾鰭小呈叉狀，或絲狀延長；腹鰭退化呈鱗片狀或一軟條，甚或完全消失。帶魚遍布三大洋，數量多，是重要的食用魚類。台灣地區產量最多的帶魚為白帶魚，產地為中國東海海域。

口大，下頜較長，有鉤形側扁的大齒

側線在胸鰭之後急遽下降，沿著腹側向後延伸

◆帶魚的外型好像一條帶子

尾鰭退化呈絲狀延長，黑色

 白帶魚種的爭議

　　我們一般人熟悉的白帶魚究竟有幾種，其實目前仍有爭議，有的學者認為只有一種，即帶魚（*Trichiurus lepturus*），有的學者則將其分為3～10種。本來大家普遍接受髮帶魚（*T. haumela*），和日本帶魚（*T. japonicus*）應為帶魚的同種異名。但是1992～1994年大陸學者王可玲等利用同功異構酉每（allozyme）又將此帶魚（*T. lepturus*）分成三種，另分出南海帶魚（*T. nanhaiensis*），及短帶魚（*T. brevis*）兩個新種，牠們的差異可以由臀鰭前的背鰭鰭條數及前腦骨是否分離來判別。

主圖：白帶魚（*Trichiurus lepturus*），最大體長234cm

Trichiuridae

帶魚科小檔案

分類：鱸形目鯖亞目帶魚科

種類：全世界共有10屬45種，台灣現有5屬9種

生態：中、下水層，卵生，肉食

 生態視窗 兇猛的貪食者

　　帶魚屬於凶猛的肉食性魚類，有一口銳利的牙齒可幫助掠食，主要獵物為燈籠魚、鯧、鯵鰍等群游性小魚，牠也會吃烏賊或甲殼類。帶魚非常貪食，據說牠們為了追逐日本鯷等鯵鰍魚群，有時會衝上岸邊，甚至還會同類相殘呢！

◆帶魚有一口銳利的牙齒，令人望而生畏。

● 背鰭連續，基底由鰓蓋骨至尾端，有3硬棘，其餘為軟條

● 體色銀白

● 體表光滑無鱗

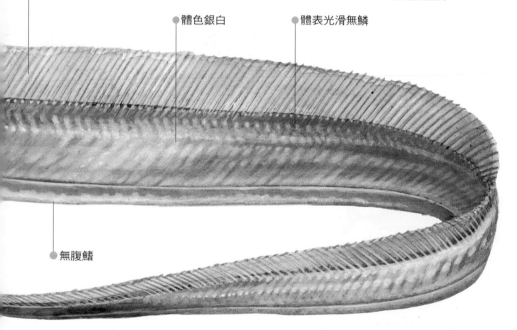

● 無腹鰭

 魚類與人 中國是帶魚的故鄉

　　帶魚科的分布範圍，包括沿岸水表層到上千公尺的深海，視不同種類而異。其中，白帶魚盛產在中國黃海、東海至南海一帶，包括台灣海峽，每年產量20萬公噸左右，佔全球帶魚80％的漁獲量，可說是帶魚的故鄉。捕獲白帶魚的主要漁法為底拖網、巾著網、定置網或一支釣，春夏為盛漁期。帶魚的肉質佳，體型大的常分段出

◆魚市場裡成堆的白帶魚

售，可油炸、醃食，或作生魚片。

觀察鯖

鯖科是泳速最快的魚類之一，每小時可達60～80公里。牠們的體型和構造，都有符合流體力學的特殊適應，所以能在大洋中持久、快速地推進，譬如：體呈紡錘狀流線形；眼有脂瞼被覆；背鰭可以倒伏收入溝槽內，減少阻力；背鰭和臀鰭後面各有5～12枚游離鰭，可減少擾流；尾柄瘦峭，有稜脊，尾鰭高聳如新月狀，適合高速擺動等。群游性的鯖科，包含許多經濟性魚類，例如鮪、鯖、鰹、鰆等。後三類的體型較小，迴游範圍亦較小，較常出現在沿近海；而中國大陸稱為「金槍魚」的鮪魚，則體型較大，迴游範圍廣，全世界共有7種，個個身價不菲。例如黑鮪，就是公海中各國爭相捕撈，身價最昂貴的魚類，體長可達 4.2 公尺，重達300公斤；而黃鰭鮪則是第二背鰭最長，猶如彎刀，且背鰭、臀鰭、游離鰭的色澤最鮮黃的鮪魚。

● 第一背鰭倒伏後可收入背鰭基底的溝槽中

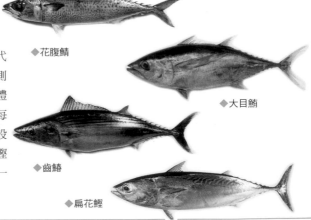

◆黃鰭鮪的第一背鰭可以倒伏收入溝槽內，減少阻力。

● 體側鱗片為細小圓鱗，頭部無鱗，胸部鱗片特大，形成胸甲

辨識鯖的家族成員 ——鯖、鰆、鰹、鮪

鯖、鰆、鰹、鮪是鯖科中相當具代表性的經濟性魚類。鯖的體型小略側扁，尾柄兩側各有兩稜脊。而鰆的體型較長較大，但也呈側扁型，尾柄每側各有三個稜棘。至於身體呈炸彈般圓錐形的鰹及鮪，兩者的差別在於鰹魚的兩個背鰭間的間隔大於頭長的一半，而鮪則只有頭長的1/5或更短。

◆花腹鯖

◆大目鮪

◆齒鰆

◆扁花鰹

主圖：黃鰭鮪（*Thunnus albacares*），最大體長239cm

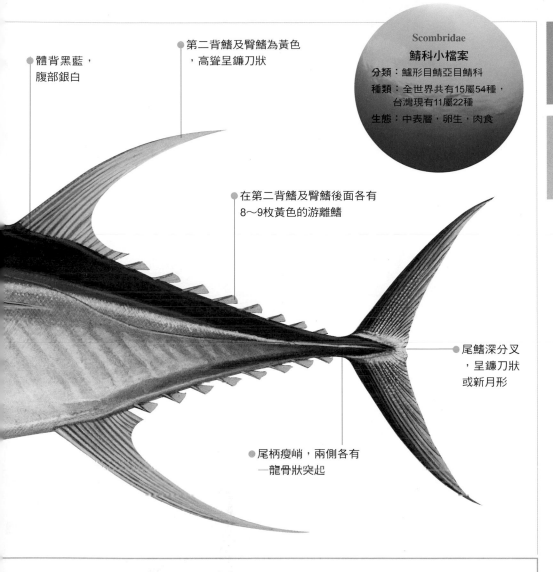

● 體背黑藍，
腹部銀白

● 第二背鰭及臀鰭為黃色
，高聳呈鐮刀狀

Scombridae
鯖科小檔案
分類：鱸形目鯖亞目鯖科
種類：全世界共有15屬54種，
　　　台灣現有11屬22種
生態：中表層，卵生，肉食

● 在第二背鰭及臀鰭後面各有
8～9枚黃色的游離鰭

● 尾鰭深分叉
，呈鐮刀狀
或新月形

● 尾柄瘦峭，兩側各有
一龍骨狀突起

認識最具身價的鮪

　　全球七種鮪屬魚類中，台灣近沿海有五種出現，分別為（1）長鰭鮪（*Thunnus alalunga*）又稱"Albacore"，分布遍布全球，但在較冷水域中，其特徵為胸鰭特長呈帶狀直達離鰭部位；（2）短鮪（*Thunnus obesus*）又稱「大目鮪」（bigeye tuna），眼大於吻長的一半，（3）鮪（*Thunnus thynnus*），即眾所皆知的「黑鮪」，包括分布於北太平洋的北方黑鮪（northern bluefin tuna），及印度洋的南方黑鮪（southern bluefin tuna），胸鰭很短，只到第十背鰭棘；（4）小黃鰭鮪（*Thunnus tonggol*），胸鰭呈長三角形，其尖端只達第二背鰭起點；（5）黃鰭鮪（*Thunnus albacares*），英名為"yellowfin tuna"，遍布全球，第二背鰭及臀鰭甚高，且隨年齡而更加突出。

◆ 黑鮪魚

「溫血」的魚類

一般魚類都屬於變溫或冷血動物,但是鮪、鰹等大洋性洄游魚類,體溫卻比一般魚類還要高。因為牠們洄游的範圍長遠,跨越熱帶至溫帶,為了維持體內較高的新陳代謝,不但體側肌有「紅肌」的構造,同時血管的分布也很特別,其微動脈與微靜脈緊密相鄰,所以當溫血由體中央的微動脈向體表流出時,溫度可被由外向內緊鄰的微靜脈再吸收回去,使體內的溫度可比體表高出5～6°C,有利於長時間持續性的游泳,此稱為「逆流機制」。

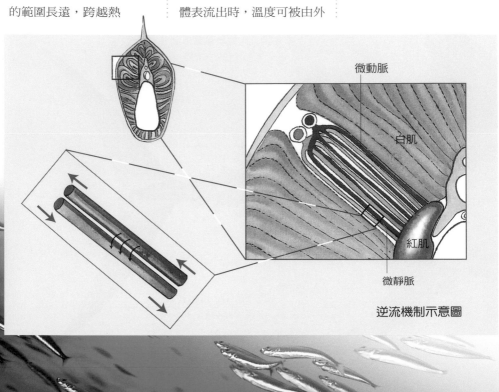

微動脈

白肌

紅肌

微靜脈

逆流機制示意圖

◆鯖科均為成群群游的魚類

保護遷徙距離最遠的動物──鮪

鮪是長距離的洄游性魚類，牠的洄游路線環繞海域一圈，比方整個北太平洋、南太平洋或印度洋，移動距離比候鳥還遠，可說是地球上遷移距離最遠的動物。像這樣長距離洄游的魚種，極需要其途經的各個國家共同合作，擬定妥善的管理準則，否則在競相撈捕的情況下，資源很快就會哀竭，甚至會造成物種滅絕。

早在1949年即有美洲熱帶鮪委員會（IATTC），1966年又成立國際大西洋鮪養殖委員會（ICCAT），隨後之印度太平洋漁業委員會（IPFC）、印度洋鮪委員會（IUTC）、南太平洋委員會（SPC）、鮪保育條約（CCSBT）等各有不同的管轄海域，各國專家均定期開會討論捕撈之限類與配額，稱為「責任制漁業」。然而，直到1982年聯合國制訂海洋法公約，頒佈「有關養殖和管理跨界魚類種群和高度洄游魚類種群規定之執行協議」後，洄游性魚類資源的經營管理，才開始落實執行。

◆黃鰭鮪漁獲

魚類職人　鰹鮪的漁法

鰹竿釣或鮪延繩釣都是以鰹或鮪為主要漁獲對象，此外圍網和流刺網也是常用的漁法。在圍捕下網前必須先尋魚，方式包括人員站在槍桿瞭望台目視尋魚、以直昇機在空中尋魚、利用漁撈聲納、或觀察海面各種徵兆，譬如海鳥飛翔、鯨豚活動、海上漂流物、或是魚群跳躍爭食所產生的白色泡沫等等。另外，間接利用魚場環境因子，如水溫、鹽度、潮境等亦可提高捕獲的機會。

而關於鮪魚延繩釣的漁法，則隨著各漁場的特性或者各國法律規範而有所差異。一般而言，中小型鮪釣漁船均配備數公里長的纜繩以及1500～2500枚釣勾，作業時先將纜繩及釣組以「U」型或「W」型的方式布放在魚群聚集或者遷移的路徑上，釣餌多半選擇新鮮的鯖魚或小管一類誘食效果良好的餌料。在適當的時間間隔後，漁船掉頭尋找並回收之前放置的釣組。鮪魚上鉤後通常先以線圈電擊，待其行動能力減弱之後再以托鉤拉上甲板。

台灣小型的鮪釣漁船（40～50噸）由於市場需求，在捕獲高價位的鮪魚（如黑鮪）時，通常都先從鰓下動脈放血之後，再以冷藏方式（4～5℃）直接運回港口。而大型的遠洋鮪釣漁船（400～1000噸）因為航程較長，約需數個月才能返抵陸地，因此大多配有完善的冷凍保存，甚至加工設備，可以將捕獲的新鮮魚隻快速的加工成醃漬物或罐裝食品運回港口。

隨著人類知識的進展，現代漁業技術可以準確的預測鰹鮪等洄游魚類的遷移路徑，藉此，人們可以在適當的時機在魚群遷徙的必經海域中佈放大定置漁網。若再配合箱網的養殖技術，則可在全年提供穩定的漁獲來源。目前日本，或者澳洲皆將此法視為重要的漁獲方式。

觀察劍旗魚

一般所泛稱的「旗魚」，正是劍旗魚科和旗魚科的成員，牠們最大的特徵即是長而尖的吻部，好似一把利劍，令人望而生畏。旗魚是大洋中表層的大型巡游魚類，也是魚類中的游泳冠軍，最高時速達100公里以上。牠的體型和同是游泳高手的鯖科（➭P.224）一樣，呈紡錘流線形，符合流體力學，但在背鰭和臀鰭後面，並不具有小離鰭。俗稱「旗魚舅」的「劍旗魚」，屬於劍旗魚科，全世界僅此一屬一種，牠的主要特徵是：背鰭基底較短，口中無齒，且吻突呈扁平狀，而非圓形。

● 背鰭基底短

● 成魚之頜齒消失

● 吻扁平，延長呈劍狀

● 胸鰭低位

Xiphiidae
劍旗魚科小檔案

分類：鱸形目鯖亞目劍旗魚科

種類：全世界共有1屬1種，台灣現有1屬1種

生態：中表層巡游，卵生，肉食

認識「老人與海」的主角——旗魚

旗魚科在過往分類上曾是劍旗魚科下的一個亞科——正旗魚亞科，海明威著名的小說《老人與海》中所出現的巨型魚，其實便是旗魚科的成員。旗魚科和劍旗魚科最大的不

◆ 雨傘旗魚的第一背鰭薄而高聳如帆狀

228

主圖：劍旗魚（*Xiphias gladius*），最大體長455cm

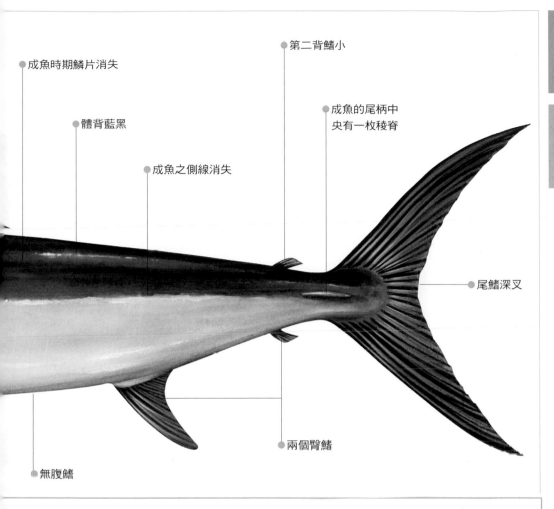

● 成魚時期鱗片消失

● 體背藍黑

● 成魚之側線消失

● 無腹鰭

● 第二背鰭小

● 成魚的尾柄中央有一枚稜脊

● 尾鰭深叉

● 兩個臀鰭

同是：其背鰭基底較長，腹鰭呈長條狀，成魚之頜齒、鱗片、側線俱存，且吻部為圓形尖棍狀。

　旗魚科全球共有5屬11種，台灣有5屬5種。其中的旗魚屬，因為背鰭高聳如傘或船帆，比體高還高，所以英俗名稱為「船帆魚」（sailfish），牠的腹鰭鰭條特別延長，即為雨傘旗魚；四鰭旗魚屬的背鰭和體高約略相等，英文稱 "spearfishes"，台灣為小吻四鰭旗魚（小旗魚）。槍魚屬台灣原有立翅旗魚（black marlin）及黑皮旗魚（Indo-Pacific marlin）2種；但立翅旗魚又被獨立為1屬。另還有紅肉旗魚1屬1種。

◆立翅旗魚的胸鰭僵直無法向後折彎

◆黑皮旗魚的第一背鰭高小於體高

旗魚的幼魚標本甚少，所以關於牠成長過程的形態變化所知極微。根據國外學者的研究發現，旗魚的背鰭、臀鰭及尾鰭，隨著年齡或體長改變甚大。例如劍旗魚在幼年、體長 120 公分以下時，背鰭基底仍甚長，與正旗魚亞科相同，直到生長至 160 ～200 公分以上時，基底才縮短。另外，兩個臀鰭原本為連續的一個臀鰭，長到70～80公分時，才分離為二。

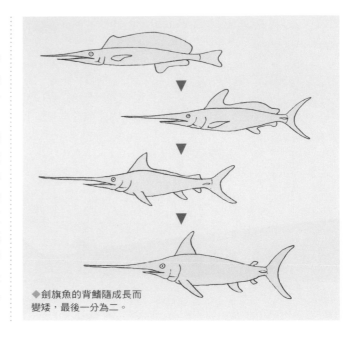

◆劍旗魚的背鰭隨成長而變矮，最後一分為二。

 奇特的掠食方式

長而尖的吻部是旗魚覓食的好幫手，但它並不是用來刺穿獵物，而是擊昏獵物。每當旗魚遇見鯖、鰺、飛魚、鬼頭刀、烏賊等體型較小的魚群時，便會衝入其中，快速揮舞吻部，把小魚兒擊昏後，再予以吞食。旗魚的泳速特快，所以被牠盯上的魚群，通常無法倖免於難。

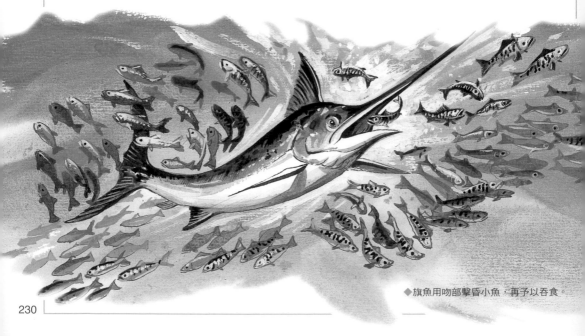

◆旗魚用吻部擊昏小魚，再予以吞食。

最具挑戰性的
漁獲目標——旗魚

旗魚多半會隨著洋流或水溫變化，作長距離的洄游。平時牠大多棲身於熱帶或亞熱帶，夏天才進入較高緯度的水域。台灣地區的旗魚出現在東部和南部的大洋區域，尤其以溫暖的黑潮流域及其支流的密度最高。旗魚的體型龐大，加上出現機率高，因而是世界各國漁民重要的漁獲種類，也是拖釣釣友認為最具挑戰性，亦最嚮往的漁獲目標。每年4～8月為台灣雨傘旗魚的盛漁期，漁獲量可高達2000公噸；而10月至隔年3月，則是立翅、紅肉、黑皮旗魚的產季。

捕獲旗魚的方式有許多種，包括鏢射、延繩釣、拖釣、圍網、定置網，甚至流刺網。鏢射是其中困難度較高，使用的工具卻最簡單的一種。這是日據時代從日本流傳而來的技術，趁著旗魚在波浪洶湧，至水面巡游覓食的時機射鏢獵捕。每當東北季風強勁吹送，風力達5、6級以上時，鏢旗魚的漁船便會紛紛出海，漁民個個全神貫注觀察海面，一旦瞥見旗魚偶爾露出水面的背鰭或尾鰭，鏢魚手馬上站到船首突出的鏢魚台上，頭手（主鏢者）手握鏢魚叉伺機行　，二手（副手）則幫忙研判魚蹤，並且指引舵手行駛方向。魚鏢出手後，被射中的旗魚通常會奮力往前衝，因此舵手必須關掉引擎，等到旗魚精疲力竭，再合力打撈上船。有時為了安全及搬運的方便，漁民會事先剁掉旗魚的吻劍，所以在魚市場常看不到完整的旗魚吻部。

◆鏢手尋視旗魚蹤跡

◆射鏢

◆春夏時，雨傘旗魚是台灣東部和南部海域最常見的旗魚種類。

鰈形目的家族

鰈形目正是鼎鼎大名的「比目魚」，所有成魚的兩個眼睛都在身體的同一側。比目魚游動的姿態，看起來和軟骨魚類的魟或鱝相似，呈波浪式前進，其實牠們是側著身子游動，即「有眼側」在上，「無眼側」在下，所以又稱為「側泳目」。停棲時，也是有眼側朝上，無眼側朝下，側臥於海底。比目魚的身體呈長橢圓形、卵圓形或長舌形，「有眼側」有顏色，稍圓凸；「無眼側」（或稱盲側）無顏色，

觀察鮃

鮃科是鰈亞目中最大的一群。牠的兩眼都位於左側，所以又稱左眼鮃鰈類（lefteye flounders）。鮃的各鰭均無硬棘，胸鰭和腹鰭的鰭條都不分叉，有眼側的腹鰭基比無眼側的長。有些學者將兩腹鰭鰭基均長的圓鮃科，和兩腹鰭基均短且對稱的牙鮃科，兩個科歸併於鮃科之下的兩個亞科。豹紋鮃的體型雖然不大，但身上的斑點易於辨識，而且可在底拖漁獲中看到牠們。

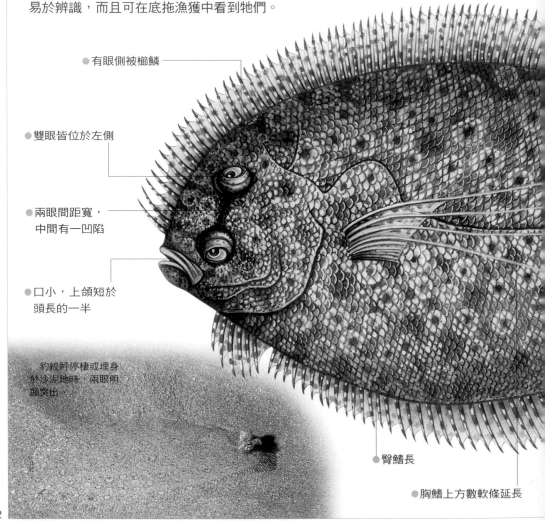

● 有眼側被櫛鱗

● 雙眼皆位於左側

● 兩眼間距寬，中間有一凹陷

● 口小，上頜短於頭長的一半

豹紋鮃停棲或埋身於沙泥地時，兩眼明顯突出

● 臀鰭長

● 胸鰭上方數軟條延長

主圖：豹紋鮃（*Bothus pantherinus*），有眼側，最大體長39cm

較平坦。牠們的背鰭和臀鰭都很長。最近的研究認為所有的比目魚應該都屬於單系群，也就是說來自共同的祖先，但是目前仍不知是從鱸形目的哪一類演化而來的。鰈形目分成鰜、鰈及鰨三亞目，分布在寒帶至熱帶的所有海域，大多屬於海水魚，只有少數幾種在淡水棲息，或是會進入河口地區。全世界共11科131屬約777種，台灣現有9科41屬約104種。

◆豹紋鮃會隨所停棲海底的底質色澤而調整體色

● 身上有大小不等的暗色圓斑

● 背鰭長

● 體色隨環境改變，大致呈褐色

● 側線中央有一深色大斑

Bothidae
鮃科小檔案
分類：鰈形目鰈亞目T科
種類：全世界共有20屬約111種，台灣現有14屬34種
生態：底棲，卵生，肉食

識別錦囊　識別比目魚三大類群

　　鰈形目包含了鰜亞目、鰈亞目及鰨亞目三大類群。這三群可藉由背鰭起點和前鰓蓋是否被皮膚遮蓋，區分開來。背鰭起點位置較後，從頭部中後方開始的是鰜亞目，牠的口特大，顎骨牙齒大而明顯，所以又稱為「大口鰈」。此外，牠的背鰭、臀鰭前都有鰭棘，所以也稱為「棘鰈魚」（spiny flatfish）。至於背鰭起點較前，在頭部或眼睛上方的則是鰈亞目和鰨亞目，兩者的背鰭、臀鰭皆無硬棘，顎骨也沒有牙齒。鰈亞目和鰨亞目彼此的區分在於前者的前鰓蓋後緣游離，即明顯未被皮膚遮蓋，而鰨亞目則不游離，被皮膚覆蓋，且成年魚多半沒有胸鰭。

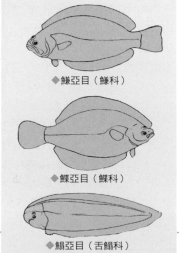

◆鰜亞目（鰜科）

◆鰈亞目（鰈科）

◆鰨亞目（舌鰨科）

會移動的眼睛

比目魚在仔魚時期，身體和一般魚類一樣左右對稱，且正著身體游泳，直到發育為稚魚時，一眼才越過頭頂，移到另一側。之後牠們就以有眼側在上，無眼側在下，側臥水底，並開始側泳。眼睛移動同時，也涉及頭骨、神經、肌肉、牙齒、鱗片及胸鰭、腹鰭的一齊轉變。

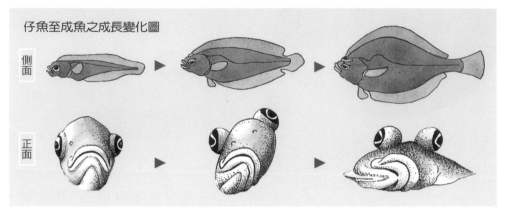

仔魚至成魚之成長變化圖

側面

正面

仔魚的特化構造

不同種類的比目魚體型大小差異頗大，所以牠們達到成熟的年齡也從一年至十五年不等，通常大型比目魚的年齡可長達三、四十歲。雌魚的體型通常比雄魚大，產圓形卵，數量可達200萬顆。因為具中性浮力，所以比目魚的卵通常是在中水層或近底層漂流，很少在水表層撈獲。

孵化後的仔魚通常透明，具有色素斑。左眼種類身體會特別薄，身上有彩色的色斑，其大小、位置和顏色是鑑定仔魚種類的重要依據。不少仔魚在頭上、鰓蓋上或偶鰭上會有棘狀突起來保護自己，有些仔魚背鰭前部的

◆比目魚兩眼不同側的仔魚

左派還是右派？

大部分的比目魚兩眼皆位於右側，即左眼跑到身體右側，臉朝右，尾朝左，稱為右眼種類（dextral, right-eyed），例如：鰈亞目鰈科、鰨亞目鰨科；反之則為左眼種類（sinistral, left-eyed），例如：鰈亞目鮃科、鰨亞目舌鰨科；有些科或種左右眼種類均有，例如鰜亞目，左右出現的比率有時還因地區而異。

「右派」比目魚

◆鰨科的條鰨

◆鰈科的木葉鰈

「左派」比目魚

◆舌鰨科的粗體舌鰨

◆鮃科的大鱗短額鮃

鰭條會特別延長，甚至部分內臟會突出於體外呈團塊狀，這些特化的構造應都是為了增加牠長時間漂流期的存活機會。右眼類通常沒有這些特化的構造，仔魚的漂流期也比較短，很快便會沉降定居，因此在靠岸處較易採到右眼類的仔魚，而在外洋較常發現左眼類的仔魚。

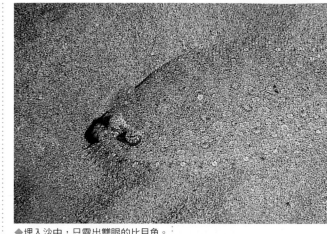

◆埋入沙中，只露出雙眼的比目魚。

海中的變色龍

具有擬態或偽裝本領的魚類不少，比方鮃科、牛尾魚、狗母等底棲性的魚種，皆會在牠們停棲於海底時，模仿四周底質的背景色調，讓掠食者和被掠食的小魚不易察覺牠們的存在，以便於自保和獵食。在具有變色本領的魚類之中，又以比目魚的變色功夫最為高強，牠不但變色速度快，而且還可以抖動身軀，直接埋入沙泥中，只露出雙眼，猶如潛望鏡一般，默默偵測四周的動靜。

◆正游離海底的間星羊舌鮃

牙齒與食性的關聯

鰜、鰈或鮃科的口很大，且牙齒發達，一看便知是捕食魚類的種類。牠們隨著季節，在中水層中進行長距離的攝食、越冬和產卵洄游，因此牠們有時會在中水層被捕獲，而非僅在底層。有些鰈和鰨主要以海底的多毛類、軟體動物及甲殼類為食。

有些種類只有無眼側有頜齒，有眼側無頜齒，以便像抽水機一樣將水吸入，此種特化構造方便比目魚在呼吸時水從上面進入，而減少一併吸入下方沙石的機會。

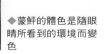

◆蒙鮃的體色是隨眼睛所看到的環境而變色

235

魨形目的家族

魨形目是一群相當特殊的魚類，不論在外型、大小、身體構造及生活方式上都與眾不同。牠們的共同特徵是：口小，牙齒少而粗大，或者癒合成齒板狀；鱗片常特化成盾狀、板狀或棘刺；因身體不易彎曲，所以游泳時多半只靠各鰭的交互運動。此外，有些科還

觀察鱗魨

鱗魨是魨形目中體色最光彩奪目的一群，牠們具有像盔甲一樣厚的體表，眼睛的位置高，長長的吻配上一張小口，樣子既滑稽又可愛。鱗魨背鰭的第一硬棘很粗壯，第二硬棘則具有類似扳機安全扣的功能，因此牠的英文俗名為「扳機魨」。這類魚又有個別稱叫「皮剝魨」，台語則稱「剝皮仔」，那是因為牠的皮特別厚，鱗片緊貼皮上，很難刮除，如果想吃牠，只能連皮帶鱗片一起剝下。鱗魨遍布於各大洋，多屬珊瑚礁的底棲習性。而別稱「小丑砲彈」的花斑擬鱗魨則是體色最搶眼的鱗魨，也是最受歡迎的觀賞魚之一。

●第一背鰭黑色，硬棘粗短且能鎖住

●體高且側扁，呈卵形

●眼睛前面有一條深溝

●口小，內有八顆鑿刀般利齒

Balistidae
鱗魨科小檔案

分類：魨形目四齒魨亞目鱗魨科

種類：全世界共有12屬42種，台灣現有10屬18種

生態：多底棲，卵生，肉食

●胸鰭透明，基部有黃緣

●魚皮粗糙，細小不重疊的稜鱗緊貼其上

主圖：花斑擬鱗魨（*Balistoides conspicillum*），最大體長50cm

會把身體鼓脹成球，或是以肌肉或內臟含有劇毒的方式來保護自己。魨形目分成鱗魨、擬三棘魨和四齒魨三個亞目，全世界共有10科106屬約438種，大多數種類為底棲，生活在溫帶及熱帶、水深200公尺以內之淺水域。台灣現有9科52屬114種。

◆二齒魨科的六斑二齒魨是南部常見的種類

◆箱魨科的福氏角箱魨

● 成魚體色黑，上半部有深黑棕色斑點

● 第二背鰭與臀鰭相對，皆寬大，呈白色，基部橘黃色

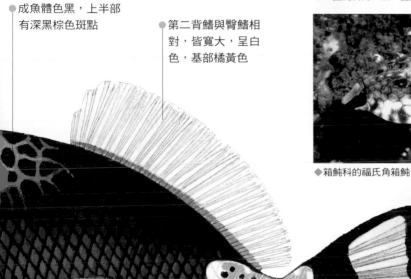

● 尾鰭圓形黃色，基部與鰭緣黑色

● 腹部遍布白色大斑塊

● 尾柄短，上有小棘列

● 腹鰭左右癒合成短刺狀

不挑食的魚

由於鱗魨科魚類的牙齒都非常堅硬，所以不論是蝦、蟹、貝類、海鞘、珊瑚、藻類或魚，牠一樣都不會放過。吃海膽的時候，還會用吻部把海膽翻面，從沒有長棘保護的腹部來下手。因此在水族缸裡飼養時，要慎選一起混養的無脊椎動物或魚種。此外，鼓氣鱗魨、擬鱗魨在珊瑚礁間的沙底覓食時，還會先吸水，再用力噴出，翻出埋在其中的小生物予以捕食。

◆紅牙鱗魨遇到敵人即躲入礁縫凹陷處避難

金鰭鼓氣鱗魨的成魚

海洋獨行俠

鱗魨是珊瑚礁區的日行性魚類，通常都單獨行動。由於皮特別厚，天敵數量少，不但不需靠擬態或偽裝的功夫來保護自己，相反的，牠還多半體色鮮豔，到處招搖，只靠牠第二背鰭和臀鰭鰭條的波動，慢條斯理的在海裡游來游去。只有真正遇到危險的時候，才會迅速躲入礁洞中，當下若無適當的洞穴可供避難，就只好快速擺動牠的尾鰭溜之大吉。

「扳機」的作用

「扳機」是指槍枝上控制子彈發射的裝置，通常在射擊以前，必須先把保險閂拉開，然後才能扣動扳機射擊。鱗魨背鰭上的「扳機」，作用不在攻擊，而是在防禦敵人。而鱗魨的「扳機」則

◆褐擬鱗魨的幼魚

是指第一背鰭上第一硬棘後下方的一道「V」形溝槽，正好和後面較短、也是V形的第二根鰭棘相契合。當牠遭遇危險的時候，第二根鰭棘會豎立起來，頂住第一鰭棘的基部，使第一根硬棘直立。一旦鱗魨受到驚嚇，就會立刻扣動「扳機」裝置，使第一根鰭棘豎立，同時腹鰭上短且鈍的硬棘也會向下方撐直，達到禦敵的功能。如果牠躲入洞中，也能藉此讓身體牢牢地卡在洞裡，而

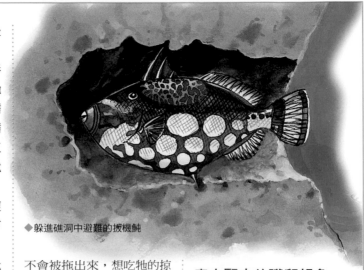

◆躲進礁洞中避難的扳機魨

不會被拖出來，想吃牠的掠食者只好無奈的離去。

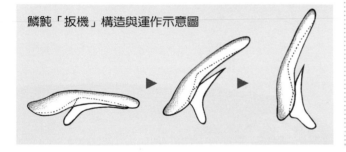

鱗魨「扳機」構造與運作示意圖

意志堅定的護卵親魚

鱗魨產的是沉性卵，產卵時會先在沙地上挖一個缽形淺坑，再把卵產在中央。繁殖期的鱗魨親魚具有強烈的領域性，會有護卵的行為，雄魚會主 驅離任何入侵者，較大個體甚至會衝上來攻擊潛水的人。

魚類與人 亟待保育的鱗魨

因為體色鮮豔、模樣可愛，鱗魨常被大量捕撈作觀賞魚或食用魚，加上其棲地珊瑚礁日漸衰敗，所以牠們在海裡的種類和數量已越來越少，而俗稱「小丑炮彈」的花擬斑鱗魨，現在更是幾乎要絕跡了！連帶造成的結果是，牠們的食物——海膽數量增加，而海膽大多吃底棲海藻，這對與海藻爭空間的珊瑚本應有利，但人類又大量採食海膽，吃它的生殖腺

，以致於海藻大量繁生，間接又抑制了珊瑚的生長，而珊瑚礁的衰敗使珊瑚礁魚類跟著遭殃，如鱗魨。

◆花斑擬鱗魨的成魚

觀察四齒魨

四齒魨科的魚類其實就是俗稱的「河魨」，也有人叫牠氣球魚、氣規或鬼仔魚等，這是因為牠們平常的體形已經圓滾滾了，但當需要自衛時，腹部更會膨大成圓球狀的緣故。此外，由於其上下頜與頸骨完全癒合，而中間又有細縫將之分成左右兩片，成為四齒狀，所以稱為「四齒魨」。四齒魨沒有腹鰭，只靠胸鰭和短小的背鰭和臀鰭游泳，所以泳速不快。牠的體表因鱗片多埋在皮下，因此看來光滑無鱗，偶有短棘刺露出體表。四齒魨可以靠牙齒或咽齒的磨擦來發聲或是靠振動鰾來發出聲音。俗話說：「拚死吃河魨」，本科的兔頭魨屬（俗稱鯖河魨）其中有若干種肌肉有毒，有的甚至有劇毒，不管是被加工製造成魚乾或直接烹食，中毒事件時有所聞，因此必須學會辨識。俗名「白規」的月尾兔頭魨則是其中毒性最強的一種。

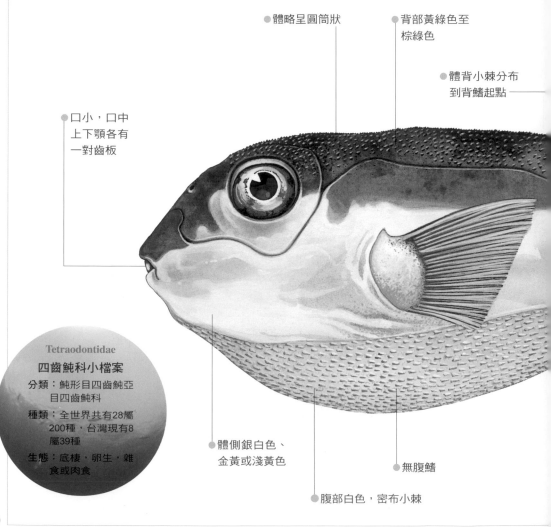

● 體略呈圓筒狀

● 背部黃綠色至
棕綠色

● 體背小棘分布
到背鰭起點

● 口小，口中
上下頜各有
一對齒板

Tetraodontidae

四齒魨科小檔案

分類：魨形目四齒魨亞
目四齒魨科

種類：全世界共有28屬
200種，台灣現有8
屬39種

生態：底棲，卵生，雜
食或肉食

● 體側銀白色、
金黃或淺黃色

● 無腹鰭

● 腹部白色，密布小棘

主圖：月尾兔頭魨（*Lagocephalus lunaris*），最大體長45cm

「四齒魨」的
超級家族

　　魨形目之下又可分成三個亞目：鱗魨亞目（含鱗魨、三棘魨及單棘魨、箱魨及六稜箱魨共五科）、擬三棘魨亞目（只有擬三棘魨一科），及四齒魨亞目（含四齒魨、三齒魨、二齒魨及翻車魨四科，牠們的頜齒癒合成2～4片的喙狀，沒有腹鰭或棘刺）。所有魨類只有二齒魨和四齒魨的身體會鼓脹成球。四齒魨科又分成：體大而圓，背部平坦，側線發達的四齒魨亞科，以及體小而略側扁、背部呈弓狀，吻部較突的扁背魨科（或稱尖鼻魨）。前者棲地範圍廣，包括珊瑚礁、海草床

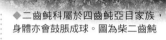

◆二齒魨科屬於四齒魨亞目家族，身體亦會鼓脹成球。圖為柴二齒魨

、河口、沙泥地，甚或100公尺的深海，或是淡水河流及湖泊。而後者則只生活在珊瑚礁地區，除一種在大西洋外，其餘都分布在印度洋海域。

◆橫帶扁背魨屬於四齒魨科之扁背魨亞科

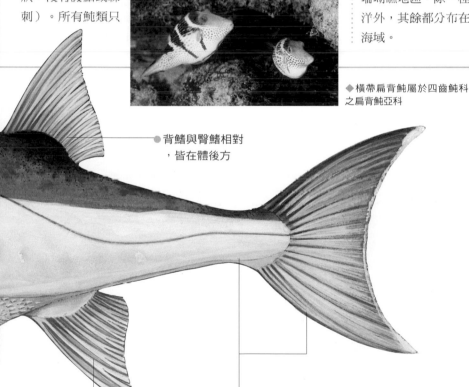

● 背鰭與臀鰭相對，皆在體後方

● 尾柄長，尾鰭略凹入，上緣黃色，下緣白色

● 臀鰭

防禦招數多

　　四齒魨科的魚類當遇到危險時，會吞水到胃腹部的特殊空腔，使自己鼓脹成球，讓敵人無法一口吞食。此外，有不少種類體內的內臟、肌肉或皮膚都具有神經性劇毒，因此聰明的掠食者都知道，最好不要輕易嘗試所有的四齒魨。最近的研究還發現，當四齒魨受到威脅時，甚至於會分泌毒素到水裡，嚇阻掠食者的攻擊。

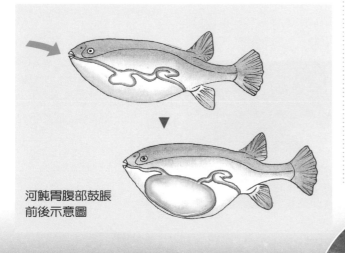

河魨胃腹部鼓脹
前後示意圖

集體產卵的模式

　　四齒魨科有許多種類都有聚集產卵的習性，如多紀魨屬（*Takifugu*）的魚在日本的5～7月會洄游到沙灘上去產卵，非常特別，甚至會挑滿月或新月的大潮水時，大批搶登礫石灘上產卵，蔚為奇觀。

珊瑚礁的啃食者

　　四齒魨科魚類的食性相當廣泛，有些種啃食海藻或海草，有些種則以生活在礁區、行動緩慢、帶有硬殼的無

◆　鼓脹前後的凹鼻魨

脊椎動物為食。牠堅硬有力的齒板，可以啃食或咬碎珊瑚、蝦蟹貝類或海星、海膽等棘皮動物的硬殼，像是魔鬼海星（棘冠海星）就是其中一種——紋腹叉鼻魨（*Arothron hispidus*）的食物。也因此之故，人們在飼養淡水水族寵物時，如果水族缸中出現大量的螺類，就會放進一些淡水的魨屬魚類（*Tetraodon* spp.）來幫忙清除螺類。

◆黑斑綠魨正在攻擊淡水螺

 **如何辨識
有毒的河魨**

（魚類與人）

被列入饕客紅色警戒名單的兔頭魨屬的河魨型態均很相似，其中的克氏兔頭魨（又稱暗鰭兔頭魨或黑鯖河魨）、懷氏兔頭魨（白鯖河魨）及滑背河魨的肌肉均無毒，但滑背河魨的內臟有劇毒，而月尾兔頭魨（毒鯖河魨）、橫紋多紀魨則連肌肉、內臟都有劇毒。其他種類的毒性則強弱不一。兔頭魨的種類很多，辨識相當不容易，所以除非是領有執照的河魨料理店，最好都不要自己任意撿食及烹煮。

◆橫紋多紀魨背面及側面
有10條以上黃褐色橫帶

◆月尾兔頭魨的背部小棘延長到
背鰭基部，尾鰭上下葉無白斑。

◆黃鰭多紀魨體背上有數條
弧形藍黑色寬紋

虎河魨的養殖

由於河魨特殊的鮮美滋味，因此在日本河魨肉被列為上等的料理，價格亦特別昂貴。其中以俗稱「虎河魨」的紅鰭多紀魨，以及黃鰭多紀魨食用最多。由於市場供不應求，故有人專門繁養殖，過去亦曾有日本人在台灣東北角飼養虎河魨，再回銷日本。虎河魨也是除人以外，第二種DNA完全被定序出來的脊椎動物。

◆虎河魨是日本最高價的食用河魨

觀察翻車魨

翻車魨科的魚類其實就是一般人俗稱的「翻車魚」或「曼波魚」，牠們可說是魚族中長相最奇特的一群。體型碩大如石磨，整體看來卻好像只有頭胸部而少了後半截，因此又被戲稱為「會游泳的頭」。翻車魚沒有尾柄和尾鰭，腹部也不會像河魨一樣鼓脹成球。牠游泳時主要是靠著高聳對立、如鐮刀狀的背鰭和臀鰭交互拍打向前推進。翻車魚全世界只有四種，分別是身體短、尾部微圓的翻車魨；體較短而高，鰭條骨化少的拉氏翻車魨；尾部有一矛狀突起的矛尾翻車魨；以及身體延長的長翻車魨。由於數量少，習性特殊，已被國際保育組織關注，並建議列入保育類動物。全世界只有少數國家，例如台灣會捕來食用。

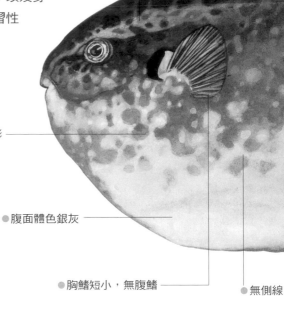

Molidae
翻車魨科小檔案
分類：魨形目翻車魨科
種類：全世界共有3屬4種，台灣現有3屬3種
生態：中表層洄游，卵生，漂浮生物食

● 體背面及各鰭灰褐色
● 皮膚粗糙像砂紙
● 體型側扁，呈卵圓形
● 腹面體色銀灰
● 胸鰭短小，無腹鰭
● 無側線

◆靠近海面游泳的翻車魨

愛牠，別吃牠！

在國外，甚少人會捕食翻車魚，但在台灣這個無所不吃的地方，翻車魚就成了令老饕垂涎三尺的海鮮佳餚，從名貴的魚腸（俗稱「龍腸」）、魚肉，甚至魚皮都有特別的烹調方法。2002年，花蓮一帶的海域翻車魚數量突然增加，該縣還推出「曼波魚季」，舉辦「翻車魚大餐」的活動來促銷魚產並振興觀光業。

其實翻車魚既溫馴又可愛，人們可以藉由潛水的方式去接近牠、欣賞牠，與牠共游，相信以生態旅遊的方式來利用翻車魚的資源，所能帶給地方的觀光收益，應該遠比把牠們吃掉要划算的多。相反的，如果只管捕獵而不注重保育，則很可能會造成資源的枯竭，不僅無法永續利用，最後這種奇特的魚類很可能會在地球上完全消失。

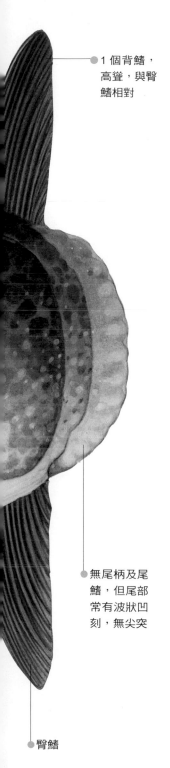

- 1個背鰭，高聳，與臀鰭相對

- 無尾柄及尾鰭，但尾部常有波狀凹刻，無尖突

- 臀鰭

 生態視窗 ## 會曬太陽的魚

翻車魚的英文俗名叫「海洋太陽魚」（Ocean sunfish），這是因為牠有時候會平躺在海面上曬太陽，目的可能是方便海鳥或清道夫魚來幫牠清除表皮的寄生蟲，或是提高體溫以幫助消化。也因為牠有這種特殊的習性，所以很容易遭到漁民的捕獲或鏢射。

生得多，長得快

翻車魚平常是獨行狹，但如果看到牠們成群或成對行動，則多半是為了繁殖和交配。目前所知翻車魚的產卵場有三處，一在墨西哥的巴哈加利福尼亞（Baja California）外海，在大西洋西方的藻海（Sargasso Sea），另一處則在日本沿海。一尾1.4公尺的雌翻車魚的卵巢內孕育有三億顆魚卵，遠比一般大型海水魚的200～600萬顆還要多，應是所有脊椎動物產卵數之冠。產卵後，受精卵隨海流擴散，孵化後的仔魚體表也具有和河魨類似的刺狀突起，可以用來自衛，不過長大後就完全消失。翻車魚的成長速度很快，曾有紀錄顯示，一尾在蒙特利水族館飼養的翻車魚，短短八個月之內，從10公斤增加至45公斤，增重速度之快

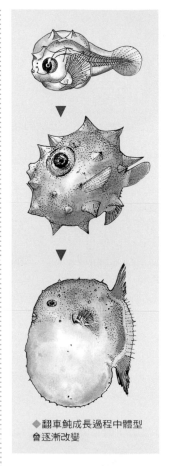

◆翻車魨成長過程中體型會逐漸改變

，大概也很少有魚類可以超越。

以水母為主餐的翻車魚

翻車魚屬於大洋中上水層洄游性的魚類，牠的體型碩大，嘴巴卻出奇地小，加上游速緩慢，自然無法掠食泳速快的魚或烏賊，因此一般翻車魚是以海中的水母或是行動緩慢的漂浮生物為主食。牠覓食時不只在中表層，也可以潛入600公尺以下的冰冷海水中覓食。

主圖：翻車魨（*Mola mola*），最大體長333cm

潛水觀察

親自下海去「賞魚」，可說是最符合環保，最接近自然，也是最能觀察到真實魚類生態和行為的方式了。然而，海底的美麗景觀和豐富生物需要靠大家來愛惜與維護，才能使本土生物資源永繫不墜。潛水賞魚是為了體驗大自然生態之美，因此，請拿起「相機」，放下「魚槍」或「魚網」；下海「餵魚」，而不要去「毒魚」或抓回來「養魚」，培養正確的賞魚觀念，才能永享賞魚之樂。

如何潛水？

潛水一般可分為「浮潛」（或稱徒手潛水）與「水肺潛水」兩種。

「浮潛」只需戴面鏡、穿蛙鞋、口啣呼吸管即可下水，最為經濟、安全與大眾化。當然，為了預防意外，還是必須要穿尼龍衣（冬天則穿防寒衣）及戴手套以避免水母的攻擊。如果是生手或水性不佳者，最好再穿上救生背心。當穿上具有浮力的防寒衣（即水肺潛水的橡皮衣）或救生背心後，如要隨心所欲地潛入海底，還需要在腰部帶上適當重量的配重帶，讓自己的浮力變為中性。浮潛因為不是吸入氣瓶的高壓空氣，只是吸入正常大氣壓的空氣下潛，所潛的深度不深（通常5～8公尺左右），時間也不超過1～2分鐘，所以不像水肺潛水需要減壓，也不會有得潛水伕病的顧慮。初學者只要學會如何將進入呼吸管及面鏡內的水或霧氣排除，即可不必抬頭換氣，自在地浮在水面觀察海底世界；或憋一口氣潛入水底，仔細觀察魚類的生態和行為。

「水肺潛水」必需添購或租用潛水氣瓶、調節器等昂貴的裝備，同時一定要經過至少一週以上的正式訓練，取得潛水執照後，才可以去嘗試。水肺潛水之所以需要受訓，是因為所吸入的是高壓空氣，其氣壓大小視潛水當時的水深，再透過調節器讓潛水者所吸入的空氣壓力與環境的壓力相互平衡（海水每增加10公尺即增加一大氣壓），也因為如此，當潛水者在海底上浮時必須非常緩慢，至少不能超過小氣泡上浮的速度，才可使溶解在血液中高壓的氣體逐漸透過呼吸系統釋出，而不致在血管中形成氣泡、阻塞血流，造成「氣栓症」（亦即所謂的「潛水伕病」），輕者殘疾，重者喪命。當潛水時間

◆ 浮潛輕裝備：蛙鞋、面鏡及呼吸管（上）；平靜的大潮池在漲潮時也是理想的浮潛地點（下）

◆潛水攝影已在台灣蔚為風氣

◆潛水重裝備：氣瓶、調節器、浮力調整背心

到哪裡潛水？

　　台灣四周海域適合潛水賞魚的地方很多，只要是水質清澈、有珊瑚礁分布的地方均可。其範圍在北部從金山、野柳、萬里、八斗子、龍洞，到卯澳灣等地；東部的東澳、磯崎、石梯坪、三仙台；南部則幾乎整個墾丁國家公園的海域範圍都包括在內，特別是南灣、萬里桐、香蕉灣、紅柴等地更是著名；離島地區如小琉球、蘭嶼、綠島及澎湖等地，則幾乎所有海岸線都擁有豐富的海底景觀與海洋生物。

於它可以不必像浮潛那樣到水面換氣，所以能更盡情地在海底觀察魚類，在水淺處可以潛一個小時，水深處可潛半個小時，因此水肺潛水還是許多喜好潛水攝影、研究或觀察海洋生態的同好最喜愛的戶外運動之一，它也將是未來海洋遊憩活動中，最具發展潛力的生態旅遊或休閒運動的項目。

東北角一帶海岸潛水活動相當興盛

過久或超過深度太深（35公尺以下）時，溶解血液中的氣體需要更長的時間才能釋出，因此上升時需要更長時間，甚至需停留水層中作逐步減壓，否則在24小時內仍有得氣栓症的危險。這也是為何潛完水後最好避免立即搭乘飛機，或避免潛水時間太久、潛得太深的原因。

　　水肺潛水雖然較昂貴，裝備整理及穿戴皆較繁瑣，而且還有　定的危險性，但由

◆潛水是值得推廣的親子休閒活動

◆高山溪流水清但流速較緩，其中水流較緩、水較深處亦適合潛水。

　　若要在台灣的河川溪流進行潛水觀察，由於只有高山溪流或少數中游地區的溪流水質較清澈，但這些地區多半水淺流急，所以一般都只適合浮潛，只有在少數具有較大面積的深潭或平潭地區的河段才有必要用到水肺潛水裝備。至於在水庫和湖泊地區，由於水深、能見度差，除了環湖四周水淺和水清處可供魚類觀察外，水深處不但深不見底，而且魚少，危險性亦甚高，並不適合從事任何潛水活動。

什麼季節適合潛水？

　　由於季節風的關係，台灣北部要潛水賞魚以夏天最合適，因為沒有東北季風，海水平靜清澈且溫暖少雨。相反的，南部夏天常下大雨，又有西南氣流湧浪的影響，水質混濁，因此要潛水反而以春秋兩季最適宜；而冬天因雨少水清，在不受落山風影響的岸邊地區，其實也是很好的賞魚地點。至於離島，則因四周環海，不論哪一個季節，風從哪邊來，總有避風的一邊海岸，風平浪靜，最適合賞魚活動。

其他注意事項

　　到海龍宮去「賞魚」，與魚兒共游，已不再是一個難以實現的夢想。只是當你躍躍欲試，或已身在龍宮、忘情地欣賞游魚四出之際，切莫忘了「安全」與「環保」，以下是進行潛水活動時的注意事項。

●嚴守潛水的安全規定，切莫獨自行動或到陌生危險的海域。水肺潛水必須事先受過正規的潛水訓練，合格後才可以嘗試。

●出發前充分了解當地天候、海況的變化，海底地形、海流狀況與出入地點的安全性等。除了裝備的良好保養與準備充份外，最好能找經驗豐富的同好結伴而行。

●許多海洋生物可能有毒或有害，最好只是純欣賞，而不去撿拾或觸摸。坊間已有介紹有毒有害種類的圖鑑書籍，事先多研讀參考，更能防患未然。

●海洋生物不但種類多，行為方式亦多姿多彩，事先多閱讀多了解，可以帶給你更多的發現與收穫，否則魚兒的偽裝、擬態或躲藏等功夫常會讓人視而不見，也許會有入寶山卻空手而回之遺憾。

●海洋生物中有許多為稀有種類，而生命力亦十分脆弱，所以，絕不任意採集、不翻動石頭、不丟棄垃圾、不弄斷珊瑚等，都是潛水賞魚時應有的公共道德。

◆有毒的海洋生物：①海膽、②火珊瑚、③芋螺、④海葵

水族館觀察

水族館和動物園一樣是豢養與展示活生生動物的一種社會教育設施，也兼有蒐藏和研究的功能。由於它們以飼養活體為主，自然要比一般展示標本及模型為主的博物館更受大家的歡迎。相對的，水族館的管理及維護成本、蓄養技術，以及生物的取得與檢疫等則皆遠較一般博物館要困難、複雜且昂貴甚多。此外，稀有水族的取得不但困難昂貴，更涉及到生態保育的爭議。縱使如此，水族館仍有其獨特吸引遊客的魅力，也因此近十年來，不論在國外或國內，新的水族館仍如雨後春筍般地紛紛設立。而每一個水族館在規劃和設計時都各有其特色，除了展示本土或特有的魚種之外，也會展示世界各地不同地理區或不同生態系的魚類。讀者如欲前往造訪，不妨先上網或用電話查詢進一步的資訊（如票價、開館時間、交通）。在國內外較負盛名的水族館相當多，它們的名稱、地點、電話與網址如附表。

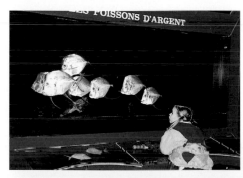

◆國外水族館的內部展示

◆2002年開幕的花蓮海洋公園，內有水族館的展示。

249

台灣

國立海洋生物博物館（車城，恆春）-（08）8825001（www.nmmba.gov.tw）

通霄西濱海洋生態園區（通霄，苗栗）-（037）7617（www.wise.com.tw/seaworld/index.htm）

花蓮海洋公園（花蓮）-（02）723-9999（www.hualienoceanpark.com.tw）

桃園海洋生物教育館（桃園）-（03）352-7007（www.donglong.com.tw）

國立海洋科技博物館（基隆）-（02）2469-0731（www.nmmst.gov.tw）

亞洲

Okinawa Churaumi Aquarium沖繩美麗海水族館（沖繩縣國頭郡）-0980-48-3748（churaumi.okinawa）

Tokyo Sea Life Park東京都葛西臨海水族園（東京江戶川區）-03-3869-5152（www.tokyo-zoo.net/zoo/kasai/）

Sunshine International Aquariumu陽光國際水族館（東京都，池袋）-03-39893466（www.sunshinecity.co.jp/aquarium/index.html）

Marine Science Museum Tokai University東海大學海洋科學博物館（靜岡縣清水市）-0543-34-2385（www.umi.muse-tokai.jp）

Shima Marineland Foundation志摩海洋公園（三重縣志摩郡）-05994-3-1225（www.kintetsu.co.jp/leisure/shimamarine）

Toba Aquarium鳥羽水族館（三重縣鳥羽市）-0599-25-2555（www.aquarium.co.jp）

Osaka Aquarium大阪海遊館（大阪市）-06-6576-5501（www.kaiyukan.com/index.html）

Ocean Park of Hong Kong（HK）-（852）3923-2323（www.oceanpark.com.hk/tc）

美國

New England Aquarium（Boston, NY）-（617）9735200（www.neaq.org）

National Aquarium in Baltimore（Baltimore, ML）-（301）888-800-5477（www.aqua.org/）

Sea World of Florida（Orlando, FL）-（305）351-0021（www.seaworldparks.com/en/seaworld- orlando/）

Seattle Aquarium（Seattle, WA）-（206）386-43009（www.seattleaquarium.org）

Monterey Bay Aquarium（Monterey, CA）-（408）6493133（www.www.mbayaq.org）

Scripps Aquarium Museum or Birch Aquarium at Scripps（La Jolla, CA）-（619）8585343474（www.aquarium.ucsd.edu）

Sea World of San Diego California（San Diego, CA）-（619）226-3901（seaworldparks.com/en/seaworld-sandiego/）

John G. Shedd Aquarium（Chicago, IL）-（312）939-2438（淡水魚為主）（www.sheddaquarium.org）

Sea World of sanantonio Texas（San Antonio, TX）（512）523-3611（seaworldparks.com/en/seaworld-sanantonio/）

歐洲

The Oceanographic Museum（Monaco）-93.15.36.00（www.oceano.mc/en）

Nausicaa Centre National de la Mer（Boulognelmer, France）-21.30.99.99（www.nausicaa.fr）

Oceanopolis（Brest, France）-（02）98.34.40.40（www.oceanopolis.com）

澳洲

Sydney Aquarium（Sydney, Australia）-（02）1800-199-657 （www.sydney aquarium.com.au）

魚市場觀察

去魚市場觀察魚是最簡單、方便和經濟的方式，也可以看到許多水族館所看不到的魚種。因為水族館一般均只飼養一些色彩鮮豔、可愛逗趣、奇形怪狀或易養、易捕獲的魚種，許多難以捕撈、馴養或蓄養的大洋性或深海魚類就只有到魚市場才有機會看到了。

◆台中港的觀光魚市

到哪些魚市場？

超級市場所販售的魚多已經過除鱗、去內臟，或去除頭尾部的處理，所以並非觀察魚類的理想地點。但在超級市場中卻常可見到不少外來種的魚類，如柳葉魚、冰魚、鱈、鱒等；各日地傳統市場中的魚攤則常可見到不少來自當地附近漁港拍賣來的新鮮漁獲，譬如近沿海的小型魚類或是養殖的魚種，但種類畢竟有限。如果要同時看到更多不同的魚類，最好還是直接前往各地的漁港和魚市場去觀察。

不同魚市場主要卸魚和拍賣的魚種因當地漁具、漁法、漁場或棲地條件的不同而異，如西海岸各地多半是來自刺網、拖網或一支釣的砂泥底棲或中表層洄游魚種；北海岸是焚寄網、刺網、圍網、延繩釣的底棲或洄游魚種；東海岸則是來自定置網、拖網、圍網或鏢旗魚的大洋性或深海魚類；南部或澎湖則有不少潛水鏢射或潛水捕撈的珊瑚礁魚類。遠洋魚類如鮪、鯊、旗魚等多半集中在基隆、蘇澳和高雄前鎮等幾個大漁港，深海魚類只有在宜蘭大溪、南方澳及屏東縣東港的魚市場才有可能看到。珊瑚礁魚類則在基隆市和平島及恆春、蘭嶼、綠島、小琉球、澎湖的傳統市場上可以見到。

通常漁港卸魚及漁貨拍賣都有一定的時間（參見附表二）。如果你只有假日有空，則建議可前往最近幾年來政府所大力推動的假日觀光魚市或活魚海鮮餐廳。假日魚市中所展售的魚類不但物美價廉，而且還有不少攤販將魚的俗名標記註記，也是認識各種不同魚類的理想場所。這些假日魚市場有台中的梧棲港、宜蘭的烏石鼻漁港、基隆八斗子的碧砂漁港

◆魚市場堆積如小山的漁獲

、台北市民族東路的漁產品展售中心、桃園永安、新竹南寮、屏東的東港等。

注意事項

如果為了教學或研究而有進一步觀察和解剖的需要，可以到魚市場買魚，如果魚的體型小或是屬於下雜魚，甚至可以免費向漁民或魚販索取。只是從魚市場採集標本時，必須要問清楚漁民該批魚貨是從那一處海域所捕撈。正確的採集地點和採集日期是一般留作典藏或研究用時必須具備的基本資訊。

當然，到魚市場觀察魚時最好手上有一兩本圖鑑可以直接比對，以便鑑別魚種；或是帶一部已安裝有魚類資料庫或檢索表的手提電腦來作線上檢索。但許多同一屬的相似種常因為外觀相似，而必須要靠內部器官構造，如鰓耙數、齒式、鰾型、脊

骨數或是感覺孔的排列來鑑
種。因此，一般都是將標本
帶回實驗室中作進一步的鑑
別，魚體小者還得利用放大
鏡或解剖顯微鏡。又為了避
免被有毒魚類的棘刺所刺傷
，如魟科、鰻鯰，處理時最
好戴手套。如果要在下雜魚
堆裡找尋魚類，則要使用大
號鑷子或棍棒來翻動，用鑷
子挑出所要觀察的魚，放入
大號封口袋或厚塑膠袋，置
入碎冰，用魚箱帶回
實驗室或家中仔細
觀察。

要注意的是，
許多大型魚類如
旗魚、鯊、魟、
鮪等，牠們的長吻
、長尾或帶有棘刺
的尾部常在上岸前已被剁掉
，因此常難窺全貌；底拖網
的魚類，魚體因長時
間在海底的網袋內
翻攪擠壓也常殘
缺不全，特別是
鱗片最常脫落。

◆置入封口袋加碎冰保
存的魚體

附表二　台灣生產地魚市場場址及拍賣時間

縣巿別	市場別	地址	交易時段
基隆市	崁仔頂魚市場	仁愛區孝一路	03:00~07:00
桃園市	桃園區漁會竹圍魚市場	大園區沙崙村一鄰10號	08:00起
	中壢區漁會永安魚市場	新屋區中山西路三段1165號	08:00起
苗栗縣	南龍區漁會南龍魚市場	竹南鎮龍鳳里21鄰龍江街396巷15號	13:30起
	通苑區漁會苑裡魚市場	苑裡鎮苑港里4鄰45-5號	12:00起
台中市	台中區漁會梧棲魚市場	清水區北堤路30號	10:00起
嘉義縣	嘉義區漁會布袋魚市場	布袋鎮中山路3號	13:30起
	嘉義區漁會東石魚市場	東石鄉東石村觀海三路300號	13:30起
台南市	南縣區漁會青山港魚市場	將軍區鯤鯓里5-2號	13:30起
	南縣區漁會將軍魚市場	將軍區平沙里155號	14:00起
	南縣區漁會七股魚市場	七股區龍山里210號	06:30起
高雄市	興達港漁會興達港魚市場	茄萣區東方路一段239號	08:00起
	梓官區漁會梓官魚市場	梓官區漁港二路11號	12:00~14:00
	彌陀區漁會南寮魚市場	彌陀區南寮里漁港一路60號	05:30起
	林園區漁會林園魚市場	林園區漁港路2號	視漁船進港時間
	高雄區漁會前鎮魚市場	高雄市前鎮區漁港中一路3號	03:00~07:00；08:30起
	小港區漁會魚市場	小港區光和路100號	13:00
屏東縣	東港區漁會東港魚市場	東港鎮新生三路175號	02:30~06:00；15:00~21:00
	枋寮區漁會枋寮魚市場	枋寮鄉保生路437號	視漁船進港時間
	恆春區漁會恆春魚市場	恆春鎮大光里大光路79-66號	視漁船進港時間
台東縣	台東區漁會台東魚市場	台東市富岡路305號	09:00~10:30(夏季08:30開始)
	新港區漁會新港魚市場	成功鎮港邊路19號	視漁船進港時間
花蓮縣	花蓮區漁會花蓮魚市場	花蓮市民享里港濱37號	14:30起
宜蘭縣	蘇澳區漁會蘇澳魚市場	蘇澳鎮江夏路52-2號	視不同魚季調整
	頭城區漁會大溪魚市場	頭城鎮大溪里外大溪路375號	14:30~16:00
澎湖縣	澎湖區漁會澎湖魚市場	馬公市新生路158號	04:00~05:50

標本製作與保存

由於魚類體型大、易腐敗，製作標本所需要的成本和儲存空間均較植物、昆蟲或貝殼為高，因此一般人較少有興趣去製作和保存魚類標本。然而有時為了研究與教學的目的，還是需要自行製作魚類的標本。魚類標本包括全魚的液浸標本、冷凍或酒精保存的組織標本，或耳石、骨架、齒骨，或剝製的標本。由於剝製的標本需要相當專業的技術，所以目前一般博物館的展示均已捨棄傳統的剝製法，而改採以玻璃纖維先塑模，再彩繪的方式。以下提供給大家的是一般人較容易著手的全魚液浸標本做法。

製作方法

一般具有典藏與研究價值的標本都需要將魚體完整地予以保存。因此挑選標本最好選擇所有的鱗片、鰭條或鬚瓣均未脫落及未破損的個體。此外，標本新鮮時的體色常是鑑種的主要依據，但泡在酒精或福馬林後，顏色會很快地褪掉，依目前的技術還無法將魚體的色彩長久保存下來，因此在採集時要挑選最新鮮、色彩最鮮豔的魚體，再立即用冷凍或碎冰冰藏運回實驗室，經過展鰭處埋後，儘快用數位相機或傳統單眼相機拍攝彩色正片，將原有的體色留下紀錄。

展鰭的方法是將標本平放在保麗龍板上，用大頭針將

◆魚類標本製作步驟：展鰭

◆魚類標本製作步驟：拍照

各鰭展開並釘住，然後將10%的福馬林滴或塗在鰭膜上，不多久鰭膜即可固定。拍攝完後再將標本置於適當尺寸的標本瓶內，倒入足夠的10%福馬林或80%的酒精。福馬林因係致癌物，且未來抽取定序DNA較為困難，因此目前各大博物館保存魚類均已改用酒精，甚或以超低溫的液態氮來保存魚體的部分組織（主要為肌肉），此又稱冷凍遺傳物質。惟大型魚類或深海魚類，直接

使用酒精時，常會有酒精遭稀釋，濃度不足而導致標本毀損的問題，所以通常還是會先用福馬林；固定一兩週，肌肉較硬較大的魚還必須先用針筒在其腹腔內注入福馬林，以免因藥液來不及滲入體內而使內臟腐敗。肉質軟而體型小的魚，如深海魚

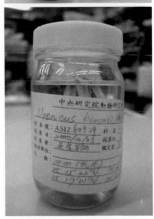
◆魚類標本製作步驟：浸泡酒精、置入標籤

253

，若使用高濃度的酒精也常會造成標本「脫水」而乾癟。體型較長如蛇形的鰻鱺目，為了避免固定後身體已定型無法再改變姿勢，難以進行標本檢視或測量的工作，因此鰻鱺目的標本一般常用異丙醇（isopropanol）作為固定液，可以使身體變得較為柔軟。

作好的標本在裝罐入庫時，一定要製作一標本籤，除了初鑑之學名外，並應註明其標本編號、種名、採集時間、地點、漁法、深度、採集者、鑑定者等相關資料。利用鉛筆或不會溶解的墨水寫在標本籤上，再置入瓶中。標本瓶最好是用有橡皮墊可完全密封的瓶蓋，否則亦可在瓶口接縫處塗上凡士林來密封，以使瓶內標本不致因固定液迅速揮發而造成乾枯或腐敗，當然定期的檢查與添加固定液仍有其必要。

交流與查借

從事魚類分類的學術研究，時常需要相互借閱或交換標本，目前各大博物館或標本館均已開始將其典藏魚類標本之資料數位化，並上網供公開查閱或借閱。若干標本館的標本甚至可以點選查看在固定該尾標本前的彩色標本照。目前台灣地區典藏魚類標本的主要館所為中研院生物多樣性研究中心、台大動物系、國立海洋生物博物館、水試所、國立海洋科技博物館及國立台灣博物館等地，「台灣魚類資料庫」之網站（http://fishdb.sinica.edu.tw）內亦整合了前述標本館的魚類標本資料可供查詢。而由國際性的「魚庫FishBase」（http://www.FishBase.org）則可查詢典藏在國外一些著名博物館內的魚類標本。

◆國外博物館收藏之腔棘魚標本

◆標本館收藏方式：①大標本箱、②乾製標本、③標本瓶、④移動式收藏櫃

魚類不但是水生生態系中最重要的成員，提供研究生物演化的絕佳素材，也和我們人類的生活及經濟活動息息相關。然而由於大眾對魚類的保育觀念仍相當薄弱，所謂的愛魚，只是愛吃、愛養、愛釣而已，並不認為魚類是野生動物需要保護。因此在不認識、不關心的情況下，造成台灣魚類資源正快速衰竭中，換句話說，台灣魚類目前所「累計」的魚種數雖多，但魚的數量（尾數）卻正在直線下降，許多過去的常見種如今已變成稀有種甚或絕跡。眼看著台灣魚類的生物多樣性就將要摧毀在我們這一代的手裡，因此大家不僅要正視這個問題，也要探討保育的方法。

魚類資源為什麼會衰竭？

台灣的魚類資源迅速衰竭，歸納起來，主要有以下幾個原因。

棲地破壞： 河川的水流量減少，以及興建水庫、攔砂壩以及河川渠道化、水泥化、堤防化使淡水魚類消聲匿跡；海岸的過度開發，築堤建港，興建新市鎮、工業區、道路、港口等更破壞了許

◆山坡地濫墾污染水源

多仔稚魚或幼魚賴以維生的天然潮間帶或海灘濕地。在近沿海的岩礁或珊瑚礁從事底拖、採礦、拋錨、不當潛水、盜採珊瑚，也會使沉積物大量堆積，再加上有毒污水排放、海拋及海底垃圾充斥等等，都會破壞魚類賴以維生的各類不同棲息地。

外來種引進： 水產養殖、餌料種或觀賞魚的不慎外逸，或人為的刻意放生、棄養是最常造成外來種問題的因

◆攔沙壩改變了河流的形貌

素。外來種一旦在本地的野外繁殖成功，而對本地的生態系與物種造成影響時則稱為「入侵種」。據統計，全球已有超過160種魚類的入侵種經由人為搬運而存活在各地不同水域。台灣目前淡水魚的入侵種已十分嚴重，如吳郭魚、琵琶鼠等，而海水魚的部分，這兩年已陸續在西海岸、淡水河口及高屏河口等地發現紅鼓魚及歐洲鰻、美洲鰻等外來種。

◆外來種孔雀魚

◆優養化的八堡圳

　　污染：重金屬、殘氯、殺蟲劑、肥料、清潔劑、石油等毒物，以及過多的有機、無機營養鹽，造成水質優養化，再經食物鏈傳遞的生物累積效應，影響到其他魚種、海鳥及海洋哺乳類動物，乃至人類本身。由於魚類是水域環境優劣的重要生物指標，所以我們也常利用魚類在族群、群聚或形態、生理、生化、成長、生殖、行為，乃至分子生物上的改變作為水質監測的指標。

　　過度捕撈：人們捕魚常不分大小（年齡）、性別，甚至不分種類一網打盡。更糟的是，把正要洄游產卵的鮭、烏魚、飛魚等中途攔截，

魚卵俱獲，或是競相捕撈那些好不容易才長到可以產卵繁殖的大型石斑、鯊魚、鮪魚、旗魚等。「過漁」的問題不單是資源量銳減，它同時也會使魚的體型小型化。此外，誤捕造成資源的浪費亦甚嚴重，以蝦拖為例，為拖1公斤的蝦，其細密的網具可浪費3～130倍的小魚（下雜魚），受波及的種類則超過100種之多。幼魚資源受破壞後，在無足夠補充量的情況下，自然就抓不到大魚了。此外，觀賞魚的水族飼育，或吃活海鮮的不良風氣，也促使漁民使用氰化物或漁網下海大肆捕撈珍稀、色彩豔麗，或體大可食用的珊瑚礁魚種，如蝴蝶魚、蓋刺魚、隆頭魚、笛鯛、仿石鱸、鸚哥魚、刺尾鯛、海鱔、鱗魨、單棘魨、雀鯛、金鱗魚等，許多魚種即因此在台灣海域迅速消失中。

拯救台灣魚類的生物多樣性

　　魚類生物多樣性的保育方法一如保護所有其他海洋生

物一樣，甚或陸域生物一樣，不外乎研究、立法及教育三方面。

　　加強調查研究：首先，要了解台灣魚類之種類組成、分布、群聚的時空變遷、生態習性及與鄰近地區族群相倚的關係，如此方能認定那些是特有、稀有、或瀕臨絕滅的魚種，進而制定正確有效的保育措施，以及提供宣導教育的基礎資料。接著，得進一步研究人工繁殖，利用種苗放流來加以復育，特別是海水經濟或觀賞魚類之繁殖研究，目前成功率不及百分之一，尚待努力。同時，也要追查造成魚類資源減損的真正原因及優先順序，才能建議政府採取對症下藥的策略。最後，還要評估全省那些水域應優先劃入保護區的範圍及嚴格執行其劃設後的保護管理辦法。

　　推展宣導教育：讓民眾認識了解本土的海洋生物，進而支持並參與海洋生物的保育行動，是相當重要的一步。除了在各種宣導媒體上廣為報導介紹台灣稀有海洋生物現況外，還要宣導正確的

保育觀念，包括不抓、不養、不吃稀有物種（包括供作中藥材之海龍、海馬等）；推廣實地潛水，從事認魚、賞魚、餵魚、水底攝影等戶外活動。特別是推展海底生態旅遊觀光，而非漁獲捕食利用，如此不但可保護生物多樣性，也可永續利用海洋資源。

劃定水域保護區：禁止任何人員或人為干擾仍是最簡易有效的保育措施。因為魚類的種類繁多，許多魚類的生態習性，如生活史、食性、生殖等大家仍不了解，根本無法進行種原保存式的物種保育，且種原保存會有基因變異減低而不利種族存續的問題，即使魚種繁殖成功，但若其天然棲地水域已被破壞，也不可能再放流；且水域生態系之食物網關係複雜，不可能只保存一種而不受其他物種所影響，因此惟有保護棲地，整個生態系連同所有當地的生物一齊保存下來才是根本之道。

立法保護嚴格執行：加速通過「海岸法」，使保育工作能有所依據。此外應在野生動物保育法中考慮增列稀有海洋生物，作為取締捕撈販售的依據；加強稀有魚類的進出口管理，以導正目前熱衷飼養海水寵物的不良風氣（人工繁殖成功之種類則不在此限）。許多經濟魚類資源的保護措施，如漁期、漁法、漁具或漁獲量、體長大小的限制與禁止等均應確實執行。特別嚴格取締在保護區內的所有非法活動，譬如毒魚、炸魚、獵魚或排放污染物等行為。

你可以這麼做！

　　海洋生物多樣性的保育要成功，最根本的還是要把保育變成一種大家的生活態度，下列幾點守則或可提供一般民眾參考：

● 不吃活海鮮，只攝影、不採集、不收集、不購買海洋生物。

● 不養、不吃、不釣珊瑚礁生物、稀有及應保育的魚類。

● 不到海邊（潮間帶）亂採、亂翻石頭。

● 不亂倒污水、不亂丟垃圾，海釣、潛水應遵守規定，不踢珊瑚及下錨等。

● 多認識海濱及海洋生物，共同來作宣導教育及擔任海洋生態保育的義工。

◆台灣的海洋美景需要大家共同來守護

【名詞索引】

魚名念法										
魟 ㄏㄨㄥ	魨 ㄊㄨㄣ	鮁 ㄅㄚ	鮭 ㄍㄨㄟ	鮪 ㄨㄟ	鯨 ㄐㄧㄥ	鰍 ㄑㄧㄡ	鰨 ㄊㄚˇ	鰾 ㄆㄧㄠ	鱏 ㄒㄩㄣˊ	鱲 ㄌㄧㄝˋ
魛 ㄉㄠ	鮁 ㄆㄚˊ	鮒 ㄈㄨˋ	鮚 ㄐㄧㄝˊ	鯉 ㄌㄧˇ	鯧 ㄔㄤ	鯙 ㄔㄨㄣˊ	鰭 ㄑㄧˊ	鰡 ㄌㄧㄡˊ	鱒 ㄗㄨㄣ	鱸 ㄌㄨˊ
魟 ㄏㄨㄥˊ	鮈 ㄐㄩ	鮒 ㄈㄨˋ	鮑 ㄅㄠˋ	鯡 ㄈㄟ	鯪 ㄌㄧㄥˊ	鰈 ㄉㄧㄝˊ	鰗 ㄏㄨˊ	鯵 ㄕㄣ	鱠 ㄎㄨㄞˋ	鱺 ㄌㄧˊ
鮁 ㄅㄚ	魶 ㄋㄚˋ	鮫 ㄐㄧㄠ	鮩 ㄋㄧˊ	鯰 ㄋㄧㄢˊ	鯽 ㄐㄧˋ	鰊 ㄌㄧㄢˋ	鰻 ㄇㄢˊ	鱈 ㄒㄩㄝˇ	鱶 ㄒㄧㄤˇ	鱠 ㄎㄨㄞˋ
魦 ㄕㄚ	鮗 ㄉㄨㄥ	鮟 ㄢ	紫 ㄗˇ	鯖 ㄑㄧㄥ	鰡 ㄌㄧㄡˊ	鰃 ㄨㄟ	鰌 ㄑㄧㄡ	鱚 ㄒㄧˇ	鱭 ㄐㄧˋ	蝤 ㄑㄧㄡˊ
魵 ㄈㄣˊ	魾 ㄆㄧˊ	鮪 ㄨㄟˇ	鮪 ㄆㄨˊ	鯙 ㄔㄨㄣˊ	鰓 ㄙㄞ	鰥 ㄍㄨㄢ	鱘 ㄒㄩㄣˊ	鱔 ㄕㄢˋ	鱷 ㄜˋ	蠵 ㄒㄧ
魴 ㄈㄤˊ	鮎 ㄋㄧㄢˊ	鯀 ㄍㄨㄣˇ	鯛 ㄉㄧㄠ	鯝 ㄍㄨˋ	鰕 ㄒㄧㄚ	鯵 ㄕㄣ	鰤 ㄕ	鰹 ㄐㄧㄢ	鱧 ㄌㄧˇ	
魢 ㄐㄧˇ	鮊 ㄅㄛˊ	鮨 ㄧˋ	鮻 ㄙㄨㄛ	鯔 ㄗ	鰏 ㄅㄧ	鰜 ㄐㄧㄢ	鯌 ㄎㄜˋ	鱗 ㄌㄧㄣˊ	鱵 ㄓㄣ	

魚目名對照表

英文目名	台灣目名	中國大陸目名	英文目名	台灣目名	中國大陸目名
Myxiniformes	盲鰻目	盲鰻目	Siluriformes	鯰形目	鯰形目
Chimaeiformes	銀鮫目	銀鮫目	Salmoniformes	鮭形目	鮭形目
Heterodontiformes	異齒鮫目	虎鯊目	Stomiiformes	巨口魚目	巨口魚目
Orectolobiformes	鬚鮫目	鬚鯊目	Aulopiformes	仙女魚目	仙女魚目
Carcharhiniformes	白眼鮫目	真鯊目	Myctophiformes	燈籠魚目	燈籠魚目
Lamniformes	鼠鮫目	鼠鯊目	Lampridiformes	月魚目	月魚目
Hexanchiformes	六鰓鮫目	六鰓鯊目	Ophidiiformes	鼬鳚目	鼬鳚目
Squaliformes	棘鮫目	角鯊目	Lophiiformes	柄鰭目·鮟鱇目	鮟鱇目
Squatiniformes	琵琶鮫目	扁鯊目	Mugiliformes	鯔目	鯔目
Pristiophoriformes	鋸鮫目	鋸鮫目	Beloniformes	頜針魚目	頜針魚目
Rajiformes	鰩目	鱝魟目	Beryciformes	金眼鯛目	金眼鯛目
Elopiformes	海鰱目	海鰱目	Gasterosteiformes	刺魚目	刺魚目
Anguilliformes	鰻鱺目	鰻鱺目	Scorpaenlformes	鮋形日	鮋形目
Clupeiformes	鯡形目	鯡形目	Perciformes	鱸形目	鱸形目
Gonorhynchiformes	鼠鱚目	鼠鱚目	Pleuronectiformes	鰈形目	鰈形目
Cypriniformes	鯉形目	鯉形日	Tetraodontiformes	魨形日	魨形目

魚科名對照表

英文科名	台灣科名	中國大陸科名	英文科名	台灣科名	中國大陸科名
Myxinidae	盲鰻科	盲鰻科	Apogonidae	天竺鯛科	天竺鯛科
Chimaeridae	銀鮫科	銀鮫科	Sillaginidae	沙鮻科	鱚科
Carcharhinidae	白眼鮫科	真鯊科	Rachycentridae	海鱺科	軍曹魚科
Dasyatidae	土魟科	魟科	Carangidae	鰺科	鰺科
Megalopidae	大眼海鰱科	大海鰱科	Lutjanidae	笛鯛科	笛鯛科
Muraenidae	鯙科	海鱔科	Haemulidae	石鱸科	仿石鱸科
Clupeidae	鯡科	鯡科	Sparidae	鯛科	鯛科
Chanidae	虱目魚科	遮目魚科	Lethrinidae	龍占科	裸頰鯛科
Cyprinidae	鯉科	鯉科	Nemipteridae	金線魚科	金線魚科
Balitoridae	平鰭鰍科	爬鰍科	Sciaenidae	石首魚科	石首魚科
Clariidae	鬚鯰科	鬚鯰科（胡鯰科）	Mullidae	羊魚科	羊魚科
Salmonidae	鮭科	鮭科	Chaetodontidae	蝴蝶魚科	蝴蝶魚科
Stomiidae	巨口魚科	巨口魚科	Pomacanthidae	蓋刺魚科	刺蓋魚科
Synodontidae	狗母魚科	狗母魚科	Cichlidae	慈鯛科	麗魚科
Myctophidae	燈籠魚科	燈籠魚科	Pomacentridae	雀鯛科	雀鯛科
Lamprididae	月魚科	月魚科	Labridae	隆頭魚科	隆頭魚科
Ophidiidae	鼬鳚科	鼬鳚科	Scaridae	鸚哥魚科	鸚嘴魚科
Antennariidae	躄魚科	躄魚科	Blenniidae	䲁科	䲁科
Mugilidae	鯔科	鯔科	Gobiidae	鰕虎科	蝦虎科
Exocoetidae	飛魚科	飛魚科	Acanthuridae	刺尾鯛科	刺尾魚科
Belonidae	鶴鱵科	頜針魚科	Siganidae	臭肚魚科	籃子魚科
Holocentridae	金鱗魚科	鰃科	Trichiuridae	帶魚科	帶魚科
Syngnathidae	海龍科	海龍科	Scombridae	鯖科	鯖科
Scorpaenidae	鮋科	鮋科	Xiphiidae	劍旗魚科	劍魚科
Triglidae	角魚科	魴鮄科	Bothidae	鮃科	鮃科
Platycephalidae	牛尾魚科	鯒科	Balistidae	皮剝魨科	鱗魨科
Serranidae	鮨科	鮨科	Tetraodontidae	四齒魨科	魨科
Priacanthidae	大眼鯛科	大眼鯛科	Molidae	翻車魨科	翻車魨科

【延伸閱讀與網站】

書籍與期刊

丘台生（1999）台灣的仔稚魚。國立海洋生物博物館籌備處。

伍漢霖、邵廣昭、賴春福（1999）拉漢世界魚類名典。水產出版社。

何大仁、蔡厚才（1999）魚類行為學。水產出版社。

沈世傑、李信徹、邵廣昭、莫顯蕎、陳哲聰、陳春暉（1993）台灣魚類誌。國科會，台灣大學 物系。

邵廣昭（1988）認識台灣的珊瑚礁魚類。台灣省立博物館。

邵廣昭（1998）海洋生態學。國立編譯館，明文書局發行。

邵廣昭‧陳麗淑（2001）台灣海龍宮——探討千奇 怪的海洋生物。遠流出版公司。

邵廣昭、陳正平、沈世傑（1992）墾丁海域魚類圖鑑。墾丁國家公園管理處。

邵廣昭、陳麗淑（2000）恆春半島生物圖鑑（魚類部分）。遠流出版公司。

邵廣昭、陳麗淑（1990）台灣自然觀察圖鑑（17）（18）——海水觀賞魚類（一）（二）。渡假出版社。

邵廣昭等（1990-1991）台灣自然觀察圖鑑（23）（26）（27）（28）（29）（30）（31）共七冊。渡假出版社。

施瑔芳（1999）魚類生理學（修訂再版）。水產出版社。

張崑雄、邵廣昭、花長生（1980）台灣的珊瑚礁魚類。渡假出版社。

陳義雄、方力行（1999）台灣淡水及河口魚類誌。國立海洋生物博物館籌備處。

陳麗淑（2002）草食 魚類與珊瑚礁保育的關係。科學發展，360：20-25。

黃貴明（1997）魚類學概論。水產出版社。

賴春福編，李思忠 修（1995）魚博物學（魚的社會科學）。水產出版社。

Helfman, G.S, B. B. Collette, D. E. Facey（1997）The Diversity of Fishes. Blackwell Science.

Nelson, J.S.（1994）Fishes of the World （3rd ed.）John Wiley of sons. Inc. Canada.

Paxton, J.R., W. N. Eschmeyer （1998）Encyclopedia of Fishes （2nd ed.）UNSW

相關網站及主持人

（只列出主要網站，族繁無法一一備載；水族館部分請詳見附表一）

台灣魚類資料庫 （邵廣昭）http://fishdb.sinica.edu.tw/

行政院農委會漁業署 （漁業署）http://www.fa.gov.tw/

全球 "魚庫" FishBase （World Fish Center）http://www.fishbase.org/

國際漁業網頁（FIS. International Co.） http://www.fts.com

圖片來源（數目為頁碼）

●封面 陳春惠設計‧黃崑謀、賴百賢繪

●全書照片（除特別註記外）中研院 物所魚類生態與進化研究室（邵廣昭、陳正平、陳靜怡、何林泰、林介屏攝）、陳麗淑提供

●14大、20中、27中、40下、41上小、48下、58上、59上、60大、62上、67、69上、78大、94下、107下、207右下、222、231左下、257小 郭道仁提供

●16左下 林思民提供

●16中、144下、198左下 蔡永春提供

●20左下 羅文德提供

●24左下、38上、62下、89下、91上、128右下、151右下、200下、237中 夏國經提供

●32右一排 張正提供

●32右二、三排 黃將修提供

●34左上、95中、168左中、226 王連隆提供

●59下 李凱明提供

●244 陳美如提供

●62中 張廖年鴻提供

●83上、120下 莫顯蕎提供

●103上 李宗翰提供

●108、109下、110、111 溫國彰提供

●215上 陳義雄提供

●231中、231右下 何源興提供

●19、21、23下、50、51、52、74、75、77、92左、114上、162 陳春惠繪

●24、25上、29、54、55、56、57、63底圖、64大圖、68底圖、69底圖、70大圖、72大圖、90、91、100、104、106、108、111、112、116、118、124主圖、126、136、138、142、143、147、150、154、166、174、178、186、190、196、204、208、222、224、236、244 黃崑謀繪

●25下、26、27、28、36、37、38、80、82、84、86、87、89、92主圖、93、94、96、98、114下、115、120、124下、128、130、134、152、158、160、162主圖、164、170、171小、176、180、182、184、194、200、206、212、215、216、220、226、228、230、232、233右下、234、239、240、242、245右 賴百賢繪

【後記一】

（簽名）

和魚類結下不解之緣應該和我小時候生長在靠海的基隆有關。記憶中童年的海灘鋪滿了貝殼，港內時時可見熙攘的魚兒，即便是住家附近或是中學的校園裡也都有充滿生機、魚蝦處處的野溪。但這四、五十年來，由於過度捕撈、污染、棲地的破壞等因素，已使得台灣許多魚類都消聲匿跡了。所以多年來我一直有個心願，希望能有機會將過去所學到的魚類知識，和廿年來研究調查所累積的一些魚類圖文資料作一次總整理，和大眾分享，為台灣魚類多樣性的保育、教育和研究盡一份心力。

因此，首先要感謝遠流出版公司給我們這個機會為讀者編撰《魚類觀察入門》（原名《魚類入門》）這本書，讓我多年來的夙願得償。過去我整理編撰過的魚類圖鑑或字典雖不少，也寫過海洋生態的教科書，但卻始終少了一本介紹魚類一般知識的書籍。

為了能在極度繁忙的工作中擠出時間來完成這件不被計入研究成績的工作，我採取找學生和助理一齊合作的模式來進行。這一年多來，我們花了不少時間重新蒐集資料，也發現了許多過去疏忽掉的一些有趣或未能更深入了解的魚類知識。其中有不少是在遠流編輯靜宜、詩薇和惠菁等人打破砂鍋問到底的情況下被挖掘出來的，特別是她們費了相當大的心血把我們的文稿改成流暢生動的筆觸。而春惠的美術設計與編排，黃崑謀及賴百賢兩位繪者不厭其煩地配合修改插圖，都是完成本書的幕後最大功臣。當然我也要謝謝研究室協助選片的靜怡、找資料的柏鋒和宗翰，以及

慷慨借片的郭道仁與夏國經等潛水教練。

編寫這兩本書最難為處還是在魚類分類系統的莫衷一是，及魚類中文名稱之紊亂不統一。前者我們決定採用Nelson（1994）《Fishes of the World》第三版的系統為主，而後者則儘量以伍漢霖等編撰之《拉漢世界魚類名典》的中文名為依據。（註：前書2016年已出版第五版；後書2012年改版為《拉漢世界魚類系統名典》。）而此次修訂新版，我們也依據Nelson之2006年第四版以及中研院生物多樣性研究中心「台灣魚類資料庫」，更新了世界以及台灣之魚類科、屬、種的統計數字。

台灣魚類種數雖達全球的十分之一，生物多樣性相當高，但其實許多魚種的數量或豐富度卻在大幅減少中，甚至面臨區域地滅絕。所以在編撰這本書時，除了認識篇和觀察篇外，我們也加入了環境篇和附錄的行動指南，希望大家除了學會辨認魚種外，也能更進一步採取行動去認識、瞭解牠們有趣的生態習性，去關心、愛護並保護牠們，使台灣能成為魚類的天堂而非地獄，使生活在台灣的魚兒像在澳洲大堡礁一樣只有美麗而沒有哀愁。

最後，我也要藉此機會謝謝中研院動物所魚類生態進化研究室共同打拚的助理和學生們，帶領我下海潛水走入魚類世界的張崑雄教授，以及多年來一直鼓勵和指導我從事魚類分類研究的沈世傑教授。當然，還有我的內人徐倩卿女士，這四十年來的辛勞與支持，讓我得以毫無後顧之憂地全力投入魚類的研究工作。

261

【後記二】

陳麗淑

因為從事魚類的研究，自己常沉浸在探索魚類行為的樂趣中。因此，當各類賞鳥、賞鯨豚的活動紛紛興起時，有點遺憾以魚類為主的自然觀察活動卻少的出奇，也許是因為大家不知道牠們有什麼值得欣賞或觀察的地方吧！其實，認識魚類的方法很多，一般人大概都是從吃魚開始。因為中國人吃魚喜歡見頭見尾，常有機會看到整條魚，所以可以說每個人早就有初步觀察魚的經驗了，如果能夠進一步瞭解魚類更多的知識，豈不更有趣？希望這本書能引起大家對魚類的好奇，一起來體驗魚類世界的奧妙。未來除了以水族缸養魚外，浮潛賞魚、魚市觀察也都能成為大眾化的休閒活。

有機會與魚結下如此深的緣分，最要感謝畢生致力於魚類研究的兩位恩師——中研院動物所邵廣昭研究員及澳洲James Cook University的Howard Choat教授的帶領。本書得以完成，也要感謝嚴宏洋博士對魚類感覺部分的資料提供；郭道仁教練、夏國經教練、陳玉慧教練、廖運志學弟等提供珍貴照片；以及遠流的編輯靜宜、詩薇、惠菁等人鍥而不捨的催稿與彙整。

寫此書的另一因緣源自於喜歡釣魚的父親，從小全家陪著他釣遍台灣北部的溪流和海濱。記憶的畫面裡總見父親杵著不動專心釣魚，五個小孩在旁玩水、抓魚蝦，母親則忙著張羅民生大事。父親「摸魚」摸了七十三年，從自製釣勾、釣竿，站在大漢溪畔以蒼蠅為餌、揮竿釣闊嘴郎的黑髮小孩；到今日擁有一屋子捲線器、釣竿，拚著暈船也要出海釣紅魽的白髮老翁。家父持續不斷的釣魚史其實也無奈地見證了浮洲仔東側湳仔港老家門前，大漢溪中游一帶的生態變遷：從二、三十年代鯰魚、鱸鰻及各種台灣原生淡水魚快樂悠游、出大水時毛蟹四出的乾淨光景；轉變到四十年代因沿岸工廠廢水排放、毒魚，不定時出現大量魚類暴斃的惡化溪水；一直到五十三年石門水庫築成後，水量變少，且無法及時有新水注入，造成水質的長期惡化。所以，當五十年代末，筆者有記憶時，就只剩下耐污力強的吳郭魚，和偶爾在石門水庫洩洪時才出現的鯽魚、草魚等水庫魚種可釣了。到了八十年代，老家前的溪流幾乎已趨於完全死寂，連吳郭魚都沒有，污染嚴重的河水，甚至洩洪時都沒人敢釣魚來吃。所以在家中常常隨著父親的記憶緬懷往日風光，感歎連淡水河口的海魚都可上溯、水產資源豐富的湳仔港，為何淪至今日如此不堪的處境？只能心中默禱台灣的生態保育風氣漸開，魚蝦能早日脫離棲所消失的夢魘。

家父陳和同先生和家母賴碧女士一直是我最忠實的魚類標本提供者，僅以此書獻給我最敬愛的釣者。

魚類觀察入門

作者／邵廣昭、陳麗淑

繪者／黃崑謀、賴百賢

編輯製作／台灣館

總編輯／黃靜宜

主編／張詩薇、朱惠菁

美術設計／陳春惠

行銷企劃／叢昌瑜

發行人／王榮文

出版發行／遠流出版事業股份有限公司

地址／104005 台北市中山北路一段 11 號 13 樓

電話／（02）2571-0297　傳真／（02）2571-0197　劃撥帳號／0189456-1

著作權顧問／蕭雄淋律師

輸出印刷／中原造像股份有限公司

□ 2016 年 11 月 1 日 初版一刷　　□ 2022 年 11 月 25 日 初版四刷

定價 550 元（缺頁或破損的書，請寄回更換）

遠流博識網 http://www.ylib.com　Email: ylib@ylib.com

【本書為《魚類入門》之修訂新版，該書於 2004 年出版】

國家圖書館出版品預行編目 (CIP) 資料

魚類觀察入門 / 邵廣昭 , 陳麗淑著 ; 黃崑謀 , 賴百賢繪 . --
初版 . -- 臺北市 : 遠流 , 2016.11
264 面 ; 23×16.2 公分 . -- (觀察家)
ISBN 978-957-32-7907-5 (平裝)

1. 魚類

388.5   105018980

《觀察家》

這套書，是了解台灣文化的最佳起點。
台灣自然資源和人文特色既豐富多樣，且獨具一格。
深入這座「寶山」，如果沒有掌握適當的訣竅，難免要空手而返。
《觀察家》試圖為各種知識找出「入門」的方法，
包含簡明易懂的檢索、生動有趣的圖解、
詳盡完整的說明，加上現場觀察的祕訣，以及
推薦實地探訪的最佳路線……
深入淺出的，開門見山，登堂入室。
只要隨身攜帶《觀察家》，
人人都能成為「身懷絕技」的觀察家。